U0201986

高等学校装配式建筑系列教材

装配式建筑精益建造

李政道　丁如春　主　编
薛　帆　甄　宇　副主编
王家远　刘　建　主　审

中国建筑工业出版社

图书在版编目（CIP）数据

装配式建筑精益建造 / 李政道，丁如春主编；薛帆，甄宇副主编 . —北京：中国建筑工业出版社，2023.4
高等学校装配式建筑系列教材
ISBN 978-7-112-28659-1

Ⅰ.①装… Ⅱ.①李…②丁…③薛…④甄… Ⅲ.
①装配式构件—高等职业教育—教材 Ⅳ.① TU3

中国国家版本馆 CIP 数据核字（2023）第 071772 号

本教材共 11 章内容，从装配式建筑精益建造的相关理论开篇，详细介绍了装配式建筑实现精益建造的辅助技术，并针对装配式建筑精益建造管理的全生命周期各阶段进行深入、全面地介绍和总结。

本教材前两章内容围绕装配式建筑和精益建造的相关理论进行描述，并详细介绍了目前在装配式建筑应用和研究中前沿的装配式建筑实现精益建造的辅助技术，如末位计划系统（LPS）、准时生产制度（JIT）、并行工程（CE）、全面质量管理（TQM）等技术与装配式建筑项目管理的融合应用。第 3~9 章按照装配式建筑项目建造实施过程，系统全面地阐述和分析了装配式建筑精益建造供应链、精益设计、精益生产、精益运输、精益施工、精益运维、全周期碳排放监测等管理体系的构建方法和应用情况。后两章内容针对装配式建筑精益建造动因与绩效体系管理进行概述，进而总结出装配式建筑精益建造管理体系及推进策略。

本教材可作为高等院校装配式建筑相关专业师生教学、参考用书，也可作为从事装配式建筑行业项目以及精益建造管理人员参考用书。

为更好地支持相应课程的教学，我们向采用本书作为教材的教师提供教学课件，有需要者可与出版社联系，邮箱：jckj@cabp.com.cn，电话：（010）58337285，建工书院：https://edu.cabplink.com（PC 端）。

责任编辑：牟琳琳　张　晶
责任校对：赵　颖
校对整理：孙　莹

高等学校装配式建筑系列教材
装配式建筑精益建造
李政道　丁如春　主　编
薛　帆　甄　宇　副主编
王家远　刘　建　主　审
*
中国建筑工业出版社出版、发行（北京海淀三里河路 9 号）
各地新华书店、建筑书店经销
北京雅盈中佳图文设计公司制版
北京云浩印刷有限责任公司印刷
*
开本：787 毫米 ×1092 毫米　1/16　印张：18¼　字数：416 千字
2023 年 9 月第一版　2023 年 9 月第一次印刷
定价：**49.00** 元（赠教师课件）
ISBN 978-7-112-28659-1
（41098）

版权所有　翻印必究
如有内容及印装质量问题，请联系本社读者服务中心退换
电话：（010）58337283　QQ：2885381756
（地址：北京海淀三里河路 9 号中国建筑工业出版社 604 室　邮政编码：100037）

前　言

建筑业传统的粗放型建造管理模式无法适应当前我国新型建筑工业化以及可持续发展的需求。作为新型建筑工业化的重要实现形式和载体，装配式建筑以其节约资源和能源消耗、施工进度高效且质量可靠等优势受到了重点关注，且随着我国政府的大力推进，其已经成为我国建筑行业发展的重要趋势。

为推动装配式建筑和智能建造的协同发展，提升劳动生产效率和质量安全水平，我国相继提出推动装配式建筑发展和促进建筑业高质量发展两大类政策链。2016 年至今，全国 31 个省区市全部提出了有关推进装配式建筑发展的政策文件，以推动装配式建筑智能化精益化的高速发展。2021 年 10 月，中共中央办公厅、国务院办公厅印发了《关于推动城乡建设绿色发展的意见》明确："大力发展装配式建筑，重点推动钢结构装配式住宅建设，不断提升构件标准化水平，推动形成完整产业链，推动智能建造和建筑工业化协同发展。"2021 年 10 月，《国务院关于印发 2030 年前碳达峰行动方案的通知》（国发〔2021〕23 号）明确："推广绿色低碳建材和绿色建造方式，加快推进新型建筑工业化，大力发展装配式建筑，强化绿色设计和绿色施工管理。"2022 年，住房和城乡建设部《"十四五"建筑业发展规划》中提出将在 2035 年全面实现建筑工业化，并指明装配式建筑是重点发展方向之一。越来越多的政策及资源向装配式建筑领域倾斜，引导建筑业不断探索和发展，促使建筑业向工业化、信息化、智能化与绿色化转型。

近些年来，随着政策支持的陆续出台，我国装配式建筑呈现快速发展趋势。但由于在产业、技术、人才等方面存在不足，阻碍和影响了装配式建筑精益建造的进一步发展，使得装配式建筑全生命周期各个阶段的精益建造管理发展过程中不可避免地出现各类问题，特别是涉及各阶段管理技术应用以及更多的新技术集成等方面的项目管理问题突出，导致装配式建筑项目实施效果不尽如人意，阻碍其推广。因此围绕装配式建筑项目进行精益建造管理，规避和减少风险损失、提高项目绩效至关重要。

目前国内外出版的同类书籍，大多偏向于介绍某一阶段的管理应用，如设计阶段、施工阶段等，而对精益建造在装配式建筑全生命周期的管理中的应用介绍不足，特别是对于装配式建筑建造全过程管理的具体应用更少。本教材是作者在多年来装配式建筑项目相关研究总结的基础上，针对装配式建筑项目建设全过程管理中存在的问题，结合精益建造理论，系统全面地阐述和分析了装配式建筑精益建造在供应链、精益设计、精益生产、精益运输、精益施工、精益运维和碳排放监测等管理体系的构建方法和应用情况，对装配式建筑精益建造管理实际应用提供了可实施、可复制的样板，实现装配式建筑全过程信息的集成与融合，有效解决了目前装配式建筑项目存在的缺乏有效的项目协同管理、生产效率低下等问题。

　　本教材由李政道、丁如春主编，薛帆、甄宇副主编，王家远、刘建主审。在本教材撰写过程中，作者特别感谢王琼、冯勇、黎子明、甘显清、王宏涛、向中儒、陈永忠、李世钟、朱福建、郝晓冬、严计升、朱俊乐等行业专家在项目实践及应用过程中提供的大力支持。特别感谢刘贵文、沈岐平、洪竞科、谭颖思（Vivian W.Y. Tam）、黎科（Nguyen Khoa Le）、郑展鹏、彭喆、袁奕萱、王昊、郭珊、梁昕、刘景矿、卢晨、滕越、罗丽姿、于涛、林雪等专家学者提供的专业技术咨询及指导建议。此外，多名硕士研究生参与了本教材资料收集整理、校对等基础工作，为本教材的出版作出了重要贡献。

　　通过本教材的介绍，可以帮助读者了解装配式建筑行业精益化发展前沿，认识到精益建造在装配式建筑项目管理中的应用价值，同时清楚和掌握装配式建筑精益建造管理相关的理论体系、系统构建和应用方法，促进我国以建筑设计标准化、部品生产工厂化、现场施工装配化、结构装修一体化、过程管理信息化为特征的建筑工业化、信息化、智能化与绿色化的融合发展。

　　本教材由国家自然科学基金项目（52078302）、广东省自然科学基金项目（2021A1515012204）、广东省教育厅高校科研项目（2021ZDZX1004）、深圳市科技创新委员会项目（GJHZ20200731095806017、JCYJ20220818102211024 和 SGDX20201103093600002）资助出版。另外，本教材还借鉴和参考了部分国内外专家学者的研究成果，此处未能一一列举说明，谨在此一并表示衷心感谢。

　　由于作者水平有限，加之我国装配式建筑发展迅速，相关理论和实践也日新月异，书中难免存在不足，敬请读者批评指正。

李政道
2023 年 6 月

目 录

第1章 绪论

1.1 装配式建筑概述

1.1.1 装配式建筑的概念

装配式建筑的起源最早可以追溯到约 2000 年前游牧民族建设帐篷采用的方法。游牧民族因季节性的气候变化经常要迁徙，因此其居住的场所要具备可拆卸、易组装的特点。牧人将帐篷的建造模块化，将建筑拆分为易于携带的部分。中国古代建筑部分采用木质结构作为房屋结构主体，连接部分采用榫卯结构固定。建筑所使用的木质构件均是预先制作好的，不同的构件运输到装配现场组合构成房屋。建筑建设装配化、模块化的思想于数千年前就已经存在，并且被古人熟练掌握及使用。

"装配式建筑"的概念最初出现于 20 世纪初。装配式建筑指预先在工厂中生产建筑构件，再运输至建筑施工现场进行组装，建造而成的建筑物。第二次世界大战临近尾声时英国政府发起 20 余种临时性工业化住房项目作为紧急住房，这些小型住房的建造思想即为装配式建筑的建造思想。1946 年美国政府通过"退伍军人紧急住房法案"，该法案促进了第二次世界大战后住房设计的研究，并引发了建筑构件模块化设计的热潮。1976 年，美国国会提议并通过了《国家工业化住宅建造及安全法案》，并在当年提出了一系列行业标准，部分标准被沿用至今。日本于 1968 年出现了装配式建筑的萌芽，并在 1990 年提出了采用分割方式将建筑主体分为若干单元，对每个单元实行工业化生产方式，从而提高建筑的生产效率。

自 20 世纪 50 年代，我国开始发展装配式技术，通过对国外经验的探索与优化，初步建立了装配式建筑技术体系，推行了标准化设计、工厂化生产、装配式施工的建造方式。目前，出现了多种类型的装配式建筑，如砌块建筑、板材建筑、盒式建筑、骨架板材建筑、升板和升层建筑等。随着国家建筑行业的发展及政策的扶持，相信在不久的将来装配式建筑会取代传统现浇建筑，成为建筑的主流形式之一。

1.1.2 装配式建筑的特点

1. 装配式建筑构件设计在工厂中进行

区别于传统的现浇型建筑，装配式建筑的特点在于"装配"，即将建筑构件在工厂预组装后运输到现场拼装。建筑构件是建筑的结构系统、外围护系统、设备及管线系统等系统集成的产物，甚至包括建筑的全装修、干式工法楼面及地面、集成厨房、集成卫生间、管线分离等部分。在工厂中进行建筑构件生产的方式，改变了将施工现场作为最主要生产场所的局面，不仅简化了工人在施工现场的施工程序，而且一定程度上提升了建筑构件的质量。

2. 装配式建筑构件间连接是需要长久研究的课题

装配式建筑构件之间的连接问题是影响装配式建筑抗震性能、抗风性能等的关键因素，也是早期装配式建筑在我国没有得到长期有效的发展的主要原因。现代装配式建筑的连接技术包括预留孔浆锚搭接、套筒灌浆连接、机械连接以及现浇带连接。套筒灌浆连接方式中，将钢筋插入预留套筒内部后注入高强度灌浆料，使得钢筋与套筒连接为一体；现浇带连接方式中，在上下层剪力墙中设置现浇带，安装后通过现浇的方式实现构件之间的连接。随着建筑构件连接方法上的不断完善，如今的装配式建筑的自身结构稳定性、抗震性能及抗风性能已经有了极大的改善。

1.1.3 装配式建筑的优势

1. 装配式建筑较传统现浇型建筑绿色环保

装配式建筑构件在工厂进行预组装时，就已经对建筑外墙的保温层、防水材料、建筑外墙挂板等进行预设。在工厂预组装的好处有二，一是工厂设备条件及环境条件较施工现场优越，使得保温层、防水材料层更符合预期要求；二是工地施工能耗较工厂构件生产高，装修后期的精细装修阶段通常采用湿作业法，而装配式建筑的工地施工过程多为安装连接施工，现场湿作业减少，从而减少了工地上高气压、高气湿的恶劣环境分布，并降低了对环境的污染。

2. 装配式建筑较传统建筑工期短

装配式建筑最明显的特征就是建筑构件在工厂进行生产之后运输到施工现场进行组装。在工厂中对建筑构件可以使用机械化、自动化、程序化的方法批量生产，在提升了生产效率的同时，节省了人力、物力、财力的投入，确保了建筑构件的质量、性能更加优越。在现场施工时，只需要进行建筑构件之间的连接即可，与现浇型建筑的驻场施工作业量相比大大减少，不仅可以缩短现场施工工期，还可节省人力资源、物力和财力上的支出。因此，装配式建筑具备明显的提高建筑生产效率的优势。

3. 装配式建筑的质量品质较高

受限于施工现场环境条件，传统现浇型建筑的品质往往不好把控。施工现场往往环境复杂，气候条件恶劣，多种因素均可能导致建筑工人施工效率降低、施工品质降低。如传统现浇的建筑生产方式得到的建筑物外墙容易掉色，影响建筑物美观等。装配式建筑的外墙是使用模具或者是机械装置喷刷，然后利用烘烤技术将其烤干，保证了建筑物外墙的平整性。不仅外墙，装配式建筑的其他大部分结构也为工厂机械化生产，因此建筑物的内墙结构、管线结构等精细结构较容易把控，避免了因各种因素导致的人为生产误差。

4. 装配式建筑建材轻便，内部空间设计更加丰富，内部功能更加多样化

传统现浇型建筑受限于施工工艺，常常会出现"肥梁胖柱"的问题，而因为没有平衡建筑工程施工之间的关系，如不得已增加承重墙等，这样既增加了建筑成本，又会减少建筑的

实际使用面积，还会使得房间分隔受限。装配式建筑需要的施工材料较现浇型建筑而言少很多，因此建材的重量要比现浇型建筑的建材重量轻得多。装配式建筑还可使用轻质的隔墙作为空间隔断，可以较为灵活地分割大小厅和房间，建筑的内部设计更为自由。

1.1.4 现阶段装配式建筑的局限性

1. 现阶段装配式建筑存在一定质量问题

装配式建筑的质量问题是需要长久研究并逐步着手解决的问题。装配式建筑的质量问题包括构件间相互连接、构件成品保护不当造成的质量问题等。

装配式建筑的质量问题，首先是构件之间连接的质量问题。常见的构件连接方式有钢筋套筒灌浆连接和浆锚搭接连接。钢筋套筒灌浆连接，是指将带肋的钢筋插入内部表面凹凸的灌浆套筒，然后向灌浆套筒中注入高强度水泥基灌浆料，从而将钢筋锚固在套筒内，借此实现建筑构件之间的连接方式；浆锚搭接连接是指在预制混凝土构件中采用特殊工艺制成的孔道中，插入需要搭接的钢筋，并灌注高强度水泥基灌浆料，从而实现钢筋搭接的连接方式。随着装配式建筑的建成使用，构件之间的连接地带也会因磨损而变得薄弱，风险大大增加。因此，完善建筑构件之间的连接问题，将是长久的一个课题。

装配式建筑构件自身的质量问题也是亟待解决的难题之一。因为建筑构件本身要求精密，若是工厂生产建筑构件时精度达不到要求，将会严重影响到构件之间的连接，构件连接的质量也自然无法得到保证。在构件进行预埋设的时候，若管线连接质量不过关，混凝土中的浆料就会在振捣阶段渗入预埋管，从而导致管线阻塞，严重时还可能导致管线开裂、位移等问题。因此，无论是工厂生产流程上还是施工过程中，都要严格把控构件的精密性及其安装过程的规范性。

建筑构件生产完成后运输到现场，但并非总是第一时间就能安装并投入使用，因此构件成品的保护也是保证构件自身质量的必要措施。如果构件存放时没有妥善保护，构件质量会下降，如出现钢筋腐蚀、板材开裂等问题，直接影响装配式建筑整体质量。构件保护工作亦不可马虎对待，应该基于预防为主、维修为辅的原则从各个阶段入手，提出注意事项以及保护措施并贯彻落实。

2. 现阶段装配式建筑施工也有安全隐患

施工现场的复杂环境，决定了施工环境的危险性，这是绝大多数建筑施工时无法避免的。要保证施工人员的安全以及周边环境的安全，不仅要尽可能减少施工环境的安全隐患，还需要加强施工人员的安全意识。当前存在于装配式建筑施工现场上的安全隐患主要有触电隐患，高空坠落隐患，预制构件运输装卸、存放、吊装的安全问题等。

触电隐患是装配式建筑施工过程中对于大多数工作人员而言都存在的安全隐患。触电主要发生在电焊的过程中，在焊接零件的连接部位时，相关操作人员会接触到电箱并用到电焊技术，而因为大多数技术人员专业素养参差不齐，或是缺乏相关安全隐患培训，很可能发生触电事故。对此，一方面需要相关的技术人员提前了解可能发生安全隐患的各种情况，加大排查安全隐患的力度，另一方面需要施工人员具备足够的安全意识，能自觉规避不正当的可能发生风险的施工操作，这样才能有效避免触电事故的发生。

高空坠落隐患是长久以来发生在各种建筑施工现场的严重事故的安全隐患，尤其是近年来，随着建筑物高度不断增加，工期不断变长，施工人员临边进行高空作业的时间也就越长，发生高空坠落的隐患也就越来越大。规避高空坠落事故的方法同样是落实好对施工人员的保护工作，以及提高施工人员的安全意识等。

预制构件运输装卸、存放、吊装的安全问题是装配式建筑施工现场较为突出的安全问题，这包含多个方面：首先是，随着建筑物规模的增加，需要用到的装配式建筑构件数量就会增加，运输、装卸的难度就会提高，在运输、装卸的时候发生安全事故的概率也会随之增加。在吊装过程中，预制构件的吊环时常由施工人员手工焊接，若是吊环质量不过关，导致构件脱钩而高空坠落，其后果之严重难以想象。若起重吊装设备因超重吊装、设备老化等原因，还可能造成折臂或者倒塌等更加严重的事故。若起重吊装设备操作人员缺乏相应的训练，还会造成预制构件剐蹭周边建筑物等问题，对于建筑内部施工人员而言同样有安全风险。

安全事故一旦发生就相当严重，因此需要规避安全隐患，需要对施工人员、技术检测人员、安全员等进行相应的安全知识培训。而安全隐患几乎存在于施工现场的每一处，几乎无法完全规避，因此施工现场的工作人员在进行任何操作时都不能抱有侥幸心理。安全事故的防范是需要长久贯彻落实的工作，只要施工现场还存在一天，对安全事故的防范工作就要继续一天。

1.2 精益建造概论

1.2.1 精益建造的内涵

1. 什么是精益建造

精益建造由精益生产延伸而来。因为建筑项目本身施工环境具有极大的复杂性和不确定性，因此精益建造不可能完全照搬精益生产的做法，精益建造是延伸了精益生产的思想，根据这种思想结合建造特点，对建造过程进行改造，从而形成功能完整的建造系统。关于其前身精益生产及其起源，将在"1.2.2 精益建造理论的前世今生"中详细讲述。

精益建造的核心思想是以顾客为中心、建筑利润的最大化为目标，追求全过程浪费最小化，实现价值最大化。

2. 与传统建造模式相比，精益建造有何不同

精益建造与传统建造的不同之处主要表现在四个方面：生产方式不同、优化范围不同、业务控制观不同、质量观不同。

生产方式上，与传统生产模式不同的是，精益建造要求建造商根据市场需求量来决定产品成型，进而决定产品的施工、构件的数量及类型，与传统生产模式的流程是恰恰相反的。这样做最明显的好处就是可以尽可能确保缓冲库存量的减少，不会再出现建造和施工的割裂，

从而导致生产出大量库存构件被浪费的结果。

优化范围上，传统生产模式以市场为导向，建造者、供应商、分包商、承包商之间的利益是割裂开来的，建造者希望牺牲供应商、承包商、分包商等的利益达到自身利益的最大化。而精益建造以建造系统为优化目标，降低协作中的交易成本，同时保证稳定需求以及及时供应，实现各个相关企业合作"多赢"的局面。

业务控制观上，传统建造方式基于双方"雇佣"的关系，每个人施工的过程被看作一系列单独行为，而整个工程项目被看作若干个单独行为的整合。而精益建造在专业分工时便强调相互协作和业务流程的精简化，旨在消除不必要的、多余的工作。因此工作人员的效率得以提高，也就减少了不必要的精力浪费，价值流的作用得以充分发挥。

质量观上，在传统施工过程中，许多建筑构件的质量问题，或是构件之间的连接质量问题被看作是施工过程中必然发生的问题，这样做直接导致了建造过程、后期检验等流程的松懈怠惰。精益建造认为施工人员通过自身努力，保证产品质量是可行的，采取临时会议实行全面质量管控，可以通过保证施工人员对质量把控的态度，来确保建筑物的质量达标，同时避免事后检查。

1.2.2　精益建造理论的前世今生

精益建造的前身是精益生产。精益生产则起源于日本丰田公司的一种生产模式，这种生产模式的特点是缩短制造周期，实现制造标准化及保障产品高质量。早在 20 世纪 30 年代，丰田公司所采用的生产管理方式的一部分就已经能算作精益生产，然而直到 20 世纪 70 年代，当日本汽车公司大野耐一通过应用精益生产方式，把丰田公司的交货期和产品品质提高到世界领先地位时，精益生产才得到完全准确的描述。后来，麻省理工学院国际汽车项目组研究者 John Krafoik 将这种生产管理模式命名为精益生产。

丹麦学者 Lauris Koskela 在 1992 年提出要将制造业已经成熟应用的生产原则（包括精益管理等）应用到建筑业，以提高建筑业的管理水平，并于 1993 年在 IGLC（International Group of Lean Construction）大会上首次提出"精益建造"概念。由于建筑行业的环境复杂性以及不确定性，因此精益建造的概念在精益生产的基础上加以了完善。许多精益生产的手段并不能直接施加于实际的建筑生产活动中，因此精益建造是沿用了精益生产的思想，结合建造的特点形成的一套独立的、功能完整的建造系统。

如今的精益建造技术，已经在英国、美国、芬兰、丹麦、新加坡、韩国、澳大利亚、巴西、智利、秘鲁等国家得到广泛的实践与研究，许多建筑企业已经从中获得了显著效益。然而，在我国关于精益建造技术的研究还不成熟，建筑业相对制造行业生产效率仍然较低，劳动力、材料等浪费情况较严重，因此十余年来我国通过出台一系列政策、成立相关技术中心等的方式，正一步步弥补精益建造技术这部分的空缺。

2010 年，我国成立了"精益建造技术中心"，负责研究及推广精益建造理论，翻译发行精益建造专题著作、举办精益建造专题论坛、协助建筑企业实施精益转型，推出网站知识库平台，以及其他相关经验交流的研讨会。该中心基于我国建筑市场的特点，总结出一整套系统的、实用的、有效的精益建造管理模式和方法论，面向广大建筑行业提供培训、咨询、辅导等服务。

2016 年 2 月 21 日，中共中央、国务院发布《关于进一步加强城市规划建设管理工作的若干意见》，文中提出，力争用 10 年左右时间，使装配式建筑占新建建筑的比例达到 30%，而后《人民日报》于 2016 年 4 月 12 日刊登了《建筑业也须转型升级以精益建造推动绿色发展》，文中指出精益建造这一较为先进的建筑工业化模式，可以有效破解建筑行业生产方式粗放、效率低下等问题，对于推动我国建筑工业化发展、绿色发展具有重要的借鉴意义。中建一局的成都天府国际机场东方航空建设项目——飞机维修区和乘务人员生活保障中心便采用了精益建造的模式。此后，精益建造模式在中国越来越得到重视。

1.2.3 精益建造管理的相关理论

TFV 生产管理理论由丹麦学者 Lauris Koskela 在对传统生产理论进行分析后提出。TFV 的"T"代表"Transfer"，"F"代表"Flow"，"V"代表"Value"，分别对应转化观点、流观点和价值生成观点三个方面。TFV 生产管理理论认为：生产理论是转化观点、流观点和价值生成观点这三种观点的集成，在生产过程中需要对这三方面同时进行管理。

（1）转化观点

转化观点又叫生产转换理论，传统的建筑管理模式运用的也是生产转换理论的基本理论。转化观点将生产的过程看作是从输入到输出的转换过程，而生产过程分为多个子过程，每个子过程下再分为若干个子过程。最底层的子过程被称为活动。

传统的建筑管理模式中，转化观点强调每个任务的完成度，但是不同活动进行的任务之间缺乏分工，如果片面考虑任务自身会导致后续的施工工作遇到问题，产生大量不必要的返工工作。在精益建造管理中的转化观点上，强调每个子过程开展工作都要有基于全过程总目标的阶段子目标，上一流程阶段的成果直接输出至下一流程阶段，各个子过程之间通过价值的流动和转换，最终实现总目标。

（2）流观点

流观点又叫生产流程理论。生产流程理论认为生产过程是随着时间和空间的变化，从原材料到最终产品的物流或信息流的流动过程，是一个不断流动的过程。不同建造阶段之间、流程工序之间均会存在物质流和信息流的流动，而整个建造过程则可以看作原材料到成品的价值流动过程。生产流程理论的主要原则在于通过消灭不增加价值的活动来消除浪费，旨在尽可能减少浪费。

在传统的建筑管理过程中，遇到问题经常需要返工解决，返工的同时也造成了消耗，在主流观点中这样的消耗可以避免的。本质上生产流程管理是软性管理，精益建造要求下的生产流程管理一般在施工现场进行，需要使得施工现场的各方面工作协调，减少各方面的浪费，使得生产效率提高。

流观点对生产模式的主要改进内容见表 1-1。

流观点对生产模式的主要改进内容　　　　　　　　　　　　　　表 1-1

改进方面	主要内容
减少浪费	生产方法的改进，在减少浪费的方面上可分为两类，一是使得转化的过程更加高效，减少分转化环节；二是减少产生浪费的环节，比如检查、等待和移动等被认为是浪费的环节
缩短生产周期	生产周期可以表示为：生产周期 = 生产时间 + 检查时间 + 等待时间 + 移动时间，生产周期的压缩迫使减少检查、移动和等待的时间，减少流转过程中的浪费。因此可以通过减少存货数量、减少返工次数、缩短工作面之间的距离实现
推动与拉动	将推动式生产改变为拉动式生产，拉动式生产系统依据系统数据确认工作，例如看板，用来标记工作过程。拉动式生产利于减少库存、降低成本、更好地控制生产周期等

（3）价值生成观点

价值生成观点又叫价值生产理论。价值生产理论认为生产的终点是用户，而生产的过程即为用户增加价值的过程。因此从设计到生产的活动均围绕用户的需求进行，在全过程中生产团队不断与用户交流，在生产过程中按照需求完善产品，最终生产出符合用户期望的产品。价值生成观点使得客户的需求被最大化满足。虽然生产活动的方案往往不是最优解，但是业主的满意即为价值生成观点的宗旨。

在精益建造的建造管理模式中，转化观点、流观点和价值生成观点是需要同时兼顾运用的。转化观点可用以指导项目需要的生产体系的设计工作的进行，流观点可用来建造设计好的生产体系，而价值生成观点可用以保证传递的价值符合顾客需求。

目前而言，工程管理主要从转化观点出发，以任务管理为中心，却往往忽略了对流程管理和价值生成管理的重视。而建筑项目实施中不确定性太多，使得任务管理系统无法有效地、系统化地进行，因此 TFV 理论在转化观点的基础上添加了流观点和价值生成观点，目的在于强调工程管理的过程中需要对三方面同时重视。

TFV 理论为精益建造的基本理论之一，由 TFV 理论延伸形成的理论有许多，如末位计划系统、6S[①] 现场管理理论、并行工程理论、准时生产制度、价值工程理论等，第 2 章将对其进行论述。

1.3　实施精益建造的必要性和可行性

1.3.1　装配式建筑与精益建造的内在关系分析

作为建筑行业的新兴技术，装配式建筑技术以及精益建造技术自诞生到实际应用阶段就备受关注，其表现出来的优越性尽数体现。长期以来，虽然装配式建筑技术在我国已经得到了较为广泛的应用，生产过程的各个环节都已趋近成熟。然而，我国建筑业现场作业条件差、

---

① 6S：整理（Seiri），整顿（Seiton），清扫（Seiso），清洁（Seiketsu），素养（Shitsuke），安全（Security）。

建造效率低、资源消耗大、垃圾排量大等问题却没有得到解决，反而日益凸显。这种粗放的生产方式与我国目前推行的高质量、节能减排、环保等国家顶层政策相悖，建筑业亟需转型升级。

目前我国装配式建筑存在的问题见表 1-2。

目前我国装配式建筑存在的问题　　　　　　　　　　　　　　　表 1-2

存在问题	主要表现
生产成本较高 （最大障碍）	1. 现阶段装配式建筑所需成本较高，据测算混凝土预制装配技术成本增加在 300~500 元 /m²，其原因是目前国内建筑市场人工成本仍然较为低廉，因此装配式建筑方式在项目人工成本的节约效果优势不明显； 2. 一些大型预制构件生产需要定制模具，产生了额外的费用； 3. 在构件的养护、运输等各个环节需要做好充足准备，这些环节均需进行大量一次性投资
缺乏熟练的技术工人	1. 装配式建筑要求高机械化程度，劳动力投入较少，同时对构件的精度和质量的要求很高，要求的建筑工人技术素养更高，而当前国内建造业仍然缺乏这类高精尖技术人员； 2. 建筑行业的低利润使得建筑工人获得专业技术培训的机会有限，且建筑公司本身也难以提供专业技术培训所需的资金及时间投入
标准化程度较低	建立完整的混凝土预制装配技术标准化体系是装配式建筑发展的基础，只有从建筑的设计阶段、生产阶段、施工阶段、验收阶段等各个阶段都具有完整的标准体系，才能为建筑业各参与单位开发研究装配式建筑提供保障。现阶段各项标准体系并没有得到完善，因此施工效率及施工质量尚无法保证
政府激励性政策以及 正面宣传仍然不够	1. 近十几年来，政府已经多次提及、宣传装配式建筑以及精益建造技术，多方面促进装配式建筑以及精益建造技术的发展。推广装配式建筑精益建造模式可以往政策激励层面深化，如在用地规划保障、区级财政资金奖励、财税激励、信用机制激励等方面给予装配式建筑政策支持等； 2. 市场宣传工作可能仍然不够，导致消费者对装配式建筑的印象仍然停留在房屋的抗震性能差、质量不好的负面印象中

2020 年，住房和城乡建设部等多部门联合印发了《关于加快新型建筑工业化发展的若干意见》（建标规〔2020〕8 号，以下简称《若干意见》）以及《关于推动智能建造与建筑工业化协同发展的指导意见》等相关政策文件。文件中有提到推广精益化施工的意见，包括但不限于大力发展钢结构建筑、推广装配式混凝土建筑、推进建筑全装修、优化施工工艺及工法、推行装配化绿色施工方式等。按照《若干意见》的要求，发展新型建筑工业化是一项复杂的系统工程，要重点开展以下工作：一是加强系统化集成设计和标准化设计，推动全产业链协同；二是优化构件和部品部件生产，推广应用绿色建材；三是大力发展钢结构建筑，推广装配式混凝土建筑，推进建筑全装修，推广精益化施工建造；四是加快信息技术融合发展，大力推广 BIM 技术、大数据技术和物联网技术，发展智能建造；五是创新组织管理模式，大力推行工程总承包模式，发展全过程工程咨询，建立使用者监督机制；六是强化科技支撑，培育科技创新基地，加大科技研发力度；七是加快专业人才培育，培育专业技术管理人才和技能型产业工人；八是开展新型建筑工业化项目评价；九是强化项目落地，加大金融、环保、科技推广、评奖评优等方面政策支持。从住房和城乡建设部出台的意见可以看出，国家已经对装配式建筑的精益化建造作出了要求，并为新型建筑工业化工作的推进指明了方向。

精益建造与装配式建筑均是从制造业发展引申而来的，其中装配式建筑引用了制造业零件在工厂中流水线生产的方法，将现场构件浇筑转换成构件的工厂化生产；精益建造则源自精益生产模式，精益生产模式是制造行业先进的生产方式。精益生产概念的提出者认为，精益生产的生产方式可以在工业的各个领域中取代大量生产方式与残存的单件生产方式，成为21世纪标准的全球生产体系，这意味着精益生产的思想不仅应用于汽车零件生产业，而且推广到大多数工业生产活动中，甚至超越了生产系统，成为企业精益管理的思想。

装配式建筑兴起之后，建造需求发生了极大转变，最明显的一点在于构件的现场施工转变为了工厂预制，这使得建筑业具备了制造业的特点。而装配式建筑推行后不久，制造业出现的问题开始在建筑业中体现，如构件生产精密程度不足、生产设备运营维护不及时、构件储存不当导致损坏、施工不当导致构件连接出现问题等。为了使装配式建筑成本最小化、浪费最小化、质量最大化，需要精益生产的思想介入。为了结合装配式建筑生产的特点、更好解决当下构件制造过程以及安装过程的困难，相关专业人士在精益生产的基础上提出"精益建造"的概念。精益建造的目标为"七零"目标（零转产工时浪费、零不良、零故障、零停滞、零灾害、零浪费、零库存），在"七零"目标的指导下，将浪费最小化，通过流程管理消除不增值活动，以此达成价值最大化，从而缓解直至解决装配式建筑建造所面临的成本问题以及资源浪费问题。

精益建造模式不仅对于降低装配式建筑的成本以及材料浪费率有很大帮助，还对节能减排有重要影响。装配式建筑的技术相较传统现浇施工方式而言减少了现场的湿作业，已经使现场施工环境更加节能、环保（实施装配式建筑生产模式后，整体节约用地20%、减少建筑垃圾80%、整体节能50%、节水60%），而精益建造提倡6S现场管理，其中有对"清扫"（清扫工作由负责使用的人进行，并由专人定期维护保养）及"清洁"（不能破坏放置整齐的物品，保持现场物品、环境及人员的清洁）的要求。通过6S现场管理理论以及其他理论，有利于创造一个干净、整洁、标准化、健康绿色的现场环境，这样做不仅进一步优化了施工现场的环境、使得施工生产过程更加节能，也符合当下工业生产的低能耗、低浪费、低污染、绿色环保的主题。

通过上述分析，不难发现精益建造的生产模式所达成的效果与当下装配式建筑面临的成本、标准化以及绿色环保问题相当契合，因此通过精益建造的生产模式可以有效解决装配式建筑的问题，使得装配式建筑的建造过程精密化、智能化、环保化。当下建筑施工行业可实行装配式建筑建造方式为基础建造方法，辅以精益建造的生产模式作为生产管理方法，将两者结合，实现当前技术环境下的建筑建造效率最大化。

1.3.2 装配式建筑与精益建造的相互作用及协同关系

装配式建筑建造模式与精益建造生产模式具有诸多相似之处，在第1.3.1节已经进行了详细叙述。装配式建筑与精益建造之间存在多种相互作用和协同工作模式，例如：

1. 生产方式

装配式建筑的构件生产方式为工厂流水化加工与生产，加工生产的过程由自动化机械技术实现，而现场施工的生产方式为构件之间的组装，该步骤基本上也实现了机械化生产。传统装配式建筑建造过程中，由于缺少标准化的流程管理，使得构件生产的流程往往较为混乱，常出现跳步、步骤颠倒等情况。因此，在生产方式层面上，可以辅以精益建造的标准化流程管理手段，使得工厂流水线加工生产有序化、合理化，进而提高成品率和产品精度，从而实现降低故障率、降低成本的目标。

2. 工程技术

目前装配式建筑生产的工程技术尚在不断精细化，力求做到误差控制在毫米级、无裂缝无渗漏、室内100%无抹灰工程等。因为在装配式建筑的现场施工过程中，涉及部件之间的连接要求十分精密，在现阶段的装配式建筑施工场所中，常常出现施工部件连接存在位移，导致建筑质量出现问题，最后返工的情况。生产设备质量精度不够便是原因之一，但更多原因可能出现在人工操作的部分，如吊装设备的操作、构件连接工作的进行等。

精益建造据此提出"准时化生产理论"，其中给出"零缺陷、零不良、零故障、零伤害"的生产目标，要求将废品率降至最低。当然，构件的缺陷、故障数量不可能完全降低至零，达到前述目标要求施工过程中不断强化工作人员的操作技术、不断优化生产设备的生产精度，或者以高精度生产设备代替人力。因此，在工程技术能力方面，精益建造提出生产技术的目标和改进方法，不断优化装配式建筑生产的精度以及成品的质量。

3. 管理模式

装配式建筑管理模式为工程总承包模式，在该模式下，相较传统现浇混凝土建筑施工而言，具备施工队伍专业化程度高的优势。同时，工程总承包模式的特点一定程度上为精益建造的拉动式制造流程方法提供了前提条件。装配式建筑生产现场施工团队专业能力较强，这有利于制定可靠的施工计划并对施工计划进行改善，及时发现施工计划的偏差。在精益建造的技术手段介入之前，虽然团队能较好地制定施工计划，但是传统的依照计划而进行的推动式生产存在本质上的弊端，如资源溢出导致浪费、计划偏离原计划等，直接导致施工效率降低，以及成本增加导致的利润率降低。

精益建造提出的末位计划系统，本质上是拉动式的制造流程，通过直接控制预计产出量，由末位人员制定周期工作计划，这样做控制了每周期的工作量及资源投入量，同时形成了稳定的工作流。通过末位生产人员给出的预期计划，装配式建筑施工工作的进行将具备更强的目的性。因此，在管理模式层面，精益建造提供拉动式生产制造的方法，与工程总承包模式相互支撑与协同作用，从而实现精益建造零库存和零等待的目标。

1.3.3 精益建造模式与传统建造模式、装配式建筑与现浇混凝土建筑的比较分析

精益建造模式与传统建造模式的不同之处主要体现在生产方式、设计 – 施工关系、管理对象、管理模式以及对待员工的态度上：

1. 生产方式

基于末位计划系统理论，精益建造模式的生产方式为由后向前的拉动式生产，由预期结

果倒推生产量,按照需求量配置资源;而传统的生产方式为推动式生产,按计划指令来配置资源。在先前的装配式建筑施工工地上,常常出现大批量尚未使用的、冗余的构件,若直接废弃将是财产损失,而若是回收利用又将消耗一定人力物力和时间,经回收利用生产的建筑构件质量也将大打折扣。因此,减少浪费需要的是控制生产构件数量不超过需求量,而作为解决这一问题的方法,末位计划系统理论毫无疑问是较为合理、有效的。

2. 设计–施工关系

传统建造模式下,一般认为施工工作应当在设计完毕后进行,这样做直接将设计阶段与施工阶段进行排序,使得工期时间被拉长。而基于并行工程理论,建筑产品的建造将不再有先后顺序之分。其一,建筑的设计以及建筑构件工艺过程设计、生产技术准备、采购、生产等各种活动可以交叉进行,可以是将构件拆分后按构件交叉进行或是对每个部件生产所涉及的不同领域交叉进行;其二,是设计外的其他工作可以尽早进行,甚至可以在信息尚不完备时就开始工作,这是因为并行工程理论强调的是将各有关活动细化后进行并行交叉,因此许多工作可以在传统上认为信息尚不完备的时候提前进行。在对施工关系进行优化后,不仅缩短了建造全工期,还改变了先前串行生产所导致的不同阶段互相孤立的局面,使得参与建造的不同部门联系更加紧密,一定程度上使得建筑生产过程更为可靠。

3. 管理对象

传统建造模式下,施工单位管理人员多是追求成本和质量控制,因此管理对象多为成本、质量和工期等目标,往往容易忽略生产的过程,如单方面对成本进行压缩、对质量进行硬性要求、对工期进行压缩,可能导致各部分控制失衡,最终顾此失彼;或是忽略了施工过程中的关键指标,直接导致建筑成品不合格。基于 TFV 生产管理理论,精益建造模式下的管理对象为生产转换管理、流程管理和价值管理。生产转换管理强调每个子过程开展工作都要有基于全过程总目标的阶段子目标,上一流程阶段的成果直接输出至下一流程阶段,各个子过程之间通过价值的流动和转换,最终实现总目标;流程管理的主要原则在于通过消灭不增加价值的活动来消除浪费,旨在尽可能减少浪费;而价值管理强调从设计到生产的活动围绕用户的需求进行,在全过程中生产团队不断与用户交流,在生产过程中按照需求完善产品,最终生产出符合用户期望的产品。

不难发现,与传统建造模式相比,精益建造模式侧重于建造流程的管理,而建造流程是反馈在建筑生产全周期上的最直接的活动。如果忽视了过程而仅对结果进行管控,那么建筑生产的全过程将会成为管理的盲区,管理者难以直接有效地进行管理,那么建筑的整体质量也将难以保证。

4. 管理模式

在传统的建造模式中,管理模式一般包括合同管理,博弈、索赔等获取自身利益最大化,这样的管理模式广泛地存在于各个施工现场中。因传统建造模式以市场为导向进行生产建造活动,所以建造者、供应商、分包商、承包商之间的利益是割裂开来的,如建造者希望牺牲供应商、承包商、分包商等的利益达到自身利益的最大化等,这样做容易激化多部门之间的矛盾，破坏多部门之间的合作关系，对建筑物建造工作的态度也将打折扣，成品建筑的质量势必无法保证。在精益建造中，管理的重点为建造系统，管理的目标为通过优化建造系统降低协作中的交易成本、合作共赢、信息共享、使供应链上价值最大化。精益建造着重原材料的及时供应以及稳定供应，以此减少不必要的时间成本和物料成本，实现各个相关合作企业的"多赢"局面。

5. 对待员工的态度

在传统的建造模式中，员工的管理仍然为硬性的任务管理、指令和奖惩管理。这样的管理模式是基于"雇用"的关系来管理的，强调的是每个工人完成任务的效率。然而这样做往往使得个人的活动单独化、孤立化，整个项目则被看作这些行为的整合，忽略了工人之间的交流，同时可能造成不必要的工作浪费，如超量工作、工作方式不当等，可能还会造成后期的不必要返工。精益建造则强调让员工参与进计划编制中，在计划编制的过程中强调专业的分工以及专业间的相互协作，同时强调业务流程的精简化，以此提高员工的素养和主人翁意识和合作意识。这样做的好处不仅在于让员工更加明白自身在工程建设过程中所担任的角色、所要完成的任务，让员工带着更强的目的性进行现场施工工作，而且消除了多余的工作，减少了不必要的资源投入和精力浪费。从结果上来看，改变了传统施工现场中管理混乱、资源溢出的局面，也在一定程度上减少了资源的投入量、增强了资源的集中程度等，进一步提高了各施工部门的生产利润。

装配式建筑与现浇混凝土建筑的不同之处在生产方式、工程技术、技术集成、管理模式、资源节约以及环境保护等方面，前文已多次进行叙述，装配式建筑与现浇混凝土建筑的不同见表1-3。

装配式建筑与现浇混凝土建筑的不同 表1-3

项目	装配式混凝土建筑	现浇混凝土建筑
生产方式	设计标准化、构件生产工厂化、现场施工装配机械化	以手工操作、现场湿作业生产为主
工程技术	误差控制在毫米级、墙体无裂缝无渗漏、室内为100%无抹灰工程	误差控制在厘米级，空间尺寸的变形较大、容易出现渗漏开裂等情况，质量问题较为严重
技术集成	设计—生产—施工一体化、精细化，全过程信息化操作	设计、施工阶段割裂，难以实现一体化管理，信息化及精细化程度低
管理模式	实行工程总承包管理模式，施工队伍专业化程度较高，有利于推行拉式生产制度	以包代管，依赖农民工劳务市场分包，施工队伍专业化程度较低，较难推行拉动式生产制度
资源节约	施工节水60%、节省材料20%、节省能源20%，建筑垃圾减少80%、脚手架以及支架减少70%	因现场湿作业为主要施工方式之一，水电耗费量巨大，材料浪费严重，垃圾较多，搭建大量脚手架以及支架，循环利用次数少
环境保护	施工现场基本实现无扬尘、无废水、噪声小、固体垃圾少	施工现场避免不了扬尘、废水、大分贝噪声以及固体垃圾

1.4 本教材的主要内容和创新之处

1.4.1 本教材主要研究内容

本教材分为 11 章,除去本章绪论外,剩余 10 章分别对装配式建筑实现精益建造所引用的辅助技术、装配式建筑精益建造的供应链管理模式、精益设计管理模式、精益生产管理模式、精益运输管理模式、精益施工管理模式、精益运维管理模式、全周期碳排放管理模式动因与绩效体系管理模式、管理体系以及推进策略进行详细论述。

第 2 章为本绪论提到的精益建造辅助技术的细化研究叙述,包括末位计划系统(LPS)、准时生产制度(JIT)、并行工程(CE)、全面质量管理(TQM)、6S 现场管理、看板管理、TPM 设备保全等以及对基于 BIM 技术的装配式建筑精益建造关键技术集成应用的论述,目的在于展示精益建造的辅助技术多元性、全面性。

第 3 章为装配式建筑精益建造的供应链管理技术,主要阐述了供应链管理的概念、运用在装配式建筑精益建造上的供应链管理模式以及供应商的选择,介绍了拉动式生产管理的概念及实行方式,提供了装配式建筑精益建造的供应链管理的方法和策略等。

第 4 章主要针对装配式建筑精益建造的精益设计层面,介绍精益设计模式的理念、主要技术等,同时阐述了基于 BIM 的装配式建筑精益设计的策略。

第 5 章为装配式建筑精益建造的精益生产管理,对精益生产的管理理念,包括自动化加工、拉动式生产、均衡化生产、连续流生产、准时化生产以及工厂化管理分别进行概述,而后对精益生产的几种生产工艺类型进行梳理,最后给出精益生产的策略。

第 6 章为装配式建筑精益建造的精益运输管理。因精益建造追求准时化的生产模式,需要将运输的成本以及时间进行压缩,因此单列一章进行详细论述。本章基于精益生产引申出精益运输理念,在概念引申后,提出了精益运输需要实现的功能目标,最后提出实现精益运输的策略。

第 7 章着重介绍装配式建筑精益建造的精益施工管理模式,同样从精益施工管理的理念、功能目标及管理策略三方面入手。本章也将着重介绍装配式建筑质量的精益化管理,并就此提出相应的管理策略。

第 8 章为装配式建筑精益建造的精益运维管理。本章将从精益运维的专业化、自动化、系统化、智能化以及标准化方面入手,详细论述精益运维的理念、现阶段实施的制约因素、推进策略等。

第 9 章为装配式建筑精益建筑全周期碳排放监测管理,首先对碳排放管理的相关理论及方法进行概述,然后构建适用于装配式建筑精益建造全周期的碳排放核算框架,并通过实际案例进行分析,最后提出全周期减排策略。

第 10 章为装配式建筑精益建造的动因与绩效体系管理,首先对绩效体系的构成维度进行讨论,而后进行装配式建筑精益建造的动因识别与分类、进行绩效指标识别的分析,这里将从对装配式建筑项目质量、成本、进度、安全、环境等方面分析识别因素,并分类与总结,最后提出绩效管理的策略。

第 11 章为装配式建筑精益建造管理体系及推进策略，首先从首要任务、有效载体、支撑平台及资源保障四个层面分析装配式建筑精益建造管理体系的特征，然后以流水线生产管理、精益进度管理、精益成本管理、精益质量管理以及精益安全管理五方面搭建管理体系的架构，最后给出相关技术的推进策略。

1.4.2　本教材的主要创新之处

本教材的主要创新之处在于以装配式建筑精益建造的核心技术为基础，详细论述了贯穿于建筑物从设计到运维全生产周期的精益建造技术应用，章节排序按照实际情况下生产顺序进行排列，每章均对精益建造的实际运用以及可行性进行详细的、有针对性的分析。

近十年来，装配式建筑在我国已经得到了初步的发展，初步拥有了符合我国建筑建设现状的一套装配式建筑理论体系。精益建造技术近年来也正逐渐被我国建筑行业所重视，住房和城乡建设部等多部门于 2020 年也已经发文，对精益建造技术的实行进行鼓励。精益建造的优越性是业界有目共睹的，无论是在节约成本、建筑质量、生产安全方面还是在能源节约、绿色环保等方面均表现出色，被业界所认可。

在未来的一段时间，装配式建筑模式协同精益建造模式的建筑生产方式，将很有可能取代传统现浇混凝土协同传统建造模式的建筑生产方式，这需要在实践中不断对生产技术进行改革尝试、寻求主要矛盾，然后逐步加以改进。而本教材顺应建筑模式改革的潮流，将在建筑产品全生产周期的不同层面上提供可供参考的精益建造管理模式以及不同的改进策略，一定程度上促进了建筑模式的转型。

第2章 装配式建筑实现精益建造的辅助技术

2.1 末位计划系统（LPS）

2.1.1 LPS 内涵

末位计划系统（LPS）是一种新型的工程管理"操作系统"，它是面向基础工程精益施工的计划和管理系统。计划是指确立工程目标以及一系列为达成目标而计划的任务；控制是指项目按照计划进行，或是在任务未按照计划完成和不再符合要求的情况下，重新制定计划。精益建造将建筑生产看成一个复杂动态的过程，强调权力下放，计划应基于现场条件制定并且周期以短为宜。施工从工程的里程碑往后推。经验丰富的专业人员要确立最好的实施顺序、作业时间和设置缓冲措施来实现计划稳定性的最大化。在 LPS 系统流程的设计中，根据工程项目实施的阶段不同，由不同层次和职能的人员来制定不同类别的计划，并且监督相应计划执行。一般而言，分派的任务通过末位计划者们（工头、主管、设计小组领导们）来制定，这些任务的分派必须符合相关部分的规定标准，否则将被驳回。

在 LPS 系统内，下一周期（通常为一周）工作所需资源计划由工作末位人员（通常是现场管理人员，如：工长、班组长等）制定，计划自下而上汇总。计划系统的履行情况可通过计划的执行结果来衡量。末位计划系统用计划工作完成百分比（the Percent Plan Complete，简称 PPC）来测量计划的执行情况，是用已完成的工作量除以计划的工作量，用百分比来表示。PPC 综合了项目进度、执行策略、预算单位成本等指标，来衡量生产单元层次的计划与控制水平，即每周工作计划的执行情况。在保证计划质量的前提下，PPC 越高意味着工作的有效性和效率越高。

末位计划系统赋予末位计划者以所需的权利、信息和物资、社会空间来协作性地决策。与此同时，末位计划系统帮助团队内的每一个人作为一个决策者来锻炼技能。末位计划系统提倡在项目计划制定时遵循以下原则：

（1）当接近工作执行时做出更加详细的计划；

（2）联合即将执行工作的人开展工作计划制定；

（3）以一个团队的形式提前识别并移除工作约束，使工作准备好，并提高工作计划的可靠度；

（4）做可靠的承诺，使项目参与者协调并积极协商，以共同驱动工作的开展；

（5）通过发现深层原因，从失败计划中学习，并采取预防措施。

2.1.2 LPS 实施过程

在基于 BIM 技术的装配式建筑精益建造关键技术集成应用中，LPS 系统可以与信息管理平台技术和网络通信技术相结合，LPS 作为辅助技术，信息管理平台技术和网络通信技术作为关键技术。信息管理平台技术的主要目的是与现有的管理信息系统相结合，充分利用 BIM 模型中的数据进行交互管理，让参与工程建设的各方都可以在一个统一的平台上协同工作。网络通信技术充当桥梁的作用，是 BIM 数据流通的通道，构成了整个应用系统的基础网络。可以通过手机网络、WiFi、无线电通信等方式，实现工程建设的通信需要。

而 LPS 技术的加入，可以将主动权移交给末尾的施工方，让他们在 BIM 中利用网络通信技术进行交流和指挥，同时上级领导也可以利用信息管理平台技术去监督此项工程的进度，并在必要的情况下与各方沟通协调。

2.1.3 LPS 作用及实施效果

1. LPS 作用

（1）运用长短期计划相结合来控制工作的完成

长短期计划包括主导计划、阶段计划、未来工作计划和每周工作计划。主导计划是整个工程项目在实施过程中必须遵循的最高层次计划，其主要着眼于项目的整体部署和目标。项目所有的工作都是通过主导计划得以明确的。阶段计划是整个项目的长远计划，一般以季度或者月为单位，其内容比主导计划更为详细，是衔接主导计划和未来工作计划的桥梁。未来计划工作为 1~3 个月的月计划。每周工作计划是每周要制订的详细计划，总结本周的计划实施情况，确定下周要完成的工作，这是各个计划中最为详细的计划。

末位计划者体系对项目的计划和控制过程包括两个方面：生产单元的控制和工作流的控制。前者由每周工作计划来不断改善分配给工人的任务，后者用未来计划保障不同生产单元间工作流的稳定性。

LPS 系统是一种基于拉动式系统的实用工具，拉动式系统是指工程计划和设计的一切内容都以客户的需求出发，以此来拉动整个工程工序的作业。拉动式系统的应用，可以充分地保障工程施工过程能够在合适的时间内进行并完成；而且，因为是仅依据后续进程指令进行，所以施工工作量也是合适的工作量，因而能够保障不会因为物资囤积造成高库存的浪费。

（2）为分析计划执行情况提供依据

通过对末位计划者层次计划履行情况的测量，不仅能反映生产单元这一层面的问题，还可以通过分析已完工作与计划工作的差异来探求计划质量差或计划执行失败的根本原因。在每周工作计划结束后，集合施工现场的工长、工程师等所有直接对计划执行情况负责的人员，分析计划的工作没有完成的原因，可以采用因果分析图法。通过分析能发现问题并进行改进，真正实现对计划的实时、动态更新调整。在实际应用过程中，基于 PPC 的原因分析不仅局限于周计划，还包括整个项目的进度，在必要时还需要调整未来工作计划和主导计划。

2. LPS 实施效果

（1）有利于使价值最大化、浪费最小化；

（2）降低工程成本——减少工人们等待工作和解决问题的时间；

（3）减少工程持续时间——有效地工作而不是空闲地坐着等待工作；

（4）提高质量——任何一项工作都要按照它自身的工作程序实施，只有当每一个程序达到规定的标准时，才可以从上一道工序的操作者转到下一道工序的操作者；

（5）提高安全——工作环境更加稳固、可靠，且对工作精力要求低。

2.2　准时生产制度（JIT）

准时生产制度（JIT, Just in Time），又称准时制生产方式或者零库存生产方式，是一种全方位的系统管理工程。它像一根无形的链条，调度着企业的各项工作，使其能按计划安排顺利实施，因而，又被称为一种"拉动"式生产模式。其基本特征是对必需的产品，在必需的时候，只生产必需的数量，以减少库存，提高资金周转率，降低成本。看板管理是实现准时化生产方式特有的一种手段。它经历了多年的探索和完善，作为一种彻底追求生产过程合理性、高效性和灵活性的生产管理技术，已逐渐被世界众多的企业所应用。对于建筑工程施工这样的复杂生产过程，运用准时制生产方式的思想，科学组织好建筑工程中所涉及的人员、材料、机具设备以及施工过程中所需要的繁杂供应，既能保证建筑工程施工的效率、进度与质量，又可以将施工成本降到最低，这无疑提高建筑施工企业的核心竞争力。

准时生产制度管理的目标是使企业实现"仅在需要的时刻，按照需要的数量，生产真正需要的合格产品"。根据这一管理目标，企业就必须在广义的资源概念上，对其人力物料、设备、资源能源、时间空间进行综合的开发、管理、利用，使企业的各个部门和各个环节建立起统一协调的目标管理体系，以提高企业的劳动生产率以及对市场需求不断变化的适应能力。

2.2.1　准时采购方法

准时生产制度直接来源于"避免浪费，创造财富"的精益思想，而准时采购模式是企业实施准时生产的基本要求，帮助企业能在需要的时候得到想要的材料。

准时采购是一种先进的采购模式，是一种管理哲理。它的基本思想是：在恰当的时间、恰当的地点，以恰当的数量和质量提供恰当的物品，超过所需要最小数量的任何东西都将被看成是浪费。准时采购不但可以减少库存，最大限度地消除浪费，还可以加快库存周转、缩短提前期、提高购物的质量，获得满意的交货等效果。

实施准时采购的过程：

1. 创建准时制采购机制

专业采购人员有三项责任，分别是寻找货源、商定价格、发展并不断改进与供应商的协作关系，因此，专业化的高素质采购队伍对实施准时制采购至关重要。企业可成立供应商评价委员会，专门处理供应商评价和协作的有关事务，由采购、质量、技术相关人员组成。该委员会的任务是认定和评估供应商的信誉、能力，或与供应商谈判签订准时化订货合同，向供应商发放免检签证等，同时要负责供应商的培训与教育。另外，采购部专门负责从事消除采购过程中的浪费。供应商评价委员会和采购部的人员对准时制采购的方法应有充分的了解和认识，必要时应对其进行培训，如果这些人员本身对准时制采购的认识和了解都不彻底，就有可能终止与该供应商的合作。

2. 制订计划，确保准时制采购策略有计划、有步骤地实施

要制订采购策略，改进当前的采购方式，减少供应商的数量，正确评价供应商，向供应商发放签证。在这个过程中，要与供应商一起商定准时制采购的目标和有关措施，保持经常性的信息沟通。由于双方的战略合作关系，企业在生产计划、库存、质量等方面的信息都可以交流，以便出现问题时能及时处理。

3. 精选少数供应商，建立伙伴关系

在传统的采购模式下，供应商是通过价格竞争而选择的，与供应商是短期合作关系。当发现供应商不合适时，又重新通过市场竞标方式选择供应商。但在准时采购模式下，由于企业要与供应商建立长期的合作关系，供应商的合作能力又将影响企业的长期经济利益。因此对供应商的要求就要比较高，选择供应商应从工作质量、产品质量、技术质量、供货情况、价格等方面综合考虑。

4. 进行试点工作

企业可先从某一外购件的采购开始进行试点，在初见成效后，逐步向其他零部件和原材料的准时化采购延伸，相信在不长的时间内，企业会在整个采购过程中全面推开精益的准时制采购方式，势必会为企业带来显著的经济效益。

5. 明确供应商培训，拟定共同目标

准时制采购是供需双方共同的业务活动，单靠采购部门的努力是不够的，还需要供应商的配合。只有供应商也对准时制采购的策略和运作方法有了认识和理解，才能获得供应商的支持和配合。因此，需要对供应商进行教育培训。通过培训，大家取得一致的目标，相互之间就能够很好地协调，做好准时化的采购工作。

6. 向供应商颁发产品免检合格证书

准时制采购和传统的采购方式的不同之处在于买方不需要对采购产品履行比较多的检验手续。要做到这一点，需要供应商做到提供百分之百的合格产品，当其达到这一要求时，即可颁发免检证书。这可提高供应商的品质和信任度，加强对供应商的长期投入，使供应商愿意也有能力参与到企业的产品开发中来，建立企业的供应商网络，与供应商协同发展盈利。这样才能保证长期稳定的获取数量充足、品质优良的物料。

7. 实现配合准时制生产的交货方式

准时制采购的最终目标是实现企业的生产准时化。为此，要实现从预测的交货方式向准时化适时交货方式转变。

8. 持续改进，扩大成果

准时制采购是一个不断完善、改进的过程，需要在实施过程中不断总结经验，从降低运输成本、提高交货的准确率和产品的质量、降低供应商库存等各个方面进行改进，不断提高准时制采购的运作绩效。

2.2.2　准时施工方法

1. 消除建筑施工过程中过剩的人员

在施工过程中，人如果不是资产就是负债。当存在冗员时，不仅冗员本身是一种浪费，而且冗员的无所事事还会影响周围人员的生产效率和士气。实践表明，施工过程的实际管理费与人员数量直接相关，过多的人员会产生不必要的劳务费、差旅费、各种生活设施建设费以及场地租金等。因此，合理组织人员对于整个建筑项目施工工程至关重要。建筑施工过程具有阶段性强的特点，一般可以分为施工现场准备、土方开挖、基础工程与主体工程施工、水电安装、内外装饰等，在不同的施工阶段完成不同的工序，所需人员的专业不同、数量不等。因此，要求在施工过程中，根据施工的不同阶段工作性质与工作量的需要，适时地组织满足需要的专业、数量恰当的建筑工人，以避免由于人员过多而造成怠工浪费。

2. 消除建筑施工过程中过剩的设备

一方面，根据建筑施工阶段性、随机性强的特点，在施工的不同阶段，需要不同种类和数量的施工机械和机具。因此，要求能够根据实际进度情况，以及施工需要，灵活、及时地组织（或租用）施工需要的机械设备和机具，做到尽可能减少设备机时费用，降低施工成本；同时又保证施工设备及时到位，以免延误施工进度。另一方面，施工过程中施工机械设备的种类、数量，与施工人员的专业、数量有直接的关系，因此，施工机械设备的调用与施工人员组织必须协调一致。

3. 消除建筑施工过程中过剩的库存

建筑施工的特点决定了施工过程中原材料需求量的阶段性与随机性。进货批量影响重大。进货批量太少会导致无形中提高原材料单价，从而加大采购成本；进货批量太大也将增加施工成本；进货不及时将影响施工进度。在采购过程中运用准时制方式，就是要采用"准时采购和供应"，即选择可靠的供应商建立良好的战略伙伴关系，按照施工进程实际需要的原材料、构件的种类、数量和质量，及时、准确地供应施工需要的物料。采用准时制的原则，根据进度需要进货，不仅可以减少资金的占用，还可以减少堆放原材料的场地、物料的看管费并避免二次搬运，最大限度地降低原材料的采购成本。

4. 控制建筑施工的质量

准时制生产管理除了强调消除浪费以外，还强调后一道工序的工作要向前一道工序提出质量要求，即既重数量，又重质量。由于建筑施工的特点，建筑材料、制品和构件的质量对于建筑物质量有着决定性影响。准时制生产方式采用拉动式生产控制机制，要求后一道工序对前一道工序的质量检查，防止不合格的工序交接到后一工序。在通常的质量管理方法中，对工程的检验在最后一道工序进行，如果发现质量不合格则进行返工或其他处理，尽量不停止施工。但在准时生产制的方式下，却认为这恰恰是出现质量问题的元凶。最后进行质量检测，质量问题得不到暴露，以后施工过程中也可能还会出现类似的问题，使工程的质量问题越积越多，当工程进行到某一程度，质量问题将影响工程的施工连续性。而后一道工序对前一道工序进行质量控制，则可以立即发现问题，并立即对其进行分析、改善，施工能有序推进。因此，采用准时制生产方式从根本上保证了施工质量的可靠，工程施工的准时。

5. 准时制生产方式与建筑施工管理信息化

从以上论述可知，采用准时制生产方式进行施工管理，对降低施工成本、提高施工质量具有非常重要的意义。然而由于建筑工程施工具有复杂性、随机性的特点，在施工过程中既要将必要的原材料和制品、构件，以必要的数量和合格的质量，在必要的时间送往必要的地点；又要适应建筑工程施工的随机变化。其依靠传统的管理手段，已经难以实现。

在基于 BIM 技术的装配式建筑精益建造关键技术集成应用中，准时生产技术可以与信息管理平台技术和物联网技术相结合，准时生产技术作为辅助技术，信息管理平台技术和物联网技术作为关键技术。物联网是通过射频识别、红外感应器、全球定位系统、激光扫描器等信息传感设备，按约定的协议，把与工程建设相关的物品与互联网连接起来，进行信息交换和通信，以实现智能化识别、定位、跟踪、监控和管理的一种网络。信息管理平台技术的主要目的是整合现有管理信息系统，充分利用 BIM 模型中的数据来进行管理交互，以便让工程建设各参与方都可以在统一的平台上协同工作。

2.3 并行工程（CE）

2.3.1 CE 的概念

并行工程（Concurrent Engineering）又称同步工程或同步设计，是对产品及其相关过程（包括制造过程和支持过程）进行并行、集成化处理的系统方法和综合技术。并行工程要求产品开发人员从设计开始就考虑产品寿命周期内各种因素，不仅要考虑产品的各项性能，如质量、成本和用户要求等，还应考虑与产品有关的各工艺过程的质量及服务的质量。并行工程是对产品及相关工程进行并行的一体化设计，但不能简单地理解为时间的并行，并行工程的核心是开发过程的交叉、并行处理及人机协同工作，以便于设计者能随时控制和操纵整个设计过程。它通过提高设计质量来缩短设计周期，通过优化生产过程来提高生产效率，通过降低产品整个寿命周期的消耗，如产品生产过程中原材料消耗、工时消耗等，以降低生产成本。

并行工程强调面向过程（Process-Oriented）和面向对象（Object-Oriented），一个新产品从概念构思到生产出来是一个完整的过程（Process）。因此它特别强调设计人员在设计时不仅要考虑设计本身，还要考虑这种设计的工艺性、可制造性、可生产性、可维修性等，工艺部门的人也要同样考虑其他过程，设计某个部件时要考虑与其他部件之间的配合。所以整个开发工作都是要着眼于整个过程（Process）和产品目标（Product Object）。从串行到并行，是观念上很大的转变。

2.3.2　CE 的特征

1. 并行交叉

并行工程是针对串行工程提出的一个新概念，相比串行工程，它把时间上有先有后的作业活动转变为同时考虑和并行处理，由于并行处理，使得开发产品的周期大大短于传统的串行工程，在并行工程中，信息流向是双向的。它强调产品设计与工艺过程设计、生产技术准备、采购、生产等种种活动并行交叉进行。并行交叉有两种形式：一是按部件并行交叉，即将一个产品分成若干个部件，使各部件能并行交叉进行设计开发；二是对每单个部件，可以使其设计、工艺过程设计、生产技术准备、采购、生产等各种活动尽最大可能并行交叉进行。需要注意的是，并行工程强调各种活动并行交叉，并不是违反产品开发过程必要的逻辑顺序和规律，不能取消或越过任何一个必经的阶段，而是在充分细化各种活动的基础上，找出各子活动之间的逻辑关系。

2. 尽早开始工作

正因为强调各活动之间的并行交叉，以及并行工程为了争取时间，所以它强调人们要学会在信息不完备情况下就开始工作。根据传统观点，人们认为只有等到所有产品设计图纸全部完成以后才能进行工艺设计工作，所有工艺设计图完成后才能进行生产技术准备和采购，生产技术准备和采购完成后才能进行生产。正因为并行工程强调将各有关活动细化后进行并行交叉，因此很多工作要在我们传统上认为信息不完备的情况下进行。

3. 整体性

并行工程把产品开发过程看成是一个有机整体，各功能单元之间存在不可分割的内在联系，尤其是有丰富的双向信息联系，强调从全局考虑问题，把产品开发的各种活动作为集成过程管理和控制，以达到整体最优。

4. 协同性

如何取得产品开发过程中的整体最优是并行工程追求的目标，关键是如何发挥团队作用，包括与产品生命周期（设计、工艺、制造、销售、管理、服务等）的有关部门的代表组成的小组或小组群协同工作。并行工程把产品开发看成是一个有机系统，消除串行工程中各部门间的壁垒，使各部门能协调一致地工作，提高团队效益。

5. 集成性

集成性主要包括人员集成、信息集成、功能集成以及技术集成等。人员集成指设计者、制造者、管理者、负责质量、销售、采购、服务等人员及用户集成一个有机的整体。信息集成是指产品生命周期中各类信息的获取、表示、存储和操作工具都集成在一起并组成统一的信息管理系统、产品信息模型和产品数据管理。功能集成是指企业内各部门、产品主开发企业与外部企业间的功能的集成。技术集成是指产品开发全过程中涉及的多学科知识以及各种技术、方法的集成，形成集成的知识库和方法库。

2.3.3 CE 应用价值

传统制造业中产品的开发过程沿用串行生产模式，遵循"需求分析—方案设计—产品设计—加工计划控制—加工、装配、检测—试验验证—修改"的流程，这种方法早期不能全面考虑下游的可造型、可装配性和质量保证等多种因素，只有在制造后期方能发现制造的产品存在很多缺陷，这必须要求设计进行更改，造成了从概念设计到加工制造、试验修改的大循环，而且可能在不同的环节多次重复这一过程，造成设计改动量大，产品开发周期长、成本高，难以满足激烈市场竞争的需求，并行工程是解决这些问题的有效方案。

1. 生产管理方面

按照并行工程的思想，房地产开发从一开始就考虑影响整个过程的所有因素，使每个过程的所有阶段都协调起来，并行地开展工作。将开发过程中内部外部，有形无形的因素都加以考虑，增强管理对象的交融度，并形成一种互补、匹配的整体结构。并行工程的房地产开发工作实质上体现了开发工作的系统性，前期策划、设计、建造、销售、管理等过程已不再是一个个相互独立的单元，而是被纳入一个完整的系统中进行考虑。前期策划工作将产品设计、投资估算、开发计划、建筑施工、质量控制、销售实现等因素一同纳入系统。在策划的同时就可以进行设计及施工准备，有助于提前发现问题，及时调整。

2. 组织管理方面

（1）并行团队的建立

并行团队的建立是企业为了完成特定的产品开发任务而组成的多功能型团队，包括来自市场、设计、施工、采购、销售、维修、服务、顾客、供应商、协作单位的代表。通过团队成员的共同努力能够产生积极的协同作用，使团队的绩效水平远大于个体成员的绩效总和。团队成员技能互补，致力于共同的绩效目标，并且共同承担责任，大大提高产品生命周期各阶段人员之间的相互信息交流。

（2）团队的决策模式和方法

工作团队在作出决策时，一般采取群体决策的方式。其主要优点有：更完全的信息和知识、增加观点的多样性、提高了决策的可接受性与合法性。其不足之处：浪费时间、从众压力、少数人有控制权和责任不清。总体来说，群体决策更准确，质量更优。但就速度和效率而言，群体决策劣于个体决策。

（3）冲突的协调解决

在实施并行工程的过程中，由于在初始阶段就应用了并行方式综合考虑整个生命过程中各环节的影响，因此，并行工程强调多学科专家的协作。由于各专家的知识面、背景等的不同，导致他们组成的目标各异，它们之间相互作用、相互制约，可能随时发生冲突，如何协调好这些冲突，是实施并行工程的关键问题。从某种意义上讲，并行工程的实施过程就是冲突不断产生、发展、解决的过程。冲突的产生可以使设计人员及早发现问题、解决问题，保证设计方案的优化。

（4）团队的管理手段

1）计划和控制。就计划和控制的内容来说，一般包括进度、成本、质量等。具体方法和技术有：网络分析技术、基于活动的成本控制、全面质量管理等。

2）领导和激励。从具体操作的角度来说，领导风格基本有四种：指示、参与、授权、推销。选择风格时，主要随任务结构和员工素质的变化而变化。激励的方法主要有：目标管理、行为校正、员工参与方案和浮动工资方案。

3）沟通和协调。对于密切配合的团队协同工作模式来说，信任、沟通和协调尤为重要。沟通有四种功能：控制、激励、情绪表达和信息。而协调在具体的操作时，既可化解冲突以避免组织功能失调，也可在保证组织功能正常的前提下激发冲突以达到提高群体工作效能的作用。

3. 辅助管理方面

（1）建立有利于并行工程实施的文化氛围

并行工程最为重要的一方面在于它代表了一种不同的文化，而不仅仅是一个方法或技术。事实上，一些组织已经在他们对并行工程的定义中承认了这一点。想要改变文化氛围，主要方法是通过教育培训。从高层管理部门开始，组织中所有成员都要意识到并行工程方法的好处以及它需要的条件。组织中每一层的每一个成员都必须完全意识到并行工程是什么。

（2）争取企业领导的大力支持以及各部门主管的理解

采用并行工程方法实施工程管理，必定会涉及组织的变革，权力分配的变化，各种奖励政策的变化，人际关系的变化。而企业对权力分配、责任和利益关系的确定是极为敏感的。因此必须有企业最高层主管的支持。而在中国建筑企业的现状下，一般企业高层主管很难对其下属实施强有力的影响，必须得到其下属的理解与支持。按照并行工程思想，他必须要赋予各负责人对各部门资源的支配权，那么显然会削弱各部门主管的权力，因而需要对各部门主管做大量思想工作。企业领导人的决心、威望、影响力，是赢得各部门主管密切配合的关键。

（3）搭建并行工程信息化模型和数据平台

随着计算机、通信技术的快速发展，使得并行工程在企业管理能够更好地实施。一般包括以下的几种信息系统的建立完成来辅助项目的完成及企业管理的顺畅。

1）项目管理系统。在并行产品开发中，多学科团队一般是以项目为单位组建的，其管理方式也基本是按项目管理的思想进行。项目管理软件的功能一般包括：任务分解、进度安排和跟踪、资源分配、成本核算、分析功能。

2）工作流管理系统。工作流管理（WFM）是人与计算机共同工作的自动化协调、控制和通信，在计算机化的业务过程中，通过在网上的运行软件，使所有命令的执行都处于受控状态。在工作流管理下，工作量可以被监督，使分派到不同的用户的工作量达到平衡。

3）群体决策支持系统。小组的决策过程因时间、地点的不同，可有四种情况发生：同时 – 同地、异时 – 同地、同时 – 异地、异时 – 异地。与此相对应也有四种类型的群体决策支持系统工具：决策室（支持同时 – 同地的交互作用）；工程室（支持异时 – 同地的交互作用）；远程会议系统（支持同时 – 异地的交互作用）；电子邮件系统和语音邮件系统（支持异时 – 异地的交互作用）。

4）信息共享系统。信息共享是并行小组工作的一个基本要素，信息在小组内要透明化且沟通及时，通过计算机辅助项目管理信息系统，可以保证信息传递的准时性，有助于各方参与者及时进行沟通，迅速反应。

在基于 BIM 技术的装配式建筑精益建造关键技术集成应用中，CE 主要可以与云计算技术、三维协同设计和网络通信技术相结合，CE 作为辅助技术，云计算技术、三维协调设计和网络通信技术作为关键技术。云计算是网格计算、分布式计算、并行计算、效用计算、网络存储、虚拟化和负载均衡等计算机技术与网络技术发展融合的产物。它旨在通过网络把多个成本相对低的计算实体，整合成一个具有强大计算能力的完美系统，并把这些强大的计算能力分布到终端用户手中。网络通信技术是 BIM 技术应用的沟通桥梁，是 BIM 数据流通的通道，构成了整个 BIM 应用系统的基础网络，可根据实际工程建设情况，利用手机网络、无线 WiFi 网络、无线电通信等方案，实现工程建设的通信需要。

2.4 全面质量管理（TQM）

2.4.1 TQM 的概念

全面质量管理，即 TQM（Total Quality Management）是以质量为中心，以全员参与为基础，目的在于通过让顾客满意和本组织所有成员及社会受益而达到长期成功的管理途径。它主要包括四点：一是以消费者为核心；二是强调全员参与；三是持续改进与提高质量；四是自觉运用现代科学技术和先进管理方法处理和分析数据、信息，并作出判断和决策。全面质量管理是对企业所有生产环节进行全面管控，建立健全质量工作体系，从而保证产品质量，提高客户满意度。在全面质量管理中，质量这个概念和全部管理目标的实现有关。

2.4.2 TQM 的管理核心及工具

1. TQM 管理核心

（1）一切为用户着想

企业需要站在客户的角度看问题，那就是"以顾客的眼睛看世界"。产品生产就是为了满足用户的需要。因此，企业应把用户看作是自己服务的对象，把客户放在经营发展的中心，通过客户的需求来指导企业的决策，也是为人民服务的具体内容。要以顾客满意为关注焦点，统筹组织资源和运作，依靠信息技术，借助顾客满意度测量分析与评价工具，不断改进和创新，逐步产生一种质量环模式，即以顾客为中心，把顾客满意作为宗旨以及强调过程控制，一切为顾客出发的模式，提高顾客满意度，增强竞争能力。

（2）一切以预防为主

全面质量管理强调事前预防，事前把所有可能出现的差错和可能遇到的风险等进行系统的识别、评价，并进行防差错设计，将所有的差错、风险消灭在事前。全面质量管理强调事中预防，事中进行持续的监视、测量、反馈和对问题的及时调整，将所有的差错、风险消灭在萌芽状态。

（3）一切用数据说话

"一切用数据说话"就是用数据和事实来判断事物，而不是凭印象来判断事物。收集数据要有明确的目的性。为了正确地说明问题，必须积累数据，建立数据档案。收集数据以后，必须进行加工，才能在庞杂的原始数据中，把包含规律性的东西提示出来。

（4）一切工作按 PDCA 循环进行

PDCA 循环是全面质量管理的思想方法和工作步骤。P 是计划（Plan），D 是实施（Do），C 是检查（Check），A 是处理（Act）。任何一个有目的有过程的活动都可按照这四个阶段进行。对于一个循环中解决不好或者还没解决的问题，要转到下一个 PDCA 循环中去继续解决。PDCA 循环就像一个车轮，不断向前转动，同时不断地解决产品质量中存在的各种问题，因此，产品、工作或者服务质量可以通过 PDCA 循环得到有效提高。

（5）各部门全员参与

全面质量管理是在生产的全过程中实行全面控制管理。质量管理的重点不仅限于质量控制部门，企业的下属单位和部门应参与质量管理，共同负责产品的质量。因为产品质量是各方面的组织，各部门所有工作的综合反馈，质量链条上任何一个人的工作质量都将在不同程度上对产品的质量产生影响，因此质量控制需实施到每一位员工，让每一位员工都关心产品质量，这可以很大程度上提高产品质量。

2. TQM 管理工具

TQM 管理的应用工具一般来讲分为两个阶段，即"旧七种工具"与"新七种工具"。

（1）旧七种工具

QC（Quality Control，质量控制）旧七种工具指的是：检查表、层别法、柏拉图、因果图、散布图、直方图、管制图。

QC 旧七种工具是我们将要大力推行的管理方法。从某种意义上讲，推行 QC 旧七种工具的情况，一定程度上表明了公司管理的先进程度。这些手法的应用之成败，将成为公司升级市场的一个重要方面：几乎所有的 OEM（Original Equipment Manufacturer，原始设备制造商）客户，都会把统计技术应用情况作为审核的重要方面。

（2）新七种工具

QC 新七种工具指的是：关系图法、KJ 法、系统图法、矩阵图法、矩阵数据分析法、PDPC 法[①]、网络图法。

2.4.3　TQM 的两大支柱

1. 第一支柱：成本控制及时全面

相对于传统的大批量生产方式，全面质量管理中追求及时全面化并非精益生产所独创，但

---

① PDPC 法：过程决策程序图法，PDPC 为 Process Decision Program Chart 的缩写。

在精益生产体系中，它们的确能体现出更好的效益。如拉动式准时化生产作为精益生产在计划系统方面的独创，有着良好的效果。其根本在于，既向生产线提供良好的柔性，符合现代生产中多品种、小批量的要求，又能充分挖掘生产中降低成本的潜能。浪费在传统企业内无处不在：生产过剩、零件不必要的移动、操作工多余的动作、怠工、质量不合格或返工、库存、其他各种不能增加价值的活动等，在精益企业里，库存被认为是最大的浪费，必须消灭。减少库存的有力措施是变"批量生产、排队供应"为单件生产流程。在单件生产流程中，基本上只有一个生产件在各道工序之间流动，整个生产过程随单件生产流程的进行而永远保持流动。

2. 第二支柱：持续改进自动化

持续改善是另一种全新的企业文化，而不是最新的管理时尚。实行全面质量管理，由传统企业向精益企业的转变不能一蹴而就，需要付出一定的代价，并且有时候还可能出现意想不到的问题，使得那些热衷于传统生产方式而对精益生产持怀疑态度的人，能举出这样或那样的理由来反驳。但是，那些坚定不移走精益之路的企业，大多数在 6 个月内，有的甚至还不到 3 个月，就可以收回全部改造成本，并且享受精益生产带来的好处，而贯穿其中的支柱就是自动管理化。自动检测的装置一定程度上取代了质量检测工人的工作，排除了产品质量的原因，使返工现象大大减少，劳动利用率自然提高。间接劳动利用率是随生产流程的改进和库存、检验、返工等现象的消除而提高的，那些有利于直接劳动利用率的措施同样也能提高间接劳动力。

在基于 BIM 技术的装配式建筑精益建造关键技术集成应用中，全面质量管理技术主要可以与信息技术、物联网技术相结合，全面质量管理作为辅助技术，信息技术、物联网作为关键技术。基于信息技术，对施工进行智能监控并融入信息化软件，及时检测工程质量，并借助物联网技术，确保现场的数据能够实时传送，为有效监测工程质量提供了有效保障。

2.5 6S 现场管理

2.5.1 6S 现场管理的基本内涵及作用

1. 基本内涵

现场管理能够反映一个企业的综合素质与管理水平，它以生产出符合市场需求、顾客需求的产品，有效实现企业的经营目标为目的。现场管理是生产第一线的综合管理，由多目标、多元素构成，是生产管理的重要内容，也是生产系统合理布置的补充和深入，通过对生产现场的人（工人和管理人员）、机（设备、工具、工位器具）、料（原材料）、法（加工、检测方法）、环（环境）、信（信息）等进行合理有效的计划、组织、协调、控制和检测，使其处于良好的结合状态，从而达到优质、高效、低耗、均衡、安全、文明生产的目的。

所谓现场，就是指企业为顾客设计、生产、销售产品和服务以及与顾客交流的地方，是企业活动最活跃的地方。企业的每一个部门都与顾客的需求有着密切的联系。从产品设计到生产及销售的整个过程都是现场，也就都有现场管理，这里我们所探讨的侧重点是现场管理的中心环节——生产部门的制造现场。现场管理是每个企业最基础最重要的活动，只有不断地加强现场管理，才能促使企业以最少的资源获得最佳的经济效益。

2. 作用

实行 6S 现场管理，可开展清洁、安全生产、提高员工素质、简化作业流程。实现人性化和标准化管理。具体作用如下：

（1）提高企业形象和员工意识

现场实行"定置管理"，使人流、物流、信息流畅通有序，现场环境整洁，文明生产。在一个干净整洁的环境中工作在某种程度上满足了员工的尊严和成就感，这可提高生产员工的士气，提高客户满意度，并鼓动更多的客户与企业合作。

（2）促成效率的提高

良好的工作环境和工作气氛，有修养的工作伙伴，物品摆放有序，不用花费太多的时间寻找，员工自然可以集中精神工作，工作积极性高，效率自然就会提高。

（3）保证安全和产品质量

减少事故发生的可能性是许多公司追求的目标，长期实行现场管理，可加强工艺管理，优化工艺路线和工艺布局，提高工艺水平，严格按工艺要求组织生产，在此过程中，可培养员工真诚负责的工作作风，减少安全事故的发生；同时使生产处于受控状态，保证产品质量。

（4）改善零件周转率

整洁的工作环境，有效的保管，彻底进行最低库存量管理，能够做到必要时能立即取出有用的物品。工序间物流通畅，能够减少，甚至消除滞留的时间，改善零件在库周转率。

（5）减少资源浪费，提高工作效率

由于生产过程中各种不良的现象，诸如人力资源、效率、调配等因素，给企业造成浪费。6S 现场管理模式以生产现场组织体系的合理化、高效化为目的，不断优化生产劳动组织，明显减少了人员浪费，提高劳动效率；压缩了制造时间和空间，并降低了产品生产成本，减少生产过程中不必要的能源损耗，有利于增加公司利润。

（6）有效促进标准化

标准化是一种非常有效的工作方式，健全各项规章制度、技术标准、管理标准、工作标准、劳动及消耗定额、统计台账等，可以使生产工人的工作更轻松、更快捷、更稳定，为产品的质量提供保障。

（7）建立和完善管理保障体系，有效控制投入产出，提高现场管理的运行效能。

（8）搞好班组建设和民主管理，充分调动职工的积极性和创造性。

6S 现场管理的目标是有效地工作，并且系统明确目标、界限，与生产线上不同工序的关系，对其进行精简并建立相应规则。通过 6S 现场管理系统，生产管理者可清楚地了解到各工序实时的工作情况。在有错预警下，以减少和消除事故，减少生产过程中所产生的偏差和错误。该系统调动了员工的积极性和创造性，适当的管理实践可以有效减少负面影响。

（9）缩短作业周期，确保交货期

由于实施了"一目了然"的管理，使异常明显化，减少人员、设备、时间的浪费，生产顺畅，提高作业效率，缩短了作业周期，从而确保交货期。

2.5.2 6S 现场管理的实施步骤

1. 建立推行现场管理组织

企业需成立推行委员会及推行办公室，明确各委员的主要工作，并对生产现场（包括：生产人员、设备、产品、生产场所）进行编组及责任区划分。

2. 整理生产现场

在现场，将不同的物品进行分类和整理后，决定这些物品的放置场所和保管方法，以及在此基础上如何进行控制和整理。根据上述内容因地制宜地决定整理和整顿的方法，除去不必要的物品后再进行彻底清扫，形成一个干净整齐的生产环境。

3. 避免浪费

重复劳动造成的浪费可以被轻易理解和重视，但有一种浪费往往却被忽视，就是所谓的提高产品的质量、使用高质量的材料、增加加工精度而形成的浪费。这些习惯成自然的做法是因为有一层"提高产品质量"的外衣没有被注重，这就需要对提高产品质量的必要性进行重新认识。

4. 制定明确合理的生产规范

虽然按照规范生产道理浅显，但是在许多场合还是难以令人满足。在生产现场，常常会听见诸如"下不为例""这样就行了吧""因为实在没有办法，只能这样了"等理由。在一定程度上，这些理由并不是没有道理，有些似乎还比较客观。但是，其实问题的要害在于，生产过程中没有明确的规范，生产工人不知道什么样的产品才算是标准，或者钻规则的漏洞。因此，管理者需在生产现场制订一套明确合理的标准，使员工有参照点。在出现问题时，有据可循。

5. 确保生产现场的安全，减少事故的发生

安全问题在各行各业都十分重要，因此，进行现场管理时一定要提高对安全工作的重视程度。具体工作可分为以下方面：①加大宣传力度，提高生产现场的安全意识；②加大巡查的力度，力争将安全隐患消灭在发生之前；③做好应急预案，在事故发生时，能够采取措施积极应对，将损失降到最低。

6. 落实坚持以人为中心的管理理念

现场管理主要是对人的管理，具体可从两方面开展：①要定期对员工进行培训和教育，这样做既能提高工作人员的专业素质和专业技能，提高效率，又能提高其安全意识和应急反应，从而使产品在安全生产的前提下，顺利制作。②在管理的过程中要注意工作的方式和方法，不能蛮横暴力地进行管理工作，因为这样只能适得其反。而应该要通过平等交流的方式开展工作，只有这样才能易于大家接受，从而使相关措施能落实到位，使企业获得最大的收益。

2.6　看板管理

2.6.1　看板管理的概念

看板管理亦称"看板方式""视板管理"。看板管理是最早由日本丰田公司提出的一种为达到准时生产目标的现场信息传递的工具。所谓看板管理就是通过各类管理看板将生产的过程和现状显示出来，使得管理状况被众人皆知的一种管理办法。其主要目的在于降低库存，减少资金占用量，提高生产效率和效益。看板管理是在工业企业的工序管理中，以卡片为凭证，定时定点交货的管理制度。"看板"是一种类似通知单的卡片，主要传递零部件名称、生产量、生产时间、生产方法、运送量、运送时间、运送目的地、存放地点、运送工具和容器等方面的信息、指令。

2.6.2　看板管理的类型

1. 三角形看板

三角形看板主要为"5S"管理服务。看板内容主要标示各种物品的名称，如成品区、半成品区、原材料区等，将看板统一放置在现场划分好的区域内的固定位置。

2. 设备看板

设备看板可粘贴于设备上，也可在不影响人流、物流及作业的情况下放置于设备周边合适的位置。设备看板的内容包括设备的基本情况、点检情况、点检部位示意图、主要故障处理程序、管理职责等内容。

3. 品质看板

品质看板的主要内容有生产现场每日、每周、每月的品质状况分析、品质趋势图、品质事故的件数及说明、员工的技能状况、部门方针等。

4. 生产管理看板

生产管理看板的内容包括作业计划、计划的完成率、生产作业进度、设备运行与维护状况、车间的组织结构等内容。

5. 工序管理看板

工序管理看板主要指车间内在工序之间使用的看板，如取料看板、下料看板、发货看板等。

6. 外购部件进货看板

外购部件进货看板是从供货单位采购零部件时使用的看板，实际送货由供货单位进行。由于只根据在工序被摘下的外购部件进货看板的数量送货，基本上和"工序间领取看板"一样，可以进行后工序领取。外购部件进货看板的形式根据使用情况通常采用长方形看板，应注明送货周期，为了用于验收和支付货款可以在看板上附上条码。

7. MES 看板管理

制造执行系统（MES）是面向车间层的实时信息系统，是连接企业计划管理层与生产控制层之间的桥梁，强调整个生产过程的优化。电子看板管理作为 MES 的核心模块，能够提高车间生产过程控制能力，对 MES 的构建以及整个车间作业流程的优化均具有很大的作用。

8. MDC 看板管理

制造数据管理系统（MDC）设备运行状态报告，可以显示出当前每台设备的运行状态，包括是否空闲、空闲时间多少、是否加工中、加工时间是多少、状态设置如何、正在运行中或是出故障了？设备综合利用率设备综合效率（OEE）报表，能够准确清楚地分析出设备效率如何，在生产的哪个环节有多少损失，以及可以进行哪些改善工作？

MDC 系统提供直观、阵列式、色块化的设备实时状态跟踪看板，将生产现场的设备状况第一时间传达给相应的使用者。企业通过对工厂设备实时状态的了解，可以实现即时、高效、准确的精细化和可视化管理。

2.6.3　看板管理的原则

在采用看板作为管理工具时，应遵循以下原则。

（1）"后工序领取"原则。看板管理是对生产过程中各工序生产活动进行控制的信息系统。准时化生产方式以逆向拉动式方式控制着整个生产过程，即从生产终点的总装线开始。即后工序只有在必要的时候，才向前工序领取必要数量的零部件；前工序应该只生产足够的数量，以补充被后工序领取的零件。在这两条原则下，生产系统自然结合为输送带式系统，生产时间达到平衡。这样看板就在生产过程中的各工序之间周转着，从而将与取料和生产的时间、数量、品种等有关的信息从生产过程的下游传递到上游，并将相对独立的工序个体联结为一个有机的整体。

（2）下工序就是客户，不良品不送往后工序。制造不合格的产品，就是为不能卖出去的东西投入资本、设备、劳动力，这就是浪费的极致，与企业降低原价的目的背道而行。因此，后工序一旦发现次品必须停止生产，找到次品送回前工序。

（3）看板的使用数目应该尽量减少。看板的数量，代表零件的最大库存量。应该使用看板以适应小幅度需求变动，计划的变更经由市场的需求和生产的紧急状况，依照看板取下的数目自然产生。

（4）看板管理的对象应优先选择单件占用资金、面积等制造资源相对较多的物资。

（5）看板管理的产品应采用标准化耐久性包装，其容器装载数量比较科学。

（6）看板是进行微调的手段。看板管理的功能之一是自动指示装置、对作业者的作业指示信息。因而，采用看板管理时，不需要另外提供如：工作计划表、搬运计划表这样的信息，仅用看板作为生产和搬运的指示信息，作业者仅依赖于看板进行作业。因此，生产的平均化尤其重要。看板只能应对生产的微调，它只是作为微调的手段而被应用的，并且只有这样，才能发挥其强大的力量。

2.6.4 看板管理的功能

1. 发出工作指令

生产及运送工作指令是看板最基本的机能。公司总部的生产管理部根据市场预测及订货而制定的生产指令只下达到总装配线，各道前工序的生产都根据看板来进行。看板中记载着生产和运送的数量、时间、目的地、放置场所、搬运工具等信息，从装配工序逐次向前工序追溯。

在装配线将所使用的零部件上所带的看板取下，以此再去前一道工序领取。前工序则只生产被这些看板所领走的量，"后工序领取"及"适时适量生产"就是通过这些看板来实现的。

2. 防止过量生产

看板必须按照既定的运用规则来使用。其中的规则之一是："没有看板不能生产，也不能运送"。根据这一规则，各工序如果没有看板，就既不进行生产，也不进行运送；看板数量减少，则生产量也相应减少。由于看板所标示的只是必要的量，因此运用看板能够做到自动防止过量生产、过量运送。

3. 目视管理

看板的另一条运用规则是"看板必须附在实物上存放""前工序按照看板取下的顺序进行生产"。看板可控制生产和搬运过程。看板发放张数如果能得到合理的控制，生产、搬运的量自然地也会控制在适当的数量之内。同时，看板可检测工序进行情况。只要通过看板所表示的信息，就可知道后工序的作业进展情况、本工序的生产能力利用情况、库存情况以及人员的配置情况等。

4. 改善工序、作业的工具

看板的改善功能主要通过减少看板的数量来实现。看板数量的减少意味着工序间在制品库存量的减少。如果在制品存量较高，即使设备出现故障、不良产品数目增加，也不会影响到后工序的生产，所以容易掩盖问题。随着看板发放量的缩减，库存的压缩，再没有大的"蓄水池"的保障，有问题的工序必然会有大量看板堆积，从而问题很容易被暴露出来。随着库存的压缩，不断减少看板发放量，再暴露问题，再解决问题，从而进入一个良性循环状态。在 JIT 生产方式中，通过不断减少数量来减少在制品库存，就使得上述问题不可能被无视。这样通过改善活动不仅解决了问题，还使生产线的"体质"得到了加强。

5. 指示搬运、生产信息

以计划为依据的旧式推动式生产，生产周期长，造成计划准确性差，很难适应市场的变化。而拉动式生产很好地解决了这一难题，后工序变，则前工序随之而变。生产系统各个环节设立基准库存，后工序在需要时可随时按看板到前工序取件，前工序则用最快的速度按看板把库存及时补充上。在这个过程中，看板是根据现场的实际进度指示"何时"生产、搬运"什么"、搬运"多少"的信息工具。同时看板也明确了生产和搬运的优先顺序。

2.6.5 看板管理的实施目的与意义

通过看板管理可制止过量生产，从而彻底消除在制品过量的浪费以及由此衍生出来的种种间接浪费；还可使产生次品的原因和隐藏在生产过程中的问题及不合理成分充分暴露出来。通过问题改善活动，彻底消除引起成本增加的种种浪费，实现生产过程的合理性、高效性和灵活性。

1. 看板管理的逆向思维带来观念大转变

看板管理的精髓就是逆向思维，它要求企业以市场拉动生产，以总装拉动零部件的生产，以零部件拉动原材料、外协件的供应，以前方生产拉动后方服务，一改过去指令式生产、请求式服务的观念。

2. 传递现场的生产信息，统一思想

生产现场人员众多，而且由于分工的不同导致信息传递不及时的现象时有发生。而实施看板管理后，任何人都可从看板中及时了解现场的生产信息，并从中掌握自己的作业任务，避免了信息传递中的遗漏。此外，针对生产过程中出现的问题，生产人员可提出自己的意见或建议，这些意见和建议大多都可通过看板来展示，供大家讨论，以便统一员工的思想，使大家朝着共同的目标去努力。

3. 杜绝现场管理中的漏洞

通过看板，生产现场管理人员可以直接掌握生产进度、质量等现状，为其进行管控决策提供直接依据。看板管理将复杂的生产过程变为简单的看板信息，提高了现场可视化管理水平，这样能使现场的诸多矛盾和问题得到及时的暴露，并得到及时有效的解决。

4. 绩效考核的公平化、透明化

通过看板，生产现场的工作业绩一目了然，使得对生产的绩效考核公开化、透明化，同时也起到了激励先进、督促后进的作用。

5. 保证生产现场作业秩序，提升公司形象

现场看板既可提示作业人员根据看板信息进行作业，对现场物料、产品进行科学、合理的处理，也可使生产现场作业有条不紊地进行，给参观公司现场的客户留下良好的印象，提升公司的形象。

看板管理是通过看板的运行控制企业生产全过程的一种现代管理技术，是企业实施拉动式准时化生产的一种现代管理手段。它的最终目的是降低库存，同时看板使准时化思想广泛地渗透到生产现场中，延伸至企业的管理工作中，迅速、有效地反映问题、解决问题。因此，推广应用看板管理，具有广阔的发展前景，对提高企业现代化管理水平，增强企业市场竞争力具有重要的意义。

看板管理是促进企业信息化管理的一种有效载体，现有许多企业引进了计算机管理信息系统，通过看板把企业的物流信息高效地录入计算机管理系统，在看板卡片上应用条形码技术，所有产品信息都通过条形码扫描进行验收和登录，自动生成要货令和验收单，使产品信息一目了然。

2.7 TPM 设备保全

2.7.1 TPM 设备保全的概念

1. 问题背景

伴随着市场的快速变迁与竞争日益激烈的经营环境，国内人工成本急剧上升，企业面临着众多的挑战。在这样的经营环境下，企业不断寻求各种有效的策略和精准的定位，并期盼着能突破"前有强敌，后有追兵"的瓶颈；另外市场也逐步趋向于将原先劳动密集生产形态转型为技术或资本密集的生产方式，其中一个表现就是运用机械化、自动化的设备及柔性生产设备等进行大量的生产，形成企业低成本优势，从而提升竞争力。然而，尽管国内企业应用了各种各样的低成本策略并引入机械化、自动化生产的措施，却未能达到期望的目标与应有的效能。

对于大部分企业而言，设备的高效、稳定运转是企业的基本保障，是企业实现指标评价、成本、交期、安全各项目标的基础。如何能够有效地提高设备综合利用率，减少设备故障带来的损失，实现良好的设备保全管理已经成为企业们重点关注的问题。

2. TPM 的概念

为解决企业设备管理保全的问题，"TPM"这一种新型的管理方式应运而生。TPM，全称为 Total Productive Management（Maintenance），即全员生产管理（维修），在 20 世纪 70 年代由日本提出。这是一种综合性的现场管理方式，主要以最有效的设备使用为目标，确立预防保养、改良保养等生产保养总体制，秉持"全民皆兵"的观念，使设备计划、使用、保养等多个方面所有相关人员全部参与，开展全员设备自主管理，以自主的小组活动推动达到零损失的目标，提高品质、效率、可靠性和安全性。

TPM 主要要点为：效率最大化、全员参与。

TPM 的目标：围绕设备保全，以零故障、零不良、零灾害为 TPM 总目标，实现人员的能力提升与设备的质量改善。

2.7.2 TPM 设备保全的两大核心

1. 核心之一 —— 全方位的维护观念

想要搞好设备管理，必须树立全方位、正确的设备维护观念。若抱着不当的维护观念进行设备管理工作，必然会造成各种不良影响或是隐患。

要树立这种全方位的维护观念，首先需要了解保全方式的主要四个分类：定期保全、预防保全、事后保全、改良保全。

2. 核心之二——设备保全分担

（1）设备的前期管理（从规划选型到投产）

对规划方案、选型与购置、自制设备管理、设备到货与验收、安装与调试等进行有效的管理。为设备投入使用与后期的维修、更新、改造提供良好的条件。

（2）设备资产管理

所有设备的安装验收、移交生产、移装调拨、闲置封存、借用租赁报废处理的管理。

（3）设备的使用与维护

分为以下几点：①制定并组织执行设备的使用和维护的规章制度；②协同使用部门做好设备使用者的培训教育；③协同做好设备使用过程中维护保养的润滑管理。

（4）设备技术状态与故障管理

分为以下几点：①建立设备技术状态管理的原始依据；②制定设备技术状态管理的工作标准；③加强设备状态的检测与检查工作，了解并掌握设备的故障征兆，采取消除和控制隐患的措施，积极处理设备故障和事故。

（5）设备的维修管理

及时组织更换和修复磨损、失灵、失效的零部件并对修复后的零部件进行检查、调试和验收，确保能投入生产，不影响产品质量。

（6）设备备件管理

进行备件的计划、备件安全库存管理。

（7）设备的技术改造与更新

引入新工艺、新技术、新方法来改进现有技术，对技术进行更新从而使设备更高效运行。

（8）动力管理

对水、电及其他附属设备的运行管理。

（9）设备管理费用控制

严格执行费用管理，参照预算额度及实际发生的费用进行控制，分析查找费用超支的原因。

2.8 模块化施工

2.8.1 模块化施工的内涵

1. 模块化含义

社会经济的发展使大型建筑工程的制作向模块化发展。模块化是指解决一个复杂问题时自上向下逐层把系统划分成若干模块的过程，有多种属性，分别反映其内部特性。模块化从前通常运用于计算机领域，但目前我国建筑产业的发展速度较快，市场对建筑的需求量较大，且由于传统建筑施工技术建设周期长的特点，无法满足当前我国居民的建筑物需求，同时我国制定的可持续发展战略对建筑物施工过程中的环境资源消耗量提出了更高的要求，因此在建筑业引入模块化已经成为大势所趋。

2. 模块化施工的内涵

模块化施工，是指实施模块的过程。和传统的施工过程相比，模块化施工是对传动施工的优化，将土建、安装、调试等工序进行有机的结合与交叉，在土建施工的同时完成模块化设计中其他的专业工厂化的准备和制作，完成土建后就可直接将专业单位生产的工程组件或者现场制作的模块运至现场进行组装，实现同步进行，为最后组装做准备。

模块化施工是一种现代先进的施工理念，它的先进在于：①大量引入模块作业与平行作业，极大地缩短了工期；②按照实现设计的模块开展施工，减少作业时间与交叉管理难度，并使得每一道工序都在高度可控的范围内进行；③大部分工作可在地面完成，增加作业的安全性。由此可见，模块化施工可以有效提高施工效率，符合城市可持续发展战略，可以产生良好的经济效益。

模块化施工的施工理念不仅没有违背传统的施工理念，还把它们进行优化调整，依靠先进的技术，对它们进行深度剖析、分项，由局部小模块到大模块，逐步实现最大模块化。但模块化施工也有相应的前提条件，必须要求设计单位、施工单位、货运公司三方密切合作才能完成，在很大程度上也依赖于制造、吊装、道路、运输、人力、物力、财力、信息化程度等，要经过多方考虑，综合比较，才能较为顺利地应用模块化施工。

2.8.2　模块化施工的发展历程

1. 美国模块化建筑的起源

第一个模块化住房计划可以追溯到 Buckminster Fuller 在 20 世纪 20 年代和 30 年代的灵活住房实验，即 "Dymaxion House" 计划，设有非常先进的预制浴室模块（图 2-1）。

这些模块被运往美国军队，供第二次世界大战期间使用。然而，由于 Dymaxion 公司缺乏资金，Fuller 的模块化创意从未完全实现，他聘请的工程师、建筑师很快转向其他项目。

这座具有独创性的房屋（图 2-2）是在一种名为 Cemesto 的新外部装饰材料的帮助下建造的，这种材料是一种部分由甘蔗制成的面板，由 John B. Pierce 基金会申请专利。The Winslow Ames House 由几个房间模块组成，以 "Service Core" 作为核心，所有浴室、厨房、管道和供暖系统都附属于此。

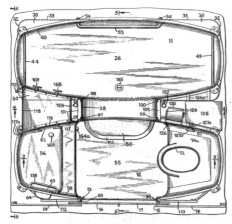

图 2-1　Buckminster Fuller 的预制浴室模块
（美国专利局）

图 2-2　The Winslow Ames House

1942 年，美国政府使用类似的 Cemesto 预制系统建造了田纳西州橡树岭的绝密城镇，这是曼哈顿计划的所在地。他们聘请了 Skidmore、Owings 和 Merrill 公司，提出了一个名为"灵活空间"（图 2-3）的计划，完全模块化的房屋足够灵活，可以让很多家庭很快居住在这个秘密的新地方。这些房屋分成不连续的部分，用水泥浇筑而成，并在现场以略微不同的配置组装。

图 2-3 建设中的"灵活空间"

图 2-4 Lustron 房屋

图 2-5 Gunnison 房屋

2. 模块化建筑规模化

第二次世界大战结束后，模块化建筑的概念蔓延到迅速发展的郊区，主要的房屋体系是 20 世纪 40 年代的即插即用板式结构和 20 世纪 50 年代的 Lustron（图 2-4）和 Gunnison（图 2-5）预制房屋。

这些房屋由钢框架和可定制的功能组成，如各种厨房和浴室系统、门窗以及门廊和车库等附加设施。虽然只有部分模块化的设计，但房屋有助于向公众介绍模块化的概念。

20 世纪 50 年代，模块化的理念吸引了许多人，尤其是建筑师兼设计师乔治·尼尔森（George Nelson），他最著名的是他的中世纪现代家具。尼尔森领导向新兴的模块化概念过渡，在外部表达模块化结构（与他的前辈不同，他们试图掩盖其设计的模块化特性）。他正在进行的实验室概念将新材料（如经济实惠的塑料）与其最著名的太空时代未来主义相结合。

在 20 世纪 60 年代，模块化建筑受到尼尔森和 Eameses 开创的未来主义美学语言，以及星际迷航等电视节目，包括太空竞赛和原子时代等在内的事件的影响，将这些元素融入 20 世纪 60 年代的模块化住房计划。这些计划侧重在大规模结构框架上安装个别住房单元，是对即将出现的人口过剩危机的前瞻性解决方案。

20 世纪 60 年代初期的模块化时代由法国建筑师盖伊·德绍格（Guy Dessauges）所

图 2-6 模块化房屋图

开启，他将设计优雅的胶囊房设置在塔架上，可欣赏到周边风景名胜的全景。

模块化的概念在 1964 年通过"插件城市"项目在复杂性上达到了一个难以企及的水平，"插件城市"是一个百万级的模块化概念项目，由英国实验建筑集体 Archigram 提出。虽然它从未建成，但"插件城市"把可互换的城市概念引入建筑领域。

也许模块化建筑实验的最大成就是由 Moshe Safdie 为 1967 蒙特利尔博览会设计、建造的预制模块化巨型结构 Habitat 67 项目（图 2-6）。

Habitat 67 是 Moshe Safdie 在麦克吉尔大学学习时的一个研究生项目，由 12 个层、354 个相同的预制混凝土公寓组成。该项目在密集的城市社区原型的背景下侧重于光、新鲜空气和开放空间的整合。这些公寓至今仍然屹立不动，销售数十万美元以上（对于实验性住房计划来说是罕见的）。

尽管在 1973 年能源危机之前，"新陈代谢派"才活跃起来，但他们对参观了 1970 年世博会的美国建筑师和思想家产生了巨大的影响。

像 Archigram（阿基格拉姆学派）一样，"新陈代谢派"的概念大多是假设的，从未超越模型阶段。然而，他们确实设法建造了一些建筑物。这些建筑中最有名气和最有趣的是 1972 年由 Kisha Kurokawa 设计的 Nagakin 胶囊塔（图 2-7）。

Nagakin 胶囊塔由 140 个独立的预制胶囊组成，配有浴室、橱柜和内置高保真音响套装。这款微型胶囊设计为可拆卸和可更换，尺寸仅为 7.5×6.9×12 英尺，是当今日益流行的微型公寓的前身。尽管外观引人注目，但该塔已面临超过 10 年的拆除危险。目前，保护工作已经阻止了这样一座重要建筑的潜在损失。

美国建筑师保罗·鲁道夫（Paul Rudolph）以其野兽派政府大楼而闻名，其灵感来自于世界博览会和欧洲同时代人的模块化项目。鲁道夫在耶鲁大学教授建筑学时，在附近的康涅狄格州纽黑文市设计了一个大规模住房项目。鲁道夫的概念采用了现有的住房基础设施开发，即单宽拖车，并以 Habitat 67 的方式应用。

图 2-7　Nagakin 胶囊塔

图 2-8　Unity Homes 房屋

20 世纪 80 年代，模块化住房技术应用于郊区住宅的建设，Unity Homes 等公司设计了模块化建筑方法，以替代当时经常被污名化的预制房屋。这些新的模块化房屋（图 2-8）由工厂生产的部件构成，其中钢框架用作底盘，房屋被运输到施工现场。在现场用起重机吊装到房屋基础上组装。然后框架返回工厂，构建下一个"离架"模块。这些模块化方法的起源与田纳西州橡树岭的早期水泥房直接相关，在今天的住宅建设中仍然很受欢迎。

3. 当代模块化建筑

20 世纪 90 年代和 21 世纪初期的技术进步激发了新一代建筑师回归实验模块化住宅的概念。计算机渲染的改进带来了创新的制造概念，如 Klip House（图 2-9），其计算机设计的零件可以像 LEGO（乐高）一样拼接在一起。

Klip House 的灵活性特质旨在吸引那些期望满足不断变化的独立家庭。通过这个系统，可以通过简单地连接另一个模块，而不是搬家或建造一个全新的房屋来解决对更多空间的需求（因此减轻了过去 40 年中无情的城市蔓延）。

模块化住宅的最新发展试图解决一个全新的问题：城市住房的可负担性。随着越来越多的财富进入城市，对城市房地产的投机上升，高档化造成了城市住房负担能力危机。

4. 集装箱城市

集装箱住房是一种创造性的再利用方式，把多余或废弃的集装箱转变为小型住宅。2000 年，城市空间管理公司在伦敦 Trinity Buoy Wharf 地区完成了 Container City I 项目后，集装箱住房成为了社会的主流意识。该项目与鲁道夫的东方共济会花园有许多相似之处，是由几个独立的单元被组合成的一个私人住宅的综合体。该公司已经完成了另外 16 个项目。

虽然在欧洲流行，但美国复杂的分区法律阻止了集装箱发展的扩散，尽管它们可能是一种有效的经济适用房解决方案。

微型公寓是一个住房解决方案，起源于我国香港地区这样的高密度城市，已经扩展到美国的城市，在纽约和西雅图有一些著名的项目。如 My Micro New York 等项目（图 2-10），由预制的 313 平方英尺模块在现场组装在钢架上建造。

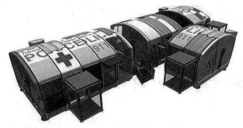

图 2-9　Klip House 设计的房屋

图 2-10　加州模块化公寓

微型公寓起源于 Nagakin 胶囊塔等项目，旨在提供租金较低的安全生活空间，这是对卧室在法律规定的单独居住空间内进行分割的情况的回应，以便为更多居民节省租金。时间将证明这些方案是否最终成功，绝大多数大规模模块化住房概念就是如此。

尽管大规模模块化住宅项目已经取得了一些成功，例如 Habitat 67，但大多数项目要么从未超过规划阶段，要么就是失败。然而，模块化结构的即插即用灵活性始终激发着具有前瞻思维的建筑师。我们这个时代的残酷现实是，以化石燃料为中心的蔓延世界是短暂的、不可持续的。随着新形式的住房和非核生活形势的扩散，再加上高科技时代，只要建筑规划部门、城市和个人保持开放的心态，在条件成熟时，价格合理的模块化住房就可以实现。

2.8.3　模块化施工的效果及作用

模块化施工技术是在欧美比较成熟的轻钢装配化住宅的基础上升级换代而成，同时它也是非现场施工的建筑体系。

其突出特点和效果是：①模块建筑集成钢结构框架和混凝土楼板，设计灵活多变、尺寸和形状多样化，适应市场需求；②运用模块化结构体系设计的建筑很容易达到一定楼层楼高，且无需次要的结构性支撑体系；③可以通过完善而严格的"车间"质量管理体系控制建筑质量；④建造周期短，工期相当于传统建筑模式的 1/4 到 1/3，建筑经济效益高，投资回报快；⑤模块建筑体系符合城市可持续发展战略，环保节能性能大大高于传统建筑模式，建筑体可以 100% 回收利用。

2.9　标准化作业

2.9.1　标准化作业的内涵

标准化作业，是指在标准时间内，一个作业者承担的一系列多种作业的标准化。其分为管理标准化和作业标准化。管理标准化意为按标准化作业管理思路进行一系列的管理活动。作业标准化是指为达到企业目标预期效果，员工严格按规定的操作手册和基准，在规定的时间内进行规定的作业。

标准化作业有五个突出的特点：全员性、规范性、重复性、严肃性和科学性。

2.9.2　标准化作业的形式方法

标准化作业的形式是标准化内容的表现方式，是标准化过程的表现形态，也是标准化的方法，标准化有多种形式，每种形式都表现不同的标准化内容，针对不同的标准化任务，达到不同的目的。

标准化的形式是由标准化的内容决定的，并随着标准化内容的发展而变化，但标准化的形式有其相对的独立性和自身的继承性，并反作用于内容，影响内容，标准化过程是标准化的内容和形式的辩证统一过程。

研究各种标准化形式及其特点，不仅便于在实际工作中根据不同的标准化任务，选择和运用适宜的标准化形式，达到标准化的目标，而且能够根据标准化工程的发展和客观的需要，及时地创立新形式取代旧形式，为标准化工程的进一步发展开辟道路。

标准化的形式主要有简化、系列化、综合标准化、超前标准、组合化等。

2.9.3　标准化作业的三大要素

标准化作业的三大要素分别是：周期时间、作业程序、标准手头存活量。

1. 周期时间：指完成一个工序所需的必要的全部时间

在我们的工作中，如果没有周期时间限制，而是随意地按照自己的想法，推迟或者提前完成工作，这两种情况都是不可取的。同时，两种情况都会给工作的下一道工序的进行造成不可估量的影响，如：合格证问题上，由于没有固定的周期时间限制，而是完全的灵活，一旦合格证没有在客户期望的时间内到达，客户肯定会不满，严重的会造成公司的公信力下降。

2. 作业程序：指将要做的事情按照预先设定好的步骤进行工作

如果没有作业程序或者作业程序不明确，又或是不遵守作业程序，都会导致工作的延迟完成、工作完成质量的不合格等问题，甚至到最后根本就无法完成工作。如果我们的每一道工序都没有标准程序，试想整个工作现场将会变得多么混乱不堪，造成多大的浪费，各种不均衡、不合理的现象都会发生。作业程序既是作业者执行的标准，也是上级考核下级的依据。因此，想要提升客户、员工的满意度，作业中的每个工序必须制定严格的、有益于执行的作业程序。按照作业程序进行作业也是确保在周期时间内完成工作的重要保障。

3. 标准手头存活量：指维持正常工作进行的必要的库存量，其中包括即将消化的库存

所有事情的发生不会绝对按人们的计划进行，而是充满了可变性和不可预见性。为了减少这种情况的发生给工作造成不必要的不便与紧张，我们必须备有适当的且可以随时调用的资源。这一步，是保证前两步实现的基础，是保证所有工作正常进行的前提，因此无论什么时候都必须有标准手头存活量。

综上所述：标准化作业是现场进行有序生产的基础，是监督人员管理工序的依据，也是

进行改进的基础。要实现"3W"，即在需要的时候（When）把需要的东西（What）送到需要的地方（Where），必须有一个制度来保证其实现。标准化作业，是做到"3W"的保障，也是树立好的服务形象的保证。

2.9.4　标准化作业的四大目的

在工厂中，所谓"制造"就是以规定的成本、规定的工时，生产出品质均匀、符合规格的产品。要达到上述目的，如果制造现场作业，如工序的前后次序随意变更，或作业方法或作业条件因人而异有所改变的话，一定无法生产出符合上述目的的产品。因此，必须对作业流程、作业方法、作业条件加以规定并贯彻执行，使之标准化。

标准化有以下四大目的：技术储备、提高效率、防止再发、教育训练。

2.9.5　标准化的六大特征

标准化有以下六大特征：①代表目前最好、最容易与最安全的工作方法；②是保存技巧和专业技术的最佳方法；③是衡量绩效的基准和依据；④是改善的基础；⑤作为目标及训练的依据和目的；⑥是防止问题发生及变异最小化的方法。

创新改善与标准化是企业提升管理水平的两大动力。改善创新是使企业管理水平不断提升的驱动力，而标准化则是防止企业管理水平下滑的制动力。没有标准化，企业不可能维持在较高的管理水平。企业要实现精益生产，工作标准化也是一个必要的基础工作。

2.9.6　标准化作业的实施流程

1. 标准化作业程序

做 SOP（即标准化作业程序）的方式可能由于不同的管理模式和管理方法而有一定的区别，但大体上可按以下几个步骤进行。

（1）确定流程

先做流程和程序。按照公司对 SOP 的分类，各相关职能部门应首先将相应的主流程图做出来，然后根据主流程图做出相应的子流程图，并依据每一子流程做出相应的程序。在每一程序中，确定有哪些控制点，哪些控制点需要做 SOP，哪些控制点是可以合起来做一个 SOP 的，都应当考虑清楚。

（2）明确步骤

确定每一个需要做 SOP 的工作的执行步骤。对于在程序中确定需要做 SOP 的控制点，应先将相应的执行步骤列出来。执行步骤的划分应有统一的标准，如按时间的先后顺序划分等。如果对执行步骤没有把握，要及时和更专业的人员去交流和沟通。

（3）制定 SOP

套用公司模板，制定 SOP。在前面的问题都搞清楚的前提下，可以着手编写 SOP。按照公司的模板在编写 SOP 时，不要改动模板上的设置；对于一些 SOP，除了一些文字描述外，还可以增加一些图片或其他图例，目的是将步骤中的细节进行形象化和量化。

（4）执行操作

用心去做，才能把 SOP 做好。由于编写 SOP 本身是一个比较繁杂的工作，很容易让人产生枯燥的感觉，但 SOP 这项工作对于公司来说非常重要，公司在这方面也会进行必要的投入，特别是用两到三年的时间来保证质量，因此我们必须用心完成，否则不能取得良好的效果，甚至沦为形式主义。

2. 标准化作业重要法条

（1）灌输遵守标准的意识。这就是培训，首先在日常的管理过程中要向每一位员工反复地输入这样的理念，标准人人都要遵守，而作为领导者更要成为遵守标准的楷模。

（2）全员要理解标准化的意义。按照标准化作业是指不良、浪费、交货延迟等三方面的情况都为零，所以也叫三零工程。从领导到现场人员都要彻底地深入理解这个意义。

（3）班组长要现场指导跟踪确认。做什么？如何做？重点在哪里？这几个问题班组长都应该对其组员传授到位。除了教会，还需继续跟进以观察是否真正掌握，能否真正实践，最后的结果是否稳定，这便是一个操作标准或是一个文件，一个工序的操作标准。如果只是口头交代，甚至没有去跟踪的话，那这种标准执行起来也是不会成功的。

（4）宣传的揭示。一旦设定了标准的作业方法，就要在工厂的宣传板上把它展示出来并让所有员工都知道，同时充分理解并遵循这个标准而执行。

（5）标准化作业的方法要显示在很显眼的位置。这样能引人注意，也能便于与实际的标准进行比较。作业指导书则要放在作业者随手就可以拿到的地方，把标准放在谁都能看到的地方，这是务实管理的精髓。

（6）接受别人的质疑。对别人的质疑一定要虚怀若谷、诚心地接受，即使对方指责你的不对，也不能尖锐地反驳，这就是执行标准化的一种修养与涵养。

（7）对违反标准的行为要严厉地指责。对于那些不遵守标准化作业要求的行为，班组长一旦发现就要立刻毫不留情地予以指出并马上纠正其行为。

（8）不断地完善。标准只是代表当下最好的作业方法，但科学技术教育不断在进步，改善是永无止境的。

（9）要定期地检查修正。通过定期检讨修正，可以不断地去完善、推动作业水平。另外，需要定期召开一些改善检讨会，介绍近阶段改善的一些事项或是成果，而对于效果不明显的措施，要重新来评价、设定新的标准。

（10）向新的作业标准挑战。通过对作业情况的现状找出问题点来实施改善，修订成为新的作业标准。同时要学习其他改善重点，以便从实际出发进行改善。

2.9.7 标准化作业的实施效果

标准化作业若能较好实现，将会有以下的实施效果。

（1）将企业内的成员积累下来的技术、经验，记录在标准文件中，以免因技术人员的流动导致整个技术、经验流失。实现将个人的经验财富转化为企业的财富。

（2）使操作人员经过短期培训，快速掌握较为先进合理的操作技术，且效率与品质上也不会因为不同的人操作而发生太大的差异。

（3）根据作业标准，易于追查不良品产生的原因，且减少重复发生以前的问题的可能性。

（4）更有利于树立良好的生产形象，取得客户的信赖与满意。

（5）是贯彻 ISO 精神核心（写我所做、做我所写、记我所做、检查效果、纠正不良、持续改进）的具体体现，实现生产管理规范化、生产流程条理化、标准化、形象化、简单化。

（6）标准化作业将成为企业最基本、最有效的管理工具和技术数据。

2.10　价值工程

2.10.1　价值工程的概念

价值工程（Value Engineering，VE）是指以产品的功能分析为核心，以提高产品的价值为目的，通过集体智慧和有组织的活动对产品或服务进行功能分析，力求以最低寿命周期成本，可靠地实现产品使用所要求的必要功能的创造性设计方法、着重于功能分析的有组织的活动。价值工程的基本思想是以少的费用换取所需要的功能。

价值工程涉及价值、功能和寿命周期成本三个基本要素，有一个通用的一般表达式：$V=F/C$。其中，V 代表价值系数，F 表示价值化的功能，C 指寿命周期成本。

在价值工程中，"价值"定义为：对象所具有的功能与获得该功能的全部费用之比。而产品价值是评价某产品有益程度的一种尺度，价值高说明该产品有益程度高、效益大、好处多；价值低则说明有益程度低、效益差、好处少。通俗一点，也可以用"值得不值得"来表述。

价值工程中的功能要素，可解释为作用、效能、用途、目的等。对于产品而言，功能就是产品的用途、产品所担负的职能或所起的作用；对于企业来说，功能就是它应为社会提供的产品和效用。功能是对象满足某种需求的一种属性，是使用价值的具体表现。

2.10.2　价值工程的起源与发展

价值工程在 20 世纪 40 年代起源于美国，劳伦斯·戴罗斯·麦尔斯（Lawrence D.Miles）是价值工程的创始人。1961 年美国价值工程协会成立时，他当选为该协会第一任会长。在第二次世界大战之后，由于原材料供应短缺，采购工作常常碰到难题。经过实际工作中孜孜不倦地探索，麦尔斯发现有一些相对不太短缺的材料可以很好地替代短缺材料的功能。后来，麦尔斯逐渐总结出一套解决采购问题行之有效的方法，并且把这种方法的思想及应用推广到其他领域。例如，将技术与经济价值结合起来研究生产和管理的其他问题，这就是早期的价值工程。1955 年这一方法传入日本后与全面质量管理相结合，得到进一步发扬光大，成为一套更加成熟的价值分析方法。

价值工程发展历史上发生的第一个事件是美国通用电器公司（GE）的石棉板事件。第二次世界大战期间，美国市场原材料供应十分紧张，GE急需石棉板，但该产品的货源不稳定，价格昂贵，时任GE工程师的劳伦斯·戴罗斯·麦尔斯开始针对这一问题研究材料代用问题。通过对公司使用石棉板的功能进行分析，他发现其用途是铺设在给产品喷漆的车间地板上，以避免涂料沾污地板引起火灾。后来，他在市场上找到一种防火纸，这种纸同样可以起到以上作用，并且容易获得，能够取得很好的经济效益，这是最早的价值工程应用案例。Miles还将其推广到企业其他的地方，对产品的功能、费用与价值进行深入的系统研究，提出了功能分析、功能定义、功能评价以及如何区分必要和不必要功能并消除后者的方法，最后形成了以最小成本提供必要功能，获得较大价值的科学方法，1947年研究成果以"价值分析"发表。

2.10.3 价值工程的特点与基本途径

1. 价值工程的特点

价值工程的显著特点体现在以下几点：

（1）价值工程是以寻求最低寿命周期成本、实现产品的必要功能为目标，使用户和企业都得到最大的经济利益。因此，价值工程不是单纯强调功能提高，也不是片面地要求降低成本，而是以满足用户要求为前提，在保证产品必要功能和质量的条件下，致力于研究功能与成本之间的关系，找出二者共同提高产品价值的结合点，克服只顾功能而不计成本或只考虑成本而不顾功能的盲目做法。

（2）价值工程是以功能分析为核心。在价值工程分析中，产品成本计量是比较容易的，可按产品设计方案和使用方案，采用相关方法获取产品寿命周期成本。但产品功能确定比较复杂、困难。因为功能不仅是影响因素很多且不易定量计量的抽象指标，而且由于设计方案、制造工艺等的不完善、不必要功能的出现，以及人们评价产品功能方法存在差异性等，造成产品功能难以准确界定。而通过对功能的系统分析，找出存在的问题，提出更好的方法来实现功能，从而达到降低成本的目的。

（3）价值工程是一种依靠集体智慧所进行的有组织、有领导的系统活动。价值工程分析过程不仅贯穿产品整个寿命周期，而且它涉及面广，需要所有参与产品生产的单位、部门及专业人员的相互配合，才能准确地进行产品的成本计量、功能评价，达到提高产品的单位成本功效的目的。所以，价值工程必须是一个有组织的活动，必须依靠全体职工有计划、有组织地进行。

（4）价值工程是一个以信息为基础的创造性活动。价值工程分析是以产品成本、功能指标、市场需求等有关的信息数据资料为基础，寻找产品创新的最佳方案的创造性活动。因此，信息资料是价值工程分析的基础，产品创新才是价值工程的最终目标。

（5）价值工程能将技术和经济问题有机地结合起来。尽管产品的功能设置或配置是一个技术问题，而产品的成本降低是一个经济问题，但价值工程分析过程通过"价值"（单位成本的功能）这一概念，把技术工作和经济工作有机地结合起来，克服了产品设计制造中，普遍存在的技术工作与经济工作相互脱节的现象。

2. 价值工程的基本途径

从价值工程的一般表达式可以看出，提高特定价值的基本途径有：

（1）功能不变，用降低成本的方法提高价值；

（2）成本不变，用提高功能的方法提高价值；

（3）既提高功能又降低成本，这是提高价值的最佳方法；

（4）小幅度提高成本，大幅度提高功能的方法提高价值；

（5）小幅度降低功能，大幅度降低成本的方法提高价值。

2.10.4 实施价值工程的原则

麦尔斯在长期实践过程中，总结了一套开展价值工作的原则，用于指导价值工程活动的各步骤的工作。这些原则分为对思想方法和精神状态的要求、对组织方法和技术方法的要求以及价值分析的判断标准。

对思想方法和精神状态的要求包括：①分析问题要避免一般化、概念化，要作具体分析；②收集一切可用的成本资料；③使用最好、最可靠的情报；④打破现有框架，进行创新和提高；⑤发挥真正的独创性。

对组织方法和技术方法的要求包括：①找出障碍，克服障碍；②积极咨询有关专家，扩大专业知识面；③对于重要的公差，要换算成加工费用来认真考虑；④尽量采用专业化工厂的现成产品；⑤利用和购买专业化工厂的生产技术；⑥采用专门生产工艺；⑦尽量采用标准。

价值分析则以"我是否应该这样花自己的钱"作为判断标准。

2.10.5 价值工程的实施程序

价值工程的实施程序是：选定对象，收集情报资料，进行功能分析，提出改进方案，分析和评价方案，实施方案，评价活动成果。价值工程实施程序流程图如图 2-11 所示。

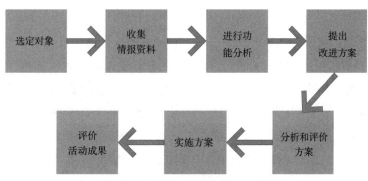

图 2-11 价值工程实施程序流程图

2.10.6　实施价值工程的效果及作用

运用价值工程对具体项目的实证分析表明实施价值工程有如下的效果和作用：

（1）价值工程着重于提高项目产品的整体价值，使产品具有较强的市场适应性。价值工程兼顾功能、成本两个方面，不同于成本管理和质量管理。它通过价格性能比进行市场适应性调整，不仅能够改善产品性能，而且可以增强产品市场生存力，协调产品市场的供需平衡，致力于产品价值的提高。

（2）价值工程可保证产品决策的科学性和可靠性。价值工程能从多个方面考虑项目产品的影响因素，即对主要影响产品"功能实现"的因素进行分析评价，确定产品的功能和成本范围，从而正确地选择产品决策方案。它可克服目前单调的"成本—价格—利润"产品决策法和定性的多因素分析法的弊端，从而使项目产品决策理论及其评价方法体系得到完善。

（3）价值工程注重对用户所需的产品功能进行分析，促进项目产品功能的完善。价值工程不直接研究产品的实物本身，而是抽象地研究成本与用户所要求功能的适应性。它把成本、功能和用户有机地联系起来，提高产品价格性能比和环境的适应性。这种方法可使开发商认真、全面地了解和分析具体地域产品的市场需求状况，确保产品决策正确性和市场适时性。

但价值工程中并没有分析项目产品的经济可行性，所以具体的产品决策还必须同时进行技术经济分析，以保证产品决策的经济可行性。也就是说，实施价值工程还必须结合相关的方法，才能发挥其更好的作用。

2.11　可视化管理

2.11.1　可视化管理的内涵

可视化管理是指利用 IT 系统，让管理者有效掌握企业信息，实现管理上的透明化与可视化，这样管理效果可以渗透到企业人力资源、供应链、客户管理等各个环节。可视化管理能让企业的流程更加直观，使企业内部的信息实现可视化，并能得到更有效的传达，从而实现管理的透明化。

用一句话解释：将需管理的对象用一目了然的方式来体现；也可以说是通过人的五感（视觉、触觉、听觉、嗅觉、味觉）感知现场实物的正常或者异常状态的方法。所谓一目了然的方式，通常指的是符号、图形符号，如：国家安全标志，行业安全标志，醒目的文字及图形符号，用于警示、禁止、指令、安全条件的提示、引导等。

而可视化标准，就是将可视化对象的符号或（和）图形的设计输出，用规格、材质、色彩、字体、图例、实例等方式来具体表述，以实现可视化管理的标准化。

2.11.2　可视化管理的原则

可视化管理分为以下三个重要原则：①视觉化，即彻底标示、标识，进行色彩管理；②透明化，即将需要看到的被遮隐的地方显露出来，情报也如此；③界限化，即标示管理界限，标示正常与异常的定量界限，使之一目了然。

2.11.3　可视化管理的五个要素和有利工具

可视化管理的五个要素（5M）为：人（Man）、设备（Machine）、材料（Material）、方法（Method）和测量（Measurement）。

可视化管理中的有利工具（5S）为：整理（Seiri）、整顿（Seiton）、清扫（Seiso）、清洁（Seiketsu）和素养（Shitsuke）。

2.11.4　可视化管理的步骤

可视化管理的步骤如下：先明确可视化管理的目的；再确定实现目的的管理要害部位；紧接着需要准备需要进行可视化管理的要害部位的模拟道具和材料；利用模拟道具和材料制作并设置为可视化管理；最后做成正式道具并维持管理；在管理过程中需要持续改善。

2.11.5　可视化管理的效果及作用

可视化管理的效果和作用具体体现在以下几点：①能够迅速快捷地传递信号；②需要管理的地方一目了然；③从远处就可以辨认出正常与异常，正常与否容易得知；④使用方便，任何人都能指出正常与否，容易遵守，容易更改；⑤有助于把作业场所变得整洁明亮；⑥有助于维持安全愉快的工作环境；⑦客观、公正、透明化，有助于统一认识，提高士气；⑧有利于营造员工和客户满意的场所；⑨明确告知应用做什么，做到早期发现异常情况，使检查有效；⑩防止人为失误或遗漏并始终维持正常状态；⑪通过视觉，使问题点和浪费现象容易暴露，事先消除各类隐患和浪费。

2.11.6　预制装配式建筑建造协同可视化管理技术

1. 总体技术方案

整个管理技术基于构件供应链管理理念，融合了"BIM+ 物联网"技术，主要表现在以下几个方面：①通过协同平台准确安排每一层构件的吊装进度及对应的供货计划；②通过RFID[①] 芯片实时追踪和反馈构件状态信息；③通过 BIM 模型实现构件状态可视化；④通过手机 APP 快速查验构件的所有设计和施工信息，以辅助政府、业主和总包实现工业化建筑建造全过程的高效精准管理。

---

① RFID：Radio Frequency Identification，无线射频识别技术。

通过这几个方面，完成以构件为导向，以供应链管理为核心，解决预制装配式建筑建造过程中从构件深化、制作、监督、运输到现场存储、吊装的全产业链的质量、安全、进度管理问题的总体目标，实现智能制造。

2. 项目应用效果

（1）整合供应链信息，改善预制构件产品管理效率。借助信息技术以优化预制构件产品供应链运作、实现信息高效互通，系统基于 RFID 技术以及 BIM 技术，将其应用到建设供应链中，有助于使供应链上任何节点的相关单位及时、准确掌握建设项目信息缺失和错误。系统作为设计信息、BIM 模型数据、各阶段管理的载体，连接各节点单位，提高信息获取的及时性、准确性，使各企业共享信息流，集成优化业务流程和施工质量控制环节，降低构件生产仓库和施工现场的库存，减少堆放成本，提高进度控制水平，从而改善预制构件产品管理绩效。

（2）完善质量反馈机制，提高装配式建筑建造精细化管控水平。以现有质量管理体系为基础，结合信息技术，解决、突破构件生产管理方式，系统实现预制构件加工、制作、吊运、安装过程的质量验收数据无纸化填写、验收环节实测图像采集等功能，确保信息数据项目关联对应，完成装配式建筑建造全过程质量监督的可视化和自动化能力，真正提高了建造全过程精细化管控水平。

2.12 团队合作法

2.12.1 团队合作法的含义

团队合作指的是一群有能力、有信念的人在特定的团队中，为了一个共同的目标相互支持合作奋斗的过程。它可以调动团队成员的所有资源和才智，并且会自动地驱除所有不和谐和不公正现象，同时会给予那些有诚心、大公无私的奉献者适当的回报。

2.12.2 团队合作法的基础和原则

1. 团队合作法的基础

（1）建立信任

要建设一个具有凝聚力并且高效的团队，第一个且最为重要的步骤，就是建立信任。这不是任何种类的信任，而是坚实地以人性脆弱为基础的信任。这意味着一个有凝聚力的、高效的团队成员必须学会自如、迅速、心平气和地承认自己的错误、弱点、失败并及时求助。他们还要乐于认可别人的长处，即使这些长处超过了自己。

（2）良性的冲突

团队合作一个最大的阻碍，就是对于冲突的畏惧。这来自于两种不同的担忧：一方面，很多管理者采取各种措施避免团队中的冲突，因为他们担心丧失对团队的控制，以及有些人的自尊会在冲突过程中受到伤害；另一方面，另外一些人则是把冲突当作浪费时间。他们更愿意缩短会议和讨论时间，果断作出自己看来早晚会被采纳的决定，留出更多时间来实施决策，以及其他他们认为是"真正的"工作。

无论是上述哪一种情况，部分 CEO 们都相信：他们在通过避免破坏性的意见分歧来巩固自己的团队。然而他们的做法其实是在扼杀建设性的意见，将需要解决的重大问题掩盖起来。久而久之，这些未解决的问题会变得更加棘手，而管理者也会因为这些不断重复发生的问题而忧心忡忡。CEO 和他的团队需要做的是学会识别虚假的和谐，引导和鼓励适当的、建设性的冲突。

（3）坚定不移地行动

要成为一个具有凝聚力的团队，领导必须学会在没有完善的信息、没有统一的意见时作出决策。而正因为完善的信息和绝对的一致非常罕见，决策能力就成为一个团队最为关键的行为之一。

需要再次强调的是：如果没有信任，行动和冲突都不可能存在。如果团队成员总是想要在同伴面前保护自己，他们就不可能彼此争论。这又会造成其他问题，如：不愿意对彼此负责。

（4）无怨无悔才有彼此负责

卓越的团队不需要领导提醒团队成员就会竭尽全力工作，因为他们很清楚需要做什么，他们会彼此提醒注意那些无助于成功的行为和活动。

2. 团队合作法的原则

（1）平等友善

与同事相处的第一步便是平等。不管是资深的老员工，还是新员工，都需要丢掉不平等的关系，心存自大或心存自卑都是同事相处的大忌。要特别注意的是真诚相待，才可以赢得同事的信任。信任是联结同事间友谊的纽带，真诚是同事间相处共事的基础。

（2）善于交流

同在一个公司、办公室里工作，同事之间可能会存在某些差异，知识、能力、经历造成大家在对待和处理工作时，会产生不同的想法。交流是协调的开始，把自己的想法说出来，听对方的想法。

（3）谦虚谨慎

法国哲学家罗西法古曾说过："如果你要得到仇人，就表现得比你的仇人优越；如果你要得到朋友，就要让你的朋友表现得比你优越"。这句话不无道理，因为每个人都在不自觉地强烈维护着自己的形象和尊严。所以，对自己要轻描淡写，要学会谦虚谨慎，只有这样，我们才会永远受到别人的欢迎。

（4）化解矛盾

一般而言，与同事有点小想法、小摩擦、小隔阂，是很正常的事。但千万不要把这种"小不快"演变成"大对立"，甚至成为敌对关系。对别人的行动和成就表示真正的关心，是一种表达尊重与欣赏的方式，也是化敌为友的纽带。

（5）接受批评

从批评中寻找积极成分。如果同事对你的错误大加抨击，即使带有强烈的感情色彩，也不要与之争论不休，而是从积极方面来理解他的抨击。这样，不但对你改正错误有帮助，也避免了语言敌对场面的出现。

（6）创造能力

一加一大于二，但你应该让它更大。培养自己的创造能力，不要安于现状，试着发掘自己的潜力。一个有不凡表现的人，除了能保持与人合作以外，还需要所有人乐意与你合作。

总之，作为一名员工，你应该注意自己的思想感情、学识修养、道德品质、处世态度、举止风度，做到坦诚而不轻率，谨慎而不拘泥，活泼而不轻浮，豪爽而不粗俗，一定可以和其他同事融洽相处，提高自己团队作战的能力。

第3章 装配式建筑精益建造供应链管理

在如今社会快速发展背景下，各个企业之间的竞争逐渐变得激烈，企业要想在激烈的市场竞争中实现自身更好发展，需要做好企业内部管理工作，并制定相应管理战略。在如今供应链发展背景下，企业管理工作需要进行完善，要朝着先进化、整体化与组织化方向发展。在企业传统管理思维中，管理工作与企业内其他环节工作相对独立，可以说是各自为政，这种情况会对企业发展产生影响。所以，要在供应链背景下对企业管理战略作出调整与完善，促使企业内各项工作的顺利进行。"21世纪的企业竞争是供应链之间的竞争，新一轮的国际竞争已经从生产与销售环节向整体供应链环节过渡"，2003年9月10日在北京召开的"中国入世与企业竞争力及供应链管理"研讨会暨《供应链管理：香港利丰集团的实践》一书发布会上提出。从目前国内企业发展形势来看，交易成本过高仍是制约其国际竞争力的症结。因此，谁能建立起最强大的供应链体系，并实施最流畅的管理，谁就会在竞争中占据优势地位。

而在装配式建筑行业中，也需要有一个装配式供应链的概念，以加强装配式生产环节各个企业的联系，调整与完善产业管理战略，从而提高产品质量，增大效益，进而提升产业核心竞争力。

3.1 供应链管理

供应链管理这一概念在20世纪80年代中期就被人们提出，相关企业管理人士提出从整个供应链条，即从成本总量的角度，对企业管理工作进行优化与完善，促使管理工作能够朝着组织性与整体性的管理方向发展，供应链管理理念由此应运而生。

供应链的基本内涵是：将为企业节约更多生产成本、提升其服务水平与管理水平作为主要工作目标，通过一条生产经营链条方式，实现供应环节、生产环节、销售环节、物流环节以及终端用户环节之间的有机结合，使得生产以及组织销售工作能够朝着全局性、整体化方向发展。也可以将供应链管理视为资金流、信息流等与之相关联合对象的有机整体，促使各项管理工作能得到更好落实。

3.1.1 供应链的概念

1. 供应链概念认识的发展过程

供应链（Supply Chain）的概念经历了一个发展过程。供应链最早来源于彼得·德鲁克（Peter F. Drucker）提出的"经济链"，后经由迈克尔·波特（Michael E. Porter）发展成为"价值链",最终演变为"供应链"。早期的观点认为供应链是指将采购的原材料和收到的零部件,通过生产转换和销售等活动传递到用户的一个过程,供应链仅仅被视为企业内部的一个物流过程。传统的供应链概念局限于企业的内部操作,注重企业的自身利益,没有较为完善的系统。

20世纪90年代,随着企业经营的进一步发展,人们对供应链的理解发生了新的变化。原本被排斥在供应链之外的最终用户、消费者的地位得到了前所未有的重视,从而被纳入了供应链的范围。供应链的概念范围扩大到与其他企业的联系,扩大到供应链的外部环境,该阶段供应链的定义是指一个通过链中不同企业的制造、组装、分销、零售等过程将原材料转换成产品到最终用户的转换过程。美国的史迪文斯(Stevens)认为:"通过价值增值过程和分销渠道控制从供应商到用户的流就是供应链,它开始于供应的源点,结束于消费的终点"。这种定义补充了供应链的完整性,考虑了供应链中所有成员操作的一致性。

随着信息技术的发展和产业不确定性的增加,今天的企业间关系正呈现网络化趋势。人们对供应链的认识也正在从线性的单链转向非线性的网链,现代供应链的概念跨越了企业界限,从扩展企业的新思维出发,并从全局和整体的角度考虑产品经营的竞争力,使供应链从一种运作工具上升为一种管理方法体系。

2. 供应链的含义

英国著名物流专家马丁·克里斯多夫(Martin.Christopher)教授在《物流与供应链管理》一书中对供应链进行了如下定义:供应链是指涉及将产品或服务提供给最终消费者的过程和活动的上游及下游企业组织所构成的网络。按此定义,供应链上的所有企业都是相互依存的,但实际上它们却彼此并没有太多的协作。这种供应链仍然是传统意义上理解的供应链。

所谓供应链,是指产品生产和流通过程中所涉及的原材料供应商、制造商、批发商、零售商以及最终消费者组成的供需网络,即由原材料获取、物料加工和制造直至将成品送到用户手中,这一完整过程所涉及的企业和企业部门组成的网络。各种物料在供应链上移动,是一个不断采用新技术投入劳动,增加其技术含量或附加价值的过程,因此,供应链不仅是一条物料链、信息链、资金链,还是一条价值增值链。物料在供应链上因加工、包装、运输等关系而增加其价值,给相关企业都带来收益。

3.1.2 供应链的特征

供应链的特征又是什么呢?

1. 复杂性

由于供应链节点企业组成的跨度(层次)不同,供应链往往由多个、多类型、多地域企业构成,所以供应链结构模式比一般单个企业的结构模式更为复杂。

2. 动态性

供应链管理因企业战略和适应市场需求变化的需要,其中的节点企业需要动态地更新,这就使得供应链具有明显的动态性。

3. 面向用户需求

供应链的形成、存在、重构，都是基于一定的市场需求而发生，并且在供应链的运作过程中，用户的需求拉动是供应链中信息流、产品/服务流、资金流运作的驱动源。

4. 交叉性

节点企业可以是这个供应链的成员，同时又是另一个供应链的成员，众多的供应链形成交叉结构，增加了协调管理的难度。

5. 虚拟性

节点企业以协作的方式组合在一起，依靠信息网络的支撑和相互信任关系，为了共同的利益，强强联合，优势互补，协调运转。由于供应链需要永远保持高度竞争力，所以组织内的吐故纳新、优胜劣汰是必然的。供应链犹如一个虚拟的强势企业群体，在不断地优化组合。

3.1.3 供应链管理的概念

1. 供应链管理的含义

（1）供应链管理的含义

供应链管理（Supply Chain Management，SCM）是以提高企业个体和供应链整体的长期绩效为目标，对传统的商务活动进行总体的战略协调，对特定公司内部跨职能部门边界的运作和在供应链成员中跨公司边界的运作进行战术控制的过程。

供应链管理就是要整合供应商、制造部门、库存部门和配送商等供应链上的诸多环节，减少供应链的成本，使供应链运作达到最优化，并促进物流和信息流的交换，以求在正确的时间和地点，生产和配送适当数量的正确产品，提高企业的总体效益。

供应链管理通过多级环节提高整体效益。每个环节都不是孤立存在的，这些环节之间存在着错综复杂的关系，形成网络系统。网络间传输的数据不断变化，网络的构成模式也在实时进行调整。

（2）供应链管理的特征

1）以顾客满意为最高目标，以市场需求为原动力。不断增加的顾客权利对供应链的设计和管理有重要的影响，顾客需要和期望的变化相对迅速，所以供应链的管理应该快速和敏捷。

2）企业之间关系更为紧密，共担风险，共享利益。

3）把供应链中所有节点企业作为一个整体进行管理。供应链管理的一个主要目标是从整体上优化供应链的绩效，而不是优化单个企业的绩效，因此供应链的参与者，即节点企业之间的协作非常重要。

4）长期定位。运作良好的供应链从整体上提高单个公司和供应链的长期绩效。供应链应该与供应商、顾客、中介和服务性企业等不同的参与者采取长期而不是短期合作。重要的是，长期定位更看重关系型交换，而短期交换倾向于交易型交换。

5）对工作流程、实物流程和资金流程进行设计、执行、修正和不断改进。

6）利用信息系统优化供应链的运作，使跨组织沟通增强。供应链依靠大量的实时信息，因此信息能够在组织间无缝传递成为必然。

7）缩短产品完成时间，使生产尽量贴近实时需求。

8）减少采购、库存、运输等环节的成本。

9）库存控制。供应链管理的这个特征包括库存控制范畴下的各种活动，在供应链中库存控制的一个方式是从间断模式转变为连续流。

以上特征中，1）～4）是供应链管理的实质，5）、6）是实施供应链管理的两种主要方法，而7）～9）则是实施供应链管理的主要目标，即从时间和成本两个方面为产品增值，从而增强企业的竞争力。

2. 供应链管理的内容

作为供应链中各节点企业相关运营活动的协调平台，供应链管理应把重点放在以下几个方面：

（1）供应链战略管理。供应链管理本身属于企业战略层面的问题，因此，在选择和参与供应链时，必须从企业发展战略的高度考虑问题。一套完整的供应链战略应该包括库存策略、运输策略、设施策略和信息策略，供应链战略的视角和广度必须做到最优选择，以实现整个供应链的利润最大化。

（2）信息管理。供应链信息管理就是要通过供应链中的信息系统，实现对供应链数据处理、信息处理、知识处理的过程，完成数据向信息、信息向知识的转化后形成企业价值。信息管理的基础是构建信息平台，实现供应链的信息共享，通过 ERP 和 VMI 等系统的应用，将供求信息及时、准确地传递到相关节点企业，从技术上实现与供应链其他成员的集成化和一体化。

（3）客户管理。客户管理是指经营者在现代信息技术的基础上，收集和分析客户信息，把握客户需求特征和行为偏好，积累和共享客户知识，有针对性地为客户提供产品或服务，发展和管理与客户之间的关系，从而培养长期忠诚度，以实现客户价值最大化和企业收益最大化之间的平衡的管理方式。供应链管理是以满足客户需求为核心来运作的。

（4）库存管理。供应链库存管理的目标服从于整条供应链的目标，即利用先进的信息技术，收集供应链各方以及市场需求方面的信息，通过对整条供应链上的库存进行计划、组织、控制和协调，减少需求预测的误差，将各阶段库存控制在最小限度，用实时、准确的信息控制物流，减少甚至取消库存，使供应链上的整体库存成本降至最低，从而降低库存的持有风险。

（5）关系管理。从整个供应链来看，供给商是物流的始发点，同时又是信息流动的端点。任何一个最终用户的需求信息都要分解成采购信息，而需求的满足程度要追溯到供给商对订单的实现程度。关系管理的目的就是通过与供给商建立长期、密切的业务关系，通过对双方资源和竞争优势的整合来共同开拓市场，扩大市场需求和份额，降低产品前期的高额本钱，最终实现企业与供给商共赢。

（6）风险管理。在企业的供应链管理过程中，存在着各种产生内生不确定性和外生不确定性的因素。信息不对称、信息扭曲、市场不确定性以及其他政治、经济、法律等因素，导致供应链上的节点企业运作具有风险。因此，企业可分别从战略层和战术层规避这些风险。例如，加强信息交流与共享，优化决策过程，建立战略合作伙伴关系等，促使节点企业间的诚意合作。

从供应链管理的具体运作看，供应链管理主要涉及供应管理、生产计划、物流管理、需求管理四个领域。包含以下内容：

1）物料在供应链上的实体流动管理；

2）战略性供应商和客户合作伙伴关系管理；

3）供应链产品需求预测和计划；

4）供应链的设计（全球网络的节点规划与选址）；

5）企业内部与企业之间物料供应与需求管理；

6）基于供应链管理的产品设计与制造管理、生产集成化计划、跟踪和设计；

7）基于供应链的客户服务和物流（运输、库存、包装等）管理；

8）企业间资金流管理（汇率、成本等问题）；

9）基于 Internet/Intranet 的供应链交互信息管理。

3. 供应链管理的基本原则

（1）连接原则

该原则旨在促进信息充分流动。通过整合销售与运营计划，实现企业内部销售部门和运营部门之间、供应链合作伙伴之间客户需求信息的实时沟通。该原则涉及企业、供应商、第三方服务提供商之间的战略、策略和操作连接。该连接性能够反映供应链合作伙伴间 IT、Internet 和其他形式通信的重要作用。连接原则是其他原则的基础。

（2）协同原则

协同原则与连接原则一样，关注战略、策略或者运作决策的制定。该原则使供应链伙伴通过整合组织间的规划和决策制定，建立它们之间更近的连接。真正的协同是在扩展供应链的进行中投资，需要所有的参与者更好地理解每个供应链合作伙伴的角色、业务过程和期望。

（3）同步原则

同步原则是贸易伙伴之间密切合作、共享利益和共担风险的原则。通过连接原则与协同原则，同步在战略、策略和运作层次发生。同步原则提供了将供应链作为水平流动模型的思考的方法，这一模型的完全实现将允许企业和供应链伙伴消除缓冲库存，在供应链中更有效地应用非存货资产。

（4）杠杆原则

杠杆原则更关注核心客户、核心供应商和核心 3 PLs（第三方物流）。其核心是指将消费者按照履约要求进行分类并努力调整业务运营以满足消费者的要求。原则上建议，增加的资源应该投入给批量更大和更关键物件的供应商。目前，不少公司已经通过合理化其供应商基础，获得了明显的成本缩减。

（5）可测原则

可测性在这里指的是企业开发供应链业务过程集合的能力。这种业务过程可以被添加的供应商、客户和第三方物流提供商复制。可测原则需要在定制性和可测性之间平衡。成功实施该原则的企业可以建立核心供应链过程，这些过程在添加供应链合作伙伴时可以以最小的变动被复制，即通过最小的变动，这些过程也可以运用到更大的客户或者供应商中。

4.供应链管理的程序

（1）分析市场竞争环境，识别市场机会

企业可以根据波特模型提供的原理和方法，通过市场调研等手段，对供应商、用户、竞争者进行深入研究；企业也可以通过建立市场信息采集监控系统，并开发对复杂信息的分析和决策技术。

（2）分析顾客价值

所谓顾客价值是指顾客从给定产品或服务中所期望得到的所有利益，包括产品价值、服务价值、人员价值和形象价值等。顾客价值是衡量一个企业对于其顾客的贡献大小的指标，这一指标是根据企业提供的全部货物、服务以及无形影响来衡量的，供应链管理的目标在于不断提高顾客价值。

（3）确定竞争战略

从顾客价值出发找到企业产品或服务定位之后，企业管理人员要确定相应的竞争战略。根据波特的竞争理论，企业获得竞争优势有三种基本战略形式：成本领先战略、差别化战略以及目标市场集中战略。

（4）分析本企业的核心竞争力

企业核心竞争力具有以下特点：第一点是"仿不了"，即别的企业模仿不了，它可能是技术，也可能是企业文化。第二点是"买不来"，即这样的资源没有市场，市场上买不到。第三点是"拆不开"，企业的资源和能力具有互补性。第四点是"带不走"，其强调的是资源的组织性。供应链管理注重的是企业核心竞争力，强调企业应专注于核心业务，建立核心竞争力。

（5）评估、选择合作伙伴

供应链的建立过程实际上是一个合作伙伴的评估、筛选和甄别的过程。选择合适的合作伙伴，是加强供应链管理的重要基础，如果企业选择合作伙伴不当，不仅会减少企业的利润，而且会使企业失去与其他企业合作的机会，抑制了企业竞争力的提高。评估、选择合作伙伴的方法很多，具体内容将在第4章中详细介绍。

（6）供应链企业运作

供应链企业运作的实质是以物流、服务流、信息流、资金流为媒介，实现供应链的不断增值。具体而言，就是要注重生产计划与控制、库存管理、物流管理与采购、信息技术支撑体系这四个方面的优化与建设。

（7）绩效评估

有效的绩效评估是企业经营管理程序中重要组成部分，它通过定期或不定期地对企业的生产经营活动进行评估，以事实为依据，帮助发现企业经营管理中的薄弱环节，提出改进措施和目标，使企业得以长足进步。与以往依靠财务指标评断企业的优胜劣汰不同，全新的企业供应链管理理论要求各个企业必须重新设计业绩评价体系，进一步探索企业持续发展的能力，以跟上时代的脚步。

（8）反馈和学习

信息反馈和学习对供应链节点企业非常重要。相互信任和学习，从失败中汲取经验教训，通过反馈的信息修正供应链并寻找新的市场机会成为每个节点企业的职责。因此，企业必须建立一定的信息反馈渠道，从根本上演变为自觉的学习型组织。

5. 实施供应链管理的意义

全球化、国际化的企业已成为目前主要的企业形态，许多的合作关系都是来自各个国家，或企业本身有许多海外分支结构，所以需要有效的管理方式来解决时间上和弹性变动上的问题。供应链管理模式是顺应市场形势的必然结果，供应链管理既能充分利用企业外部资源快速响应市场需求，又能避免自己投资带来的建设周期长、风险高等问题，赢得产品在成本、质量、市场响应、经营效率等各方面的优势，增强企业的竞争力。

（1）供应链管理能提高企业间的合作效率

供应链管理的实质是跨越分隔顾客、厂家、供应商的有形或无形的屏障，将它们整合，并对合作伙伴进行协调、优化管理，使企业之间形成良好的合作关系。它是一种从供应商开始，经由制造商、分销商、零售商，直到最终客户的全要素、全过程的集成化管理模式，是一种新的管理策略，集成不同企业以增加整个供应链的效率，注重企业之间的合作以达到全局最优。

（2）供应链管理可提高客户满意度

供应链从客户开始，到客户结束，是真正面向客户的管理。供应链管理把客户作为个体来进行管理，及时把客户的需求反映到生产上，能够做到对客户需求的快速响应。既满足了客户的需求，又能挖掘客户潜在的需求。比如，供应链管理中的客户关系管理（Customer Relationship Management，CRM），就可以根据客户的历史记录，分析客户的潜在需求，提前生产满足客户潜在需求的产品。

（3）供应链管理是企业新的利润源泉

供应链管理思想与方法目前已在许多企业中得到了应用，并且取得了很大的成就。调查表明，通过实施供应链管理，企业可以降低供应链管理的总成本，提高准时交货率，缩短订单满足提前期，提高生产率，提高绩优企业资产运营业绩，降低库存等。

3.2　装配式建筑精益建造供应链管理组织及模式

3.2.1　供应链管理组织

装配式建筑供应链中的组织一般包括供应方、建设方、营销方和最终用户等。在对该供应链进行管理时，采用集成的思想和方法，把供应链中所有节点企业看作一个整体组织，并以建筑企业为核心企业，强调其与相关企业的协作关系，通过信息共享、技术扩散（交流与合作）、资源优化配置和有效的价值链激励机制等方法来实现整条供应链的精益建造。

3.2.2　供应链管理模式

供应链运作模式大致可以分为三种：推动式（Push）供应链运作模式、拉动式（Pull）供应链运作模式、推拉结合（Push and Pull）供应链运作模式。

1. 推动式供应链运作模式

推动式供应链运作模式以制造商为核心，产品生产出来后从分销商逐级推向客户。分销商、批发零售商处于比较被动的地位，各个企业之间的集成度较低。

该模式通过备货式生产（Make to Stock，MTS）的方式来应对需求，通常采取提高安全库存量的办法来应对需求波动，因此整个供应链上的库存量较高，对需求变动响应能力较差。

2. 拉动式供应链运作模式

拉动式供应链运作模式的驱动力来源于最终用户，集成度较高，信息交换迅速，可以根据用户的需求来实现定制化服务，整个供应链上的库存量较低。

其核心是通过订单式生产（Make to Order，MTO）方式或以销定产来应对不断变化的市场，提前将不确定需求转化为确定性需求。

其优点在于推动商品减少无序流转，促进商品实现按需生产，降低企业库存。但是拉动式供应链运作模式对市场的把握能力、供应链成员之间在业务流程上的配合度要求高，相对难以实施。

3. 推拉结合供应链运作模式

将拉动式和推动式结合形成混合式的供应链模式，推动部分与拉动部分的接口处被称为"推拉边界点"。

在"推拉边界点"之前，是推动式的大规模通用化半成品生产阶段，生产按预测进行，有利于形成规模经济。在"推拉边界点"之后，也就是收到客户订单后，根据订单将半成品加工成最终产品，实现快速有效的客户反应。切入点之前是推动式生产阶段，切入点之后是拉动式的差别化定制阶段。

3.3　装配式建筑精益建造的预制构件供应商选择

装配式建筑在我国政策持续推动和建筑技术持续改革的背景下高速发展，作为一种可持续发展的绿色低碳建造模式，它具有"集约化、工业化、低能耗"的显著优势。装配式建筑打破了传统建筑"秦砖汉瓦"的建造模式，形成了建筑构件"标准化"、建造模式"工业化"的新局面。由于装配式建筑带来的采购模式的变革，在对预制构件供应商进行选择时需要考量的因素也更加复杂，比如构件质量及性能、构件价格、供应商对预制构件的准时交付能力等。

3.3.1　构件质量及性能

在选择供应商的时候，质量及性能是不可忽略的因素。

预制构件作为装配式建筑物的主要部品，将以成品的形式直接应用于装配过程，对其质量有着严格的要求，采购方往往要求供应商在进行构件生产时必须严格按照二次深化设计图纸进行高精度、高质量、标准化生产，因此设置了产品合格率和返修退货率来考量最基本的质量水平。而对于有个性化要求的装配式建筑物，传统工艺手段虽能满足其标准化生产，却无法满足预制构件的多样化生产，因此还特别设置了产品供应商工艺水平指标。

3.3.2　构件价格

在选择供应商的时候，供应商其他条件相差不大时，价格就成为选择的最后一步。如何使利益最大化？

（1）在协商议价中要求供应商分担售后服务及其他费用。当供应商决定提高售价，而不愿有所变动时，采购人员不应放弃谈判，可改变议价方针，针对其他非价格部分要求获得补偿，如大件家电的维修、送货等。在供应商执意提高售价时，采购人员可要求供应商负担所有维修送货成本，间接达到议价功能。

（2）善用"妥协"技巧。在供应商价格居高不下时，采购人员可采取妥协技巧，在少部分不重要的细节方面，可作让步，再从妥协中要求对方回馈。但妥协技巧的使用须注意下列内容：

1）一次只能作一点点的妥协，如此才能留有再妥协的余地；

2）妥协时马上要求对方给予回馈补偿；

3）即使赞同对方所提的意见，亦不要太快答应；

4）记录每次妥协的地方，以供参考。

（3）利用专注地倾听和温和的态度，博得对方好感。采购人员在协商过程中，应仔细地倾听对方说明，在争取权益时，可利用所获对方资料或法规章程，合理地进行谈判。

3.3.3　供应商对构件的准时交付能力

在选择预制构件供应商的时候考察供应商对预制构件的准时交付能力非常重要。这个不仅要考虑供应商的信用问题，还要考虑供应商的产能情况以及供应商的制作工艺。

目前装配式建筑在我国已呈遍地开花之势，项目多，工厂少，几乎每家构件厂都在同时供应多个装配式项目。在考察产能时，必须了解到该构件厂的日生产量以及目前供货的在建项目有多少，以确保后期的生产供货能与现场的施工进度同步。预制构件物理性能会受到堆放场地是否平整、装卸过程是否规范、防水措施是否到位等因素的影响，这就要求供应商在供货能力方面具备较高的水平，重点体现在供货准确性和运输安全性是否有保障，供货辐射范围是否够广，大型构件运输能力是否够强。

在制作工艺方面，要考察模台。PC 构件（预制混凝土构件）制作工艺有两种：固定模台方式与流动模台方式。固定模台是模具布置在固定的位置，流动模台是模具在流水线上移动，也称为流水线工艺。

1. 固定模台

固定模台方式是 PC 构件制作应用最广的工艺，其主要可以生产梁、柱、墙板、楼梯、飘窗、阳台等构件，适用范围广，灵活方便，适应性强。

2. 流动模台

流动模台是将模台放置在滚轴或轨道上，使其移动。生产时，模台先移动到组模区组装模具；然后移动到钢筋和预埋件作业区，进行钢筋绑扎和预理作业；之后再移动到浇筑振捣平台上进行混凝土浇筑；完成浇筑后，模台下平台对混凝土进行振捣；最后移动到养护区养护、脱模。流动模台适合生产叠合板、无装饰面层的墙板及其他标准型构件。

一个高产能的构件厂必须固定模台和移动模台同时具备并使用，才能满足施工现场标准构件与非标构件的生产与供货。

3.3.4 柔性

何为柔性？

供应商面临数量、交付时间与产品 / 服务有所改变时，灵活性有多大？

（1）柔性反映了供应商对客观环境的影响能力。顾客对产品的需求在数量和时间上的不确定性，决定了供应商应具有数量柔性和时间柔性两种基本柔性。

1）数量柔性即供应商对顾客需求数量变化的适应能力，可以采用供应商的获利空间和生产能力范围来描述。

2）时间柔性反映了供应商对顾客变更订货时间的反应能力。

（2）柔性的评价指标

供应商支持生产的柔性化和生产提前期的缩短。

供应商具有灵活性，具有较高的能力适应大的订单的更改执行。

供应商对制造商的需求能作出快速的反应，并为持续改进作出贡献。

因此，为了满足顾客对产品的需求在数量和时间上的不确定性的条件，选择一个柔性较大的供应商很重要。

在整个比较选择的过程中，企业应遵循高质量、低价格、重合同、守信用、管理好、距离近的原则。对重要程度不同的产品，原则的侧重点应有所不同。

另外，同一产品的供应商点数应根据产品的重要程度和供应商的可靠程度确定。一般可以保持 2~3 个，以保证供应的可靠性和竞争性，有利于产品质量的持续改进和提高，对于经营稳健、供应能力强、信誉好、关系密切的供应商可以只保留一家，这对供需双方都有利。

3.4　装配式建筑精益建造的构件需求拉动式生产管理

3.4.1　建筑工程企业的构件需求拉动式生产

1. 问题背景

近年来，装配式建筑行业发展迅速，前景良好。相较于传统土木工程行业，装配式建筑能明显改善施工环境，大量减少现场湿作业、降低扬尘、减少废水、废气、固体垃圾的排放，混凝土构件的强度和精度也远超现场生产的构件。

但是，该行业仍存在着许多亟待解决的问题。装配式建筑市场环境不够成熟，相应的技术操作、建筑规范、管理条例并不完善。预制构件的费用高于现浇构件，构件的运输也带来了额外的成本。在生产、运输或装配过程中，构件的功能、材质不一致导致构件的尺寸存在很大区别，设备易受到限制，因此构件的生产、运输和装配之间需要良好的协同，如果沟通管理不当，很有可能出现构件数目不足或过剩、构件不匹配的现象，造成工期延误。如何及时发现问题并作出解决方案，或者提前做好充足准备使各个环节达到平衡，已经成为建筑工程企业重点关注的问题。因此，在传统推动式管理的基础上，人们提出了构件需求拉动式生产管理方案，用需求拉动构件的生产。

2. 推动式生产与拉动式生产

在工程建设中，有两种生产方式——MRP 和 JIT。

MRP（Material Requirement Planning）又称物资需求计划，它根据产品结构各层次物品的从属和数量关系，以每个物品为计划对象，以完工时期为时间基准倒排计划，按提前期长短区别各个物品下达计划时间的先后顺序。

JIT（Just in Time）又称准时制生产制度、准时制生产方式或者零库存生产方式。"零库存"十分形象地表达出整个供应链上 JIT 运行的机理。JIT 以准时生产为出发点，致力于均衡化生产，使产品在各作业、生产线、工序和工厂之间达成平衡联系，将所需产品按照指定数量准时送到下一环节，实现"零库存"（或库存控制在低水平）生产。

MRP 是根据市场预测制定规划，下发生产计划，上游给下游发出指令，将产品步步推向最终环节；JIT 是根据最终产品需求，由主生产计划所产生的生产指令下达给最终工序，各生产环节以拉动方式由下游工序通过看板向上游工序发出生产指令。MRP 和 JIT 特点对比详见表 3-1。

MRP 和 JIT 特点对比　　　　　　　　　　　　　　　表 3-1

对比模式	MRP	JIT
对库存的态度	高库存可弥补预报失误、设备问题等带来的交货期延误，可保证及时交货	把库存维持在很低的水平或实现"零库存"；高库存带来存储问题
工件的加工等待生产流程时间	因为推动式生产而经常发生，流程长并且不易控制	因为拉动式生产而被减至最低，采用生产线 U 形布置，生产时间大大缩短
加工准备时间	以高产量和完成计划任务为目标，很少考虑加工准备时间的长短	尽量缩短加工准备时间，提高设备转换速率

续表

对比模式	MRP	JIT
订单的发出时间	由 MPS（主生产计划）、生产周期、库存纪录等决定	由下游工序的需求决定
订单发出的优先次序	根据先进先出、最短加工时间、每个工序的工作状态等决定	依据看板系统中的次序板等决定
临时订单的插入	将插入订单发送至上游工序，根据订单的作业排序和紧急性进行调整	将插入订单发送至最后工序，拉动上游工序生产
订货批量的确定	由需求预测、MPS（主生产计划）、物料清单、库存记录等决定	由下游工序通过看板卡或物料盒的数量决定
与供应商的关系	与供应商保持相对独立的采购关系	与供应商保持非常紧密的及时供货和合作共赢关系，但要考虑供应商供应的及时性
质量保证 设备维护	高库存很多质量问题被掩盖，难以调整等待产品加工完毕，所以只在需要时进行	质量问题被随时发现随时解决、主动性维护，最大限度降低设备的故障率
工人的投入	层级式管理使工人缺乏参与管理的主动性	团队式管理极大地调动了工人的积极性

按照 MRP 的计算逻辑，各个部门都是按照公司规定的生产计划进行提前生产，上工序生产出产品后按照计划把产品送达后工序，这种方式称之为推动式生产（Push Production）。

推动式生产方式对情况改变的应变能力不强，无法及时对市场作出反应。其次，相对于"零库存"的 JIT 模式，推动式生产采用中心计划方式，每一道工序都会造成产品过剩，致使库存堆积。产品（构件）的保存也会占用大量资金、空间，对于精细产品，其保养、运输更是困难。如果产品不再适用于市场需求，将发生废弃或再生处理，会给企业带来很大的损失。

由于推动式刚性的不足，人们提出了相对柔性的拉动式生产方式。拉动式生产采用 JIT 的思想，是下游工序向上游工序发出生产指令的方式。拉动式生产有两个突出的特点。一是拉动式生产能有效地将各个工序联系起来，相互制约相互平衡，保证了生产的总进度，提高了生产过程的效率。二是由于 JIT 秉承准时生产的观念，拉动式生产都是按需生产，不会出现大批量的库存堆积，避免了流动资金的固化，应对市场变动时，也能及时作出反应，降低资源浪费带来的影响。

3. 构件的需求拉动式生产

预制构件是装配式建筑的支撑与基础，构件的质量、性能、生产进度将直接影响到整个工程质量和项目进度。所以建筑构件的需求，是建筑工程企业在进行工程项目管理中很关键的一点。准确的、及时的、高质量的预制构件，会给建设过程带来极大的便利。

近年来，在国家政策和地方政府的扶持下，预制构件生产市场、生产企业的队伍逐渐扩大，产品性能也有可观的提升。2019 年装配式混凝土构件生产产能情况如图 3-1 所示。随着装配式建筑的发展，预制构件的需求急剧增加，这需要生产企业及时完整地提供构件。纵观重点发展装配式建筑的长三角地区，生产企业在发展的同时，面临严峻的挑战。长三角地区预制构件生产企业不完全数量统计表见表 3-2。

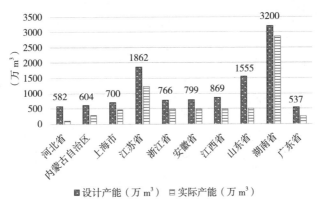

图 3-1 2019 年装配式混凝土构件生产产能情况

长三角地区预制构件生产企业不完全数量统计表（2020 年）　　　　表 3-2

地区	数量	相关材料
上海市	70+	上海市工程建设质量管理协会《2019 年度装配式预制构件企业质量评比分级排名》（发布时间：2020 年 1 月 14 日）等文件
浙江省	30+	浙江省建筑业行业协会《浙江装配式建筑发展情况调研报告》和浙江省住房和城乡建设厅《关于公布第一批浙江省建筑工业化示范城市、企业、基地和项目名单的通知》（建建发〔2018〕59 号）等文件
江苏省	115+	江苏省住房和城乡建设厅《关于江苏省装配式建筑部品构件生产基地（首批）名录的公示》（苏建函建管〔2017〕454 号）、江苏省住房和城乡建设厅《关于公布江苏省装配式建筑部品构件生产基地名录（第二批）的通知》（苏建建管〔2018〕970 号）
安徽省	25+	安徽省住房和城乡建设厅《关于做好省级装配式建筑（建筑产业现代化）试点示范验收工作的通知》（建科函〔2020〕501 号）

结合相关资料可以得出，企业分布并不均匀，企业数量和企业规模存在差异。由于短期内相关的监督监管机制、产品标准体系尚未完善，构件的生产仍处于批量定制化阶段，根据企业所处市场的需求，或呈现产能过剩的现象，或是产能释放有限，以及企业不合理、不全面的安排，导致生产效率低下。本教材所述的拉动式生产管理会是一个可行的方案。

构件的需求拉动式生产管理具有均衡化和同步化的特点。均衡化体现在拉动式生产的按需生产，下游工序向上游发送构件生产信息，包括数量、种类、生产时间等，能够降低生产在制品库和成品库存，减少存储费用及管理费用。同步化则体现在拉动式生产能有效地将各个工序联系起来，保证了局部和整体的生产进度，提高了生产过程的效率，实现构件的及时交付。

4. 装配式建筑预制构件的生产过程

预制构件生产包括楼板、墙板等板系构件，梁、柱、楼梯等异型构件等。预制构件生产过程的主要步骤有模具拼装、原材料采购、预埋件安装、混凝土浇筑、养护脱模、存放与运输等过程，构件出槽后运输至现场用于建筑施工使用。预制构件的生产步骤如图 3-2 所示。

（1）模具拼装

预制构件生产企业与模具厂合作，根据客户订单需求，制作正确大小形状的模具，并高

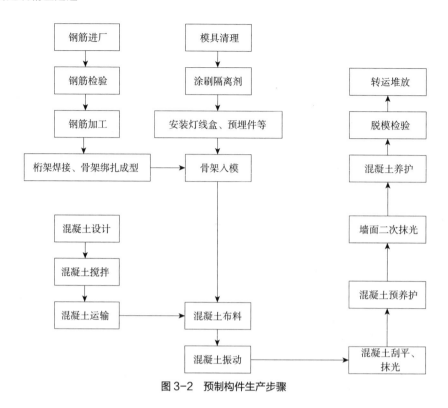

图 3-2 预制构件生产步骤

质量保证模具的精确度（底模与边模连接处要精细稳固）。生产过程中，要求模具、模台保持清洁，避免出现划痕和杂质等。模具拼装时，要再次检验模具的质量、精度，并及时校正模具形态，以防构件滑模或偏扭。

（2）原材料采购

厂家根据预制构件的类型确定原材料（混凝土、钢筋等）的种类。在原材料进厂时，要进行验收，包括质量检验和数量校对。

（3）预埋件安装

预埋件是预先安装埋藏在隐蔽工程内的构件，用于砌筑上部结构时的搭接。模板拼装完毕并验收合格后，将与预埋件安装在模具的框架里。在浇筑、振捣混凝土的过程中需尽量避免触碰预埋件，防止振捣过程中预埋件发生位置偏移，为此浇筑过程需谨慎观察，振捣时可保持适当的振捣间隔。

（4）混凝土浇筑

在混凝土浇筑过程中，为避免对预埋件以及钢筋的破坏，需严格控制构件的浇筑厚度。混凝土拌合物投料高度不得超过 500mm，出料后应在 40min 内及时连续均匀浇筑。在此处，混凝土振捣和浇筑同时进行，以振台为主，以振动器、振捣棒为辅进行充分振捣，避免出现漏振，造成麻面蜂窝。构件浇筑完成后，进行一次收光。收光的目的是消除构件表面缺陷，防止产生裂缝，保持表面光滑。在整个浇筑过程中，要保持模具周边清洁，多次观察模具、预埋件、固定物等构件是否发生偏移变形。

（5）养护脱模

养护需要用到预养护窑，窑内的温度维持在 50℃±5℃，养护 2h 左右。通过养护温度线性曲线维持养护温度。

（6）存放与运输

养护工作结束后，进行成品检验，并根据需求和项目情况进行存放或运输，实现交付。运输过程中，需注意构件受力合理，避免构件受损。

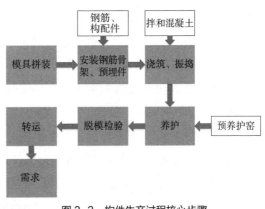

图 3-3　构件生产过程核心步骤

5. 构建需求拉动式生产的运行机制

构件的需求拉动式生产，就是根据构件的需求情况，制定生产计划。现取图 3-2 中核心步骤，简化成图 3-3。

（1）养护

在需求拉动式生产模式下，"转运"（或少量库存）代表构件的需求，构件的种类、数量、交付时间都对先前的生产链有拉动效应。工厂脱模检验数略大于现场需要数量的构件以保证构件的质量。企业就可以预先准备好预养护窑，根据构件的规模、类别，选择调整预养护窑的参数，包括温度、养护时间、速率等。按需准备养护窑，能很好地利用人力资源、时间与空间资源，减少浪费。

（2）浇筑、振捣

已知需要养护、生产的构件数目和种类，在浇筑和振捣过程中，就能实现资源利用最大化、效率最高化。根据下游所需构件的相关指令，我们设计混凝土的配比、用量时，能更清晰地选择混凝土组成材料的技术性质，在通过这些组成参数调整拌和水泥的性能（和易性、凝结时间等）。混凝土运输过程中，也能更经济地确定搅拌车的数量、型号、运输时间等因素。拌和混凝土的量和质与生产计划相对应时，我们在浇筑振捣混凝土时，就能把握好用度，提高效率，减少浪费。

（3）安装钢筋骨架、预埋件

在安装钢筋骨架、预埋件这一道工序中，拉动式生产的优势也很明显地体现出来。厂家根据下游工序的需求购买钢筋并进行检验，而后加工钢筋，通过焊接、骨架绑扎成型，放入模具，从进厂到配置完毕的时间短暂，厂家无需再花费过多的精力去考虑钢筋的保存问题，降低了库存成本。依据构件在建筑中的功能，需要明确预埋件的种类、数量、位置。预埋件施工过程中，有许多注意事项：施工管理人员需提高重视程度，保证预埋件的质量控制和施工工艺的准确性；预埋件的施工需要规范化的管理，施工人员应严格遵守施工流程，避免施工出现偏差；施工过程中，相关指导人员应在场指导，以保证安置顺利进行。

（4）生产布局设计

企业可根据生产流程合理布置生产线，紧凑但不密集，便于生产操作。JIT 模式多采用生产线 U 形布置，生产时间大大缩短。或者采用直线或直线和 U 形线混合布局，实现产品的节拍流动。每道工序之间的传输路线要求短而渐变，减少往返次数。生产线上的产品采取单件流形式，减少生产线在制品的数量。

6. 构件需求推拉式结合生产

单一的 JIT 模式下的拉动式生产管理并不是百分百完美的，尚存在不足之处。比如，第一，JIT 模式生产是只按需要的量生产所需的产品，过于依赖供应商，如果供应商没有按时配货，则会影响企业的生产、销售等。第二，企业仅按照订单生产产品，并无备用的产成品来满足预期之外的订单，这就会影响企业的利润。第三，仅为不合格产品的返工预留了最少量的库存，一旦生产环节出错，解决手段和弥补空间有限。

这里主要研究拉动式生产和推动式生产思想的结合——JIT 和 MRP 推拉结合生产管理。由于市场波动和资金流动的不确定性，推动式生产的生产计划与实际生产存在大偏差的可能性较大，有可能造成库存缺货或高库存现象，同时，由于计划波动幅度大，不便于生产人员对生产过程的实时监控。JIT 模式可以改善这些问题。基于 JIT 的准时生产理念，通过看板控制将指令从下游传输到上游，可以弥补 MRP 对生产计划实时监控的不足，缓解库存堆积的问题。企业可根据自身现状和能力，调整两者在工程中的运行机制，以提高计划可行性、执行力，提高实际生产效率和质量。下面是某家欧洲制造型企业综合运用 MRP 和 JIT 的具体运行过程：

（1）公司根据销售预测制定出未来 18 个月的销售计划；

（2）部门根据销售计划制定出以 3 个月为单位的分计划；

（3）根据分计划制定 6 周内的 MPS（Master Production Schedule，主生产计划）和 MRP 计划；

（4）以 MRP 计划为基准，生产部门以 JIT 需求拉动式生产进行作业与管理。

3.4.2 整个项目供应链的需求拉动式生产

1. 装配式建筑供应链结构

供应链（Supply Chain）是指生产及流通过程中，涉及将产品或服务提供给最终用户活动的上游与下游企业所形成的网链结构。装配式建筑的供应链以建设单位为核心，将其他各方（设备厂、构件厂、原料厂等）组合起来，形成网链结构。

在装配式建筑从决策到交付的过程中，整个项目供应链简化结构如图 3-4 所示。

2. 供应链推动式生产

基于传统的需求推动式生产管理模式，供应链运行机制简化如下：设计单位根据要求设计建筑、结构、暖通等图纸，向构件厂发出指令制备相应

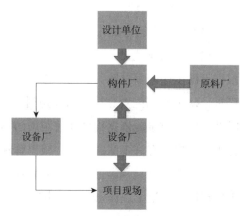

图 3-4　项目供应链简化结构

注：由于侧重不同，故投资商、监理单位等其他分块以及各分块间部分关系未画出。

构件；构件制作完毕后，直接运输或经由中转仓库运输至项目现场进行装配。需要注意的是，该运行机制采取的是 MRP 方式，较难实现供应链的均衡化、同步化，具体表现如下：

（1）原材料购买基数与当下所需数目不匹配。由于 MRP 模式是将所有产品以及产品分解的零部件生产的交货期进行完全的精确计算，保证所有产品能准时交货，构件厂收到上游（设计单位）指令，购买原材料时，往往购买量大，如出现质量问题或其他意外，后果较为严重。

（2）构件生产数目与当下所需数目不匹配。构件厂生产构件按照中心计划大批量生产，而某一阶段所需的构件只要一定数量，剩余的构件只能继续存放，造成时间、空间、资源上的浪费。

（3）物流运输与施工作业衔接不当。预制构件的供应运输是延误工期的主要因素之一。构件供应运输有两种模式，第一种模式是构件供应的直销供应模式，即将构件厂制备好的构件直接运输至项目现场，直销模式下，构件运输路线较为单一，缺少相关负责部门，容易受到外部未知因素的影响，如交通堵塞等，加剧工期延误。第二种模式是中转储运供应方式，即将构件运输至中转仓库，依据项目需求按时运输。在构件厂和项目现场之间建立中转仓库，缓解了构件厂生产和施工现场装配的矛盾，使得构件在流水线上同步化，但是额外建造仓库、构件保存也需要投入财力，企业经济效益不高。

（4）构件生产速度与施工速度衔接不当。由于存在无法预测的意外性，现场构件可能发生的安装延误，将导致构件厂出现大量库存堆积，干扰构件厂的正常生产活动与进度，一定程度上给企业带来连锁的亏损效应。

（5）上下游之间需求信息不对称。供应链是由许多分块连接而成的网链状结构，各个企业在工程建设中大多只关注相邻企业的需求信息。一旦这些信息存在偏差，那么这种偏差就会随着信息传递越来越大，一旦出现大的偏差或下发了错误指令，整条供应链和生产链将会受到严重的影响。

为了改善这些问题，我们可以采用 JIT 模式的需求拉动式生产管理，优化供应链各个环节。

3. 供应链拉动式生产

拉动式生产是根据后一工序需要加工多少产品，要求前一工序做好相应准备的生产方式。均衡生产是拉动式生产的前提，均衡指数量、品种、工时、设备负荷的全部均衡。在整个供应链中，JIT 还可通过计算机辅助管理，使用计算机技术实时监测、分析管理每一道工序，实现资源信息共享。

现从构件供应、物流设计、现场准备三个方面说明拉动式生产带来的效应。

（1）构件供应

构件需求拉动式生产就是下游工序按照需求给上游工序下达指令，上游准时完成构件的制作。采用 JIT 模式的生产方式，能使构件的库存量维持在较低水平，帮助企业在满足公司需求的同时最大程度减少库存成本。

除库存处理合理外，JIT 的信息交互优势明显。拉动式生产基于看板，具有实时监测的功能，通过计算机将其他分区联系起来，真正做到各个环节的信息交流、资源共享。

（2）物流设计

以下游工序需求为基础，拉动上游工序的物资制作和准备，建立物资需求清单，等待下游工序的发送指令。当项目现场发出需求指令后，供应链开始运行。各个环节的产品都应准确准时地完成，各部门需要列好物资清单，明确配送内容，按时送达，使得物流体系整体优化，保证工程进度。

（3）现场准备

面对项目现场，企业要积极培养专业人员，促进产业队伍的形成，加快装配式建筑安装的进程，保质保量保时。当一批构件装配完毕后，下一批构件才能进行装配，这将调动上游企业运输构件、拉动企业生产构件、购买原材料等。

4. 供应链推拉结合式生产

拉动式生产虽然对整个项目的资源利用效率和施工进度起到提升作用，但采用单一的推拉式生产管理仍然需要很高的要求。拉动式生产可落实到每一次供应链的刷新，单次的供应运输应根据下游需求决定上游供应，降低每道工序产品的库存水平。企业究竟如何选取两者的占比？在其他条件相同的情况下，需求不确定性越高，越倾向于根据实际需求生产的拉动式模式；需求不确定性越低，倾向于长期预测计算的推动型模式。企业要善于观察市场波动，分析市场环境，作出当下最适合本公司经营的策略。

3.5 装配式建筑精益建造的供应链信息管理

装配式建筑施工周期短，人工成本低，减少了大量污染，提高了建房效率，降低了建造成本，装配式建筑慢慢成为主流。但一些工程项目还是会出现工期拖延、预算超支、效率不高等问题。其原因在于工程项目的建设中有众多参与者，建设工程分离，各方之间没有形成一个有效统一的信息共享平台，导致信息没有做到有效交互，造成建筑质量差等问题。

精益建造的供应链信息管理模式便可以有效地将信息进行整合与管理。供应链信息管理模式通过先进的科学技术，将我们所需要的资料信息化、集中化，将各参与方的资金、工序、成本等数据进行信息管理和信息交互，从而完成工程项目。

了解装配式建筑精益建造的供应链信息管理，首先需要了解精益建造的供应链。本教材所研究的供应链，是指由工程项目建设的参与方，包括业主、设计方、施工方、供应方等组成，包含设计、采购、施工、验收等工程工序。建筑供应链信息集成管理的目的是将建筑供应链节点企业所有关于项目的信息进行收集存储、加工分析、整理汇总、交换共享，生成不同形式的汇总信息，提供给各类管理人员使用。

建筑业物资采购方面有以下特点：一是分散性，建筑业对于物资的需求分布在全国各地；二是建筑业不适合大量进货，资金要求比较高；三是单次交付的数量较少；四是对于物资需求具有急迫性；五是管理层级深，建筑企业总部缺少物资专职管理机构，各单位物资采购管理水平参差不齐。

这就需要我们进行供应链信息管理，以便更好地进行团队协作，将操作流程和技术规范化、精准化、专业化，少误差、高质量地完成任务。

3.5.1　集中型管理模式

对于企业财政管理来说，集中型财务管理模式是将子公司的业务看作是母公司业务的扩大，母公司对于整个集团采取严格控制和统一管理。其特点是大部分财务管理决策权集中于母公司，子公司只享有少部分的决策权，其人财物及产供销统一由母公司控制。

同理，对于装配式建筑精益建造供应链管理来说，集中型管理模式也是这个意思。由母公司收集并整理好信息和数据，对整个财务、工序进行严格的管控和统一管理，对下面的子公司统一进行分发任务，调配资金，子公司就是听从建议并实施母公司的决策。各个子公司直接协同合作，将任务汇总给母公司，让整个工程工序可以更高效、有序地进行，对于资金的利用率也会相对提高，从而可以最大限度地降低资金和时间成本。但是这样的模式也存在一定的缺点，母公司的行使权力过大，一旦出现了一些决策上面的错误，将导致整个管理系统上的破败，会给建筑工程项目的资金损失、信息流动等方面造成巨大的影响，母公司承担着巨大的风险。

集中型管理模式是通过先进的网络通信技术，将装配式建筑的各个数据收集起来形成一个完善的数据体系。通过这个体系，我们能从中得到我们所想要的信息机制和体系。集中型管理模式通过严密的权限管理和安全机制来同样实现符合现有组织架构的数据管理权限让我们的数据得以共享。这样的信息管理模式通过通信技术进行数据共享有以下特点：

1. 集中型管理实现数据的实时共享

数据和信息是在工程项目工序中重要的一环，通过对数据信息的分析和整合，可以更高效地完成我们所要交付的项目。如今，大部分软件之间没有办法做到直接的信息交互，导致每一道工序在转换当中存在着一定的时间、资金成本。但是通过集中型管理，企业已经能以非常合理的成本来享受到以前其他行业的数据实时共享。不同工序流程中的信息实现高效传达，提高了工程效率，减少工期、资金、人力资源等。

2. 集中型管理成本低

企业只需要安装一套软件在服务器上，其他用户就可以在任何地点通过网络访问服务器，实现相应功能，不仅仅效率高，而且对于信息之间的交互和整理，不需要那么多的人力、财力，大大降低了所需成本。对于数据和信息来说，也能够保障其稳定性，更好、高效地传递信息数据，让工序之间可以相互协调。只要保证服务器的运行稳定和定期备份，就解决了整个系统的维护问题，且维护网站及收集信息的成本较低，大大降低了装配式建筑的成本。

3. 集中型管理真正实现信息扁平化管理

对于我们传统的建筑业信息数据来说，信息数据总要先经过基层处理后再汇总到总部处理，无法进行有效的信息交互，总部也看不到总数据的一些详细情况，建筑业的工作效率大大下降。而集中型管理对数据集中处理，对数据集中整合，很好地实现了信息扁平化管理。需要具体数据时，便可以从这个数据库中迅速提取出详细资料，让总部的人员时刻可以了解到基层人员的销售总部的每一个细节。

4. 集中型管理通过权限管理实现数据分权管理

在一套严谨完善的权限管理机制的支持下，企业信息扁平化了，但企业仍然保留着自己的运营机制和数据分权管理，每个部门各司其职，协同合作将工程项目工序的每一部分都梳理得井井有条，数据共享让我们的项目工作效率不断提高，将技术统一化、规范化、标准化。

3.5.2 分散型管理模式

对于装配式建筑精益建造供应链管理来说，母公司只对子公司重要的事宜参与决策和要求，而在财务和一些平常的事务方面上，由子公司自己决定，子公司有自己的大部分权利。子公司可以相对自由独立地展开自己的想法，积极性更高，发挥更加自由，创意更多。在一定程度上可以因地、因时制宜地对公司的资金进行分配，分散整个企业的风险。各司其职，分工合作，下达决策等命令时也可以更快更有效地传达。

通过查阅资料得知，分散式管理就是把企业的权力真正授予下属各级部门，把权力分散开来；数据方面则是由下属各级部门收集，进行一个整合和统计，再把必要的一些数据向上级汇报，而详细的数据信息都是由下属部门一手掌握，分散开保管数据信息，这使得安全性方面等都会得到一定的提高。

通过这样的分散型管理模式，降低整个企业所承受的风险，提高各个部门组织的相对自由度，会让各部门之间的运行更加流畅。这样的分散型管理模式，有以下的一些特点：

1. 分权化

分散型管理模式将权力分散下去，若是哪一个环节出现问题，便直接找所在环节的负责人处理，这样不仅仅减少了总负责人的负担，还提高了各单位之间的工作效率，不需要决策找到总负责人再进行商酌，加快了各单位组的工作效率。而数据信息方面，各部门之间的数据和信息更加详细真实，更加清楚了解当时市面上的各种情况，更快、更好地解决顾客的一些疑惑。

2. 外部化

在装配式建筑精益建造供应链管理中，大部分任务都是由公司主体完成，一些不太重要的工序，则会放权让上、下游公司完成。主体建设项目部分，便可以由公司主干部分完成，符合多元化的要求，通过这种管理模式可以外部化，可以负责到更多、更全面的东西。减轻工作量的同时提高工作效率，通过这样的管理，能更好地满足顾客多样化的需求。

3. 智能化

使用包含输入输出和处理装置的智能终端，使用者可以在中央处理机指导下，自行处理一部分数据，自主地完成自己的任务。通过智能化终端，我们可以将所需要的信息数据从中自主提取查看，这样将信息数据分散化管理，有利于顾客更方便地查找他们所需要的数据信息和更加方便地看到我们装配式建筑的产品，让他们通过数据智能化了解到我们的建筑的特点、材质、施工周期等数据。

4. 组织网络化

对于信息数据处理方面，由一个信息终端去处理数据，这样可以把数据整合起来，但是当数据信息繁多杂的时候，便可以分散型管理，由一层一层的管理方式转化为几个终端分别管理每个信息部分，这样分工明确，而在信息提取搜寻的时候，根据相应的板块终端去搜寻所想得到的信息，不单单提高自己的信息筛选效率，更是增加了信息终端的安全性和保密性。

3.5.3　综合协调型管理模式

综合协调型管理模式是集中型管理模式与分散型管理模式的结合，是一种集资金筹措、投放、营运、分配于一体，从下到上的多层次决策的集权模式。在这种模式下，企业在强调分权的基础上进行集权，即合理分配下属公司管理权利与资金运作权等，同时把控企业集中运营、发布任务的权利。通过先进的信息技术，对数据信息进行集中处理、收集，让中央对于数据信息进行详细的整合和管理，再将信息数据发散到下属公司的数据库，进行精细地分类和处理，使数据信息处理更加合理化、标准化、规范化。这种管理模式既有利于总部对于分部的资金管理和发布任务，提高工程工序施工效率，也降低了资金流动成本，发挥了总部的领导与管理功能；也拥有着分散型管理模式的特点，可以充分地调动下属部门的积极性和创造性。

团队的整体力量并非所有个体力量的简单相加，而是个体之间的组合和协作程度。协调是管理的一项基本职能，管理者实施管理的根本就是协调。综合协调型管理模式便是将分散型管理模式和集中型管理模式进行一个良好的协调，其有以下几点意义：

1. 综合协调型管理模式是实现目标的重要条件

协调的目的在于谋求组织和全体人员思想的统一和行动的一致，以实现组织目标。对于装配式建筑精益建造的供应链信息管理来说，综合协调型管理就是为了更好地完成装配式建筑的工程工序，综合协调型模式可以协调好各个工序流程，让项目得以高效地进行。在项目所有阶段优化、改善建造流程，通过减少浪费为项目增加价值，最大限度地提高项目整体效率与价值，因此综合协调型管理是实现目标的重要条件。

2. 综合协调型管理模式是组织和人员团结统一的需要

相比于传统建筑工业，新型建筑构配件要能按照统一规格尺寸协同生产，并能使不同材料、不同形式，但具有相似功能的构配件具有通用性和互换性，以增加建筑的多样性表达。想要很好地完成这些点，离不开组织和人员的协调，通过综合协调型管理模式，将组织和人员团结统一起来，由组织发布任务和进行管理，人员进行执行任务和不断地进行测数据和整合，使得大家各司其职，高效有序地完成任务，大家得以形成一个良好的大家庭。

3. 综合协调型管理模式是提高效率，减少浪费的重要手段

协调可免除工作中的扯皮和重复，减少摩擦、冲突和内耗，是提高效率、减少浪费的重

要手段。基于团队合作的思想，各方成员建立起一种集成的、面向建设项目全过程的团队组织。以信任为基础、以合作为平台，各方之间风险共担、利益共享，通过共同努力实现项目整体价值的最大化。信息数据管理的运用可以很好地减少资金流动，降低花销成本，共同协助工作也可以让大家充满团体荣誉感，减少大家的冲突竞争，提高工作效率。

4. 协调是调动广大干部、员工积极性的重要途径

装配式建筑需要参与者的共同合作、各司其职。在综合协调型管理模式下，基于团体合作的同时，处理好数据和信息之间的关系。精益建造的团队合作、并行工程、价值管理、拉动式生产、最后计划者体系等多种关键技术都支持供应链管理模式的实现，精益建筑供应链通过信息集成管理可实现工作流优化、价值流稳定。综合协调型管理模式调动着广大干部、员工的积极性。

3.6　装配式建筑精益建造的供应链管理的方法和策略

3.6.1　精益建造下建筑企业供应链管理战略

精益战略是企业的管理战略与精益思想的结合，它将精益思想引申、拓展至企业经营活动的全过程中，即追求企业经营投入和经济产出的最大化、价值最大化。要实施精益建造下的供应链战略管理需要做到以下几点：

1. 树立精益战略思想，转变和提高领导层的观念

建造工程项目参与方多，建设活动十分繁杂，需要大量的人力物力。实现精益战略思想就必须得到相关企业高层领导的认可与支持，并且需要在企业内部贯彻实施精益战略思想，使每位员工都能认识精益战略的价值和意义，从而在工作中做到减少不增值活动。

建筑企业在实施精益建造供应链战略之前必须获得项目领导层的认可，从公司的战略发展高度上，通过沟通和教育使项目各参与方充分认识到精益建造供应链的实施将带来哪些利益好处，只有获得了认可才便于实施。各参与方在参与供应链的业务活动中努力贯彻精益化的思想，积极倡导这种追求极致的企业文化，努力调动所有部门所有员工，充分发挥人的潜能。

2. 精心挑选合作伙伴，建立战略合作关系

核心企业在决定实施精益供应链管理时，应该在大范围内广泛选择潜在的合作伙伴，要确定合作者能够提供优质的产品和服务，并对合作范围、合作方式等作出明确的协议，以免发生纠纷。进行战略合作伙伴选择时应注意以下几点：

（1）合作伙伴必须具有一定的核心竞争力，包括能够及时、准确地把握市场信息、高效快速的物流、足够的资金保证、优秀的创新力等。

（2）合作伙伴必须与核心企业具有相同或相似的企业价值观和战略思想。

（3）战略合作伙伴必须少而精。只有建立特有的战略合作伙伴关系才能稳固合作伙伴，达成战略上的共识，实现长期合作。

3. 建立相互信任机制，强调供应链成员之间的信任与合作

在供应链的复杂关系中，每个节点企业只是依靠合同或协议保持联系是不够的，还需要有关政府当局或行业行使一项互信机制记录公司信用评级，以透明的方式能够排除不诚信的企业，促进每个成员企业在供应链中的互信，忠诚和承诺。供应链战略强调通过"强强"联合，共同设计、开发、制造，最后共同获得利益。在这种全方位的合作关系中，双方的部门应该彼此频繁接触，互相共享信息，并保持双方操作的一致性和一贯性。

4. 建立供应链绩效评估制度，促进会员企业之间的合作

供应链会员企业需要建立一系列评价指标体系和度量的方法，分析和评估供应链的运行性能。新的绩效评估系统必须能够合理地评估每个贸易伙伴和供应链中的每个职能部门合作中所起的作用，在此基础上，合理地分配和估计供应链的利益。

5. 构建供应链的核心竞争力，保持竞争优势先进性

精益战略思想能够使得企业充分认识到自身所独有的资源力量，在综合各种资源的同时充分发挥独有资源，形成自身内部的核心竞争力。这要求企业在充分掌握现有通用技术的同时，也需要投入一定资金用于创新。在创新中及时拓展自己的业务领域，及时掌握核心技术，持续投入学习，最终形成独有的竞争资源，提升自身的核心竞争力。

3.6.2　建筑企业供应链的精益化管理方法

建筑企业供应链的精益化管理分为五个部分：精益计划、精益设计、精益供应、精益建造、精益营销。

1. 精益计划

精益思想要求在建造之前，制定详细的计划，即精益计划。

（1）传统计划

目前，建筑业项目计划的实施是项目经理根据项目目标和资源信息为整个项目进行详细的计划，然后根据计划划分资源并安排工人实施计划。

在传统的计划方法中，规划过程过于技术性，强调方法的作用，与建筑产品所在的系统环境脱离，计划的可行性低，同时，计划的水平相对模糊，无法调查计划实施的绩效，很难提高计划的有效性和效率。

为了应对传统规划方法的缺点，精益施工供应链要求我们进一步改善规划和控制方法，以提高计划的效率和可执行性。精益计划提出了最终计划系统。

（2）最终计划系统

在最终计划系统（图 3-5）中，计划制定过程是首先根据项目目标和项目环境制定主计划，以制定项目完成的里程碑。总体规划仍由传统项目计划方法制定。不同之处在于，参与计划制定的不仅是项目的领导层，还包括计划的执行者。

在最终计划系统中，计划制造者和执行者是统一，因此可以控制计划的效率，将计划制定的主动权下放到计划的实际执行者，充分发挥了基层操作人员的主动性，大大提高了整个

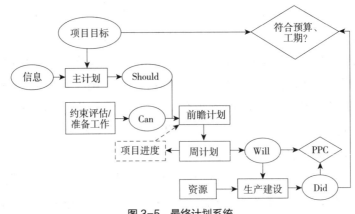

图 3-5 最终计划系统

团队的激情。

2. 精益设计

精益设计根据业主、设计单位、施工企业三方的需求进行设计，使设计方案更加合理可行，建筑工程设计合理、建筑材料应用合理、建筑设计信息清晰等，避免了因描述设计文件信息而造成的损失；也可以应用并行设计的方法，让施工与设计同步，设计单位可以更全面地结合业主的需求，考虑施工现场的实际情况，提供更多合理的设计方案。

3. 精益供应

（1）精益采购是消除当前建筑采购市场浪费的有效手段，依据精益思想的核心内涵，当前建筑采购与供应市场主要存在以下几个典型的浪费：

1）建筑现场库存过剩；

2）生产现场停工待料；

3）质量瑕疵；

4）大量物流成本的浪费。

（2）精益采购与供应的实施

1）建立订单驱动的拉动式订单采购管理体系

在传统的采购模式中，采购目的是补充库存，采购部门不关心建筑企业的生产过程，不了解生产和产品需求的进展情况，因此采购过程缺乏主动性，采购部门制定的采购计划很难适应施工企业需求的变化。

2）管理层的重点由采购管理转移至外部资源管理

改变传统的单纯地用于库存的管理模式，提高采购和市场响应能力，增加与供应商的信息联系和合作，并建立新的供需合作模式。一方面，可以及时实现建筑企业对供应商的要求；另一方面，通过管理供应商的外部环境，可以建立长期战略伙伴关系，以提高产品质量，减少浪费。

3）设立一品一厂的采购模式

一品一厂供应规则有利于获得供应链的规模效益和稳定健康的发展。只有通过建立长期关系，才可以加强供应商的长期供应的信心和资源保证的决心，确保质量的可靠性。

4）建立由第三方物流公司开展的建材和设备配送中心

鉴于传统供应模式的物流成本浪费，我们建议建立一个第三方物流公司，负责建材和设备的具体分配。在实际分配过程中，供应商通过信息平台获得施工过程所需的各种材料和设备来及时生产。第三方物流公司集中采购，统一收集到配送中心，配送中心整合所需的材料、设备，然后送到施工现场。这减少了整个供应链中的运输车辆和物流管理人数，充分利用了车辆的运输能力。

5）信息共享

及时采购和供应需要在供需之间高度共享信息，以确保供需信息准确性和实时性。订单拉动式的采购，需要供应商及时了解企业的施工进步和安排。供需双方都充分利用现代信息技术来开展信息沟通和交流，以便建立快速反应的运转机制。

4. 精益建造

精益建造可以缩短浪费，主要是因为它具有完整的理论基础。这些包括拉动式准时化、全面质量管理、团队工作以及并行工程。在这些理论中，并发工程是整体理论的基础，其他理论相互关联，整体互相渗透。

5. 精益营销

所谓的精益营销是通过先进的产品开发、准确的产品定价、简化的营销渠道和精致的客户沟通，高效、准确地满足客户的需求。精益营销具有以下特点：以客户个性化需求作为核心，企业的所有营销活动都是基于客户需求的准确掌握；以双向沟通作为基本目标，客户向企业展示其独特需求，动态地与企业沟通，企业基于此提供定制的产品和服务，并保持改进，以便与客户建立互动关系，根据市场环境的变化及时调整营销活动。

3.6.3　供应链管理下的精益建造模式的需求拉动式管理

1. 核心企业需求拉动式生产系统

需求拉动式是精益建造的一个特点，也是精益建造的核心技术。用需求拉动来激励建造，由客户向建造商提出要求，来完成相关的工作。它以最终用户的需求为起点，以市场需求为依据，准时地组织每个环节。在建设工程项目精益组织中，核心企业作为完成项目的主体企业，应首先发挥领头羊的作用，在建造过程中推行需求拉动的生产方式。而对于核心企业的需求拉动式的管理，下面列举三种方法：

（1）目的手段功能法

拉动式生产，必然与人、财、物、供、产、销打交道，为了使拉动式生产有条不紊地进行，有必要采用"目的－手段"功能法来理顺拉动式生产过程中各工作之间的上下关系和并列关系，通常把一项工作要达到的目的称为"目的功能"，而把实现这一目的所应采取的手段称之为"手段功能"，目的功能也称为上位功能，手段功能也称为下位功能。功能的并列关系是指在较复杂的功能系统中，上位功能之后，往往有几个并列的功能存在，这些并列的功能又各自形成子系统，构成一个功能区。将功能之间的上下关系和并列关系全部加以整理，就可得出该系统的"功能系统图"。

这项工作的目的，在于明确拉动式生产的工作重点，便于设置合理的管理组织机构和合理地将管理功能划分到各管理部门，有效地实施拉动式生产。

（2）输入输出法

为了组建一个节奏快、效益大的各构成要素有机组合的拉动式生产系统，有必要在"功能系统图"的基础上，采用"输入–输出"法，将每一功能所应输入的条件以输出的结果一一显示，如在成本管理子系统中，有一主要功能是"成本计划与控制"，其输入条件与输出结果如图3-6所示。

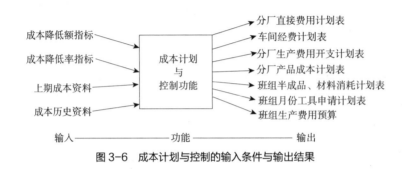

图3-6　成本计划与控制的输入条件与输出结果

通过对功能输入条件和输出结果的认真分析和详细评价，有利于进一步明确功能以及功能之间的关系，使拉动式生产过程达到整体优化。

（3）时空图法

拉动式生产活动每项都存在着时间与空间的联系，每个生产环节都可按其运行的时间顺序和相应的空间位置完整地描述出来。

从时空图的时间坐标轴上，可以掌握一项生产活动所需的全部时间，还可以清楚地分清每项活动之间的时间衔接关系。从空间坐标轴上，可以十分明确地统计出每个部门在某一活动中所承担的事项的数量和质量方面的要求，还可以获得生产活动的合理流向及其业务衔接关系。这有利于确认各项生产活动工作任务量的大小、制订各项相应的考核制度和标准、管理岗位的设计等，从而使拉动式生产得以良性运作。

2. 供应链整体的需求拉动式生产系统

在整体精益管理模式下，只依靠核心企业的内部需求拉动是不够的，所有参与该项目的企业都应采用需求拉动生产模式。

所有参与企业的整个项目的经营活动，都是为最终的客户服务的，在精益建造的过程中，应从宏观和整体角度进行需求拉动。以建筑工程项目供应链为例，其实际内容应包括以下方面：

（1）了解顾客需求

在整个供应链的范围内，核心企业应该做大量的市场研究，了解消费者的心理，掌握客户需求的方向，随时与其他项目参与方分享信息，通过共同的信息网络，研究相应的措施和方法来指导生产活动。确保项目在最大化消费者需求的方向上进行并提高项目价值。

（2）注重产品开发

在产品开发阶段，首先建立集成产品开发团队，由参与各种建筑项目的部门的成员组成，团队成员被任命并授权在网络环境中安排和实施产品开发计划。

（3）制定建造物料计划和控制模型

在供应链环境中的精益建造过程中，施工计划的控制和生产应从整个供应链出发，以协调生产经营和供应商。精益建造物料计划和控制模型如图3-7所示，集中了项目各参与方的各自的资源和信息，发挥各自的优势，获得柔性敏捷的市场反馈。其中，控制模式下计划的主要任务如下：

1）在建设项目的信息共享平台上，核心企业、供应商和营销方通过互联网开展信息集成交换和整体调度控制。利用电子看板来控制各企业的库存，提高供应链管理的精益程度。

2）在项目建设过程中，施工核心企业根据项目的设计计划确定材料需求计划，产生材料

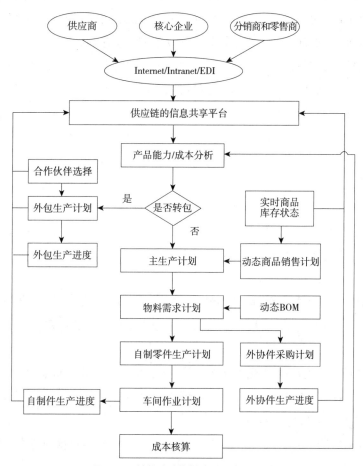

图3-7 精益建造物料计划和控制模型

清单，再根据清单核算出的成本价和到计划完成的成本，核算分项工程或工序的挣值，进行进度与成本分析，真正实现项目的精益建造。

3）与其他行业相比，建造工程具有一个很好的特点是可以自己完成或部分地分包给承包商。承包商把建设进度和施工状况转变为信息共享平台，建设核心企业根据该项目的整体进展情况对承包商进行适当的监督，以确保分包建设任务符合精益建设的总体目标。

总之，该模型将计划的每个环节贯穿建设工程项目的施工过程中，其中各参与方企业的生产计划直接影响到核心企业的施工进展，建筑方企业要根据其他企业的生产供给能力，在保证按计划施工的同时灵活调整项目计划。当用户的需求发生变化时，建设方企业也应把信息通知到其他参与方企业，共同为项目既定目标服务。

3.6.4　加强建筑企业供应链信息化管理

1. 信息共享的必要性

信息共享是施工供应链实现精益的重要条件，在项目管理和决策中发挥着非常重要的作用。实施精益建设供应链中信息共享的必要性主要体现在：

（1）信息共享可以提高建筑供应链的组织集成，包括外部供应链和内部供应链。

（2）各节点企业虽然在地理位置上是分散的，但是在工作目的上是协调的，通过信息共享能够最大限度地消除这种地理位置的区别，实现各节点企业的虚拟化。

（3）有效的控制供应链目标，供应链实施过程中通过信息沟通和组织协调，使各节点企业能够及时控制供应链目标。另外，只有通过信息共享才能使各节点企业及时获得与自己相关的信息，及时开展和调整相关工作，另一方面，通过信息共享能够及时消除矛盾和误解，增强信任，促进合作。

2. 供应链条件下建设工程项目精益建造的信息管理的特点

（1）分布性

供应链中的节点企业是相对独立的个体，他们根据自己的企业的运作控制信息权限，并在保护其自身的权利和利益的基础上与其他节点企业共享信息。因此，从整体角度来看，供应链条件下建设工程项目精益建造的信息管理具有分布性。

（2）群体性

由于在供应链环境下的工程项目的精益建造是一个相互合作的过程，核心企业不仅应考虑自己在建设过程中的利益，而且还有其他企业在供应链中的利益和需求。

（3）动态性

由于建设项目的不确定性和最终用户的不断变化的需求，建设核心企业必须具有一定的灵活性和敏捷性，并根据信息流程的内容及时调整合作伙伴。

3. 精益建筑供应链信息共享模型

为了实现在供应链各方的信息共享和实时交流，提出建立精益供应链综合信息共享模型，如图3-8所示。

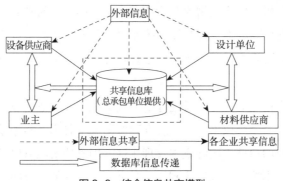

图 3-8 综合信息共享模型

精益施工供应链实现信息共享，总承包商必须建立一个项目信息管理平台担当精益供应链信息共享模型的信息管理中心。总承包商的部门可以使用该平台来开展物资管理和设定材料要求，以实现内部精益化。同时，供应链中的每个节点根据其要求和权限从信息共享平台获取信息，以实现外部精益化。

3.6.5 强化供应链进度、质量和成本的精益化管理

1. 强化进度的精益化管理

为了缩短项目进度的管理时间，在精益思维下，从并行项目和转换时间进行研究。施工供应链中的并发工程最常见的应用是在施工过程中将设计和施工进行整合，使工程项目设计与施工的参与成员集合在一起。设计和施工并行搭接，可以大大缩短项目的开发过程。转化时间是指供应链的过程各工序之间的转化时间。通过精益思想供应链的过程之间的密切联系，可以实现完美的结合，减少了链路之间的转换时间，从而缩短项目的工期。

2. 强化质量的精益化管理

精益建造的思想强调了整个过程质量管理，倡导"三自一控"自律的质量流程管理，即自检、自分、自记和自控活动，从每个企业本身的供应链的角度来看，每个资源接口转移以进行质量检测和控制，形成优异的质量环境，从而控制供应链的质量。精益思想下的质量管理可以用全面质量管理的思想来论述，进行全面质量管理必须要做到"三全"，即：

（1）内容与方法的全面性。它是指工程（产品）质量和工作质量的整体控制。注意使用各种方法和技术，包括科学组织和管理工作、多种专业技术、数学统计、成本分析、售后服务等。

（2）全过程控制。对于建筑供应链而言，从供应链的全过程的各个环节中做到以防为主、防检结合、不断改进，做到一切为用户服务，以达到用户满意的目的。

（3）全员参加的质量管理。即全体人员包括领导人员、工程技术人员、管理人员和工人等都参加质量管理，并对产品质量各负其责。

3. 强化成本的精益化管理

根据精益思想，为了提高工程项目成本管理的有效性，可以从供应链生命周期的角度来

实现物流和价值流量分析。供应链物流是指项目整个过程所需材料和设备的采购、运输、储存、装卸、包装和分配。其成本管理主要是控制每个阶段的成本。价值流管理是指以客户中心的识别价值流，运用拉动式的准时化生产思想实现"零浪费"，专注于在每个阶段改进每个过程。

在精益建造的思想指导下，可以通过施工供应链关键性作业的成本分析，融合相关的精益采购成本、设计成本、生产成本、物流成本和服务成本思想，实现整个供应链成本最低的成本管理新理念，即新的精益供应链成本管理。这一理念的实施可以使施工企业注重整个供应链管理，从传统的成本控制手段转化到"质量良好、成本低、时间快"的系统精益供应链成本管理的新思维中。

第4章 装配式建筑精益建造精益设计管理

4.1 装配式建筑精益建造精益设计的理念

4.1.1 精益设计的内涵

精益设计又称 DFMA（Design for Manufacturing and Assembly，面向制造和装配的设计），其旨在从设计端入手借助 DFA（Design for Assembly，面向装配的设计）及 DFM（Design for Manufacturing，面向制造的设计）两种主要的技术手段，使所需的产品构件使用更少、结构更优化、装配更简单、制造更容易实现，最终达到降低生产成本、提升总体质量的目的。其主要内涵包括以下三点：

1. 有竞争力的设计

在传统的房建工程设计中，对设计团队和人员关于工程设计理念和想法造成最大影响的往往是开发商或企业，而客户和市场的需求往往不会得到较大的重视。而精益化的设计是在统筹客户需求和艺术需要的前提下，设计出为市场所需、有艺术体现的最具产品价值的产品。

过去我们在生产制造环节中讲求质量效能、成本控制，实际上设计过程中也需要追求高质量、高效能、低成本，这就是将"精益"的思想从制造向设计环节的不断延伸，在精益设计的每一个环节、步骤、流程中都尽可能地使用最优的方案，同时又能够在设计活动中对产品设计的流程和状态进行精确控制和优化，实现设计产品价值最高、成本最低的目的，这也就是我们所说的精益设计。

2. 构建设计流水线

精益设计的环节之一就是设计团队追求设计过程的最优化、设计能力的最优化。没有数字化手段时人们的设计活动是种智力随意发挥的劳动，而今信息化应用深入到一定程度，已经从单元工具使用进入集成和协同阶段，数字化网络可以使我们所使用的工具、手段和人的能力配合达到最佳和最优的状态，能够把设计过程的工具、手段、人员通过集成和协同的方式形成一个所谓产品设计的流水线，更多的脑力劳动者可以在一起协同工作，像在生产流水线上一样各司其职，发挥专业作用。

信息化手段和系统是构建一个基于精益设计的流水线的最佳方式，所以精益设计是在信息化支撑下所开展的一种新兴的设计理念和方式。

3. 建成完整的精益企业

实现精益设计，首先要认清一个制造企业设计的基本流程，这要求制造和设计方要对自己的状况、运营环境以及独有的生产特性有非常清楚的了解，然后使得设计人员、设施条件、软件工具、标准数据等有机地结合起来，按照精益设计的思想形成一个企业生产设计的流程，然后为企业提供整个设计能力的最佳配置。

如果企业真正能够把精益运用到制造中、运用到设计中，就应该可以构建一个完全精益化的企业。随着精益思想的推广，以造就"精益企业"为战略来实现在产品整个生命周期的快速响应、减少生产周期和成本等目标，已经越来越为更多的企业所认可。这样的企业可能是最优化的企业，是最具竞争力的企业，而且也是能够为社会创造更多价值的企业。

4.1.2　精益设计的起源

精益设计起源于精益制造理论。精益制造，也称为精益生产，起源于日本丰田公司的生产方式，是通过美国麻省理工学院组织 17 个国家的专家学者，使用将近 5 年的时间，以汽车工业这种开创批量生产方式和精益生产方式的典型工业为例，经过种种理论分析总结得出，是目前世界上最佳的一种生产组织体系和方式。

伴随着精益生产理论的成立与发展，精益生产理论在航空、电子等高技术行业作为新一代工业革命被迅速推广。1996 年，詹姆斯·沃麦克（James Womack）和丹尼尔·琼斯（Daniel Jones）在著名著作《精益思想》中将精益管理的主要原则总结为五个内容：顾客确定价值、识别价值流、价值流动、拉动和尽善尽美，五个原则的最终指向目标是消除浪费和创造价值。

4.1.3　精益设计的目标

精益设计的最终目的是实现浪费最小化和价值最大化，完成设计的最优化。

随着科技的发展，信息化应用深入到方方面面，也和制造业紧密连接，信息化手段和系统是构建一个基于精益设计的流水线的最佳方式，所以在此支持下，精益设计的目标可以归纳为九个字："零库存""高柔性""无缺陷"。下面将详细介绍这三个目标的相关含义。

1. 零库存

零库存的含义是以仓库储存形式的某种或某些种物品的储存数量很低的一个概念，甚至可以为零。当建设方实现零库存时，那么这种模式就会免去仓库存货的一系列问题，比如仓库建设、管理费用，存货维护、保管等费用，存货占用流动资金及库存物的老化、损失、变质等问题。

从库存概念上来理解的话，零库存永远只是各个生产商、代理商的追求，因为严格从操作意义上来说，零库存是不可能真正实现的。但是，通过有效的运作和管理，企业可以最大限度地逼近零库存，在零库存管理系统中，企业生产经营各环节、各生产工序的相互依存性空前增强。

生产零库存在操作层面上，物料（包括原材料、半成品和产成品）在采购、生产、销售等一个或几个经营环节中，都不是以仓库储存的形式而存在，而是处于不断周转的状态，使得每个物料都能够不断使用，不会囤积。假使企业能够在设计和生产各个环节实现零库存或者接近零库存的话，库存管理成本将会不断降低，以及可以有效规避市场的不断变化及产品的更新换代而产生的降价、滞销的风险等，这种模式对企业而言是非常有益的。

2. 高柔性

柔性工作设计的主要特征在于设计工作上的岗位主要由管理岗位和员工岗位组成。其中管理岗位是由两部分组成，一部分是传统工作设计中的以部门为管理对象的管理岗位；另一个是主要以项目、业务为管理对象的管理岗位。这两部分岗位的薪酬分配上都坚持同层次、同待遇的原则。而且这两部分的员工可以互相流动，员工岗位可以流动到两种管理岗位的任何一种，极大地提高员工的工作效率和积极性，能够促进企业的良好发展。

在遵循一定的规则的前提下，这种制度可以允许各个岗位纵横有序地快速流动，不仅使得整个企业组织充满活力、不断优化升级，还能够提高整个设计单位对外界挑战的应对能力，从而保证企业在市场的竞争力。而且管理岗位的流动性增加，能够保证领导层进行必要且及时的新陈代谢，提高了员工之间的工作积极性与主动性。

3. 无缺陷

无缺陷是企业实现精益设计的一种崇高的目标，也是企业的一种理想的境界，接下来从四个方面阐述如何实现无缺陷。

（1）企业在设计时应当明确要求，一个产品从设计输入、生产制造、成品销售到市场及售后的维修保养都必须有明确的要求，装配式建筑构件也是如此。

（2）企业要有能够及时应对问题的措施，做好预防工作。并在之后的设计中及时改正，增加相应的预防措施，尽量降低因设计出错而带来的巨大损失。

（3）设计单位较高的目标就是要一次就能设计完美，当在设计装配式建筑预制构件时，设计工作者设计得很完美时，可以提高设计的效率，节约企业支出的成本，保证预期的目标能够在预期时间内实现。

（4）建立一个科学衡量标准的机制对设计单位很有必要，因为这可以在设计中检验设计的构件是否符合生产需求，可以减少因设计带来的错误，使企业能够减少不必要的支出。

4.1.4　精益设计的意义

精益设计以顾客需求为中心，以最大的限度满足市场需要为宗旨，在最短的时间里提高建筑物的质量。其主要意义有以下几点。

1. 降低产品总成本

设计单位实施精益设计能够降低产品总成本。当在设计中考虑零库存时，第一是物料在各个环节中能够不断周转，这种状态能够节省企业对于物料的储存管理成本，还可以减少对环境的资源过度浪费，使得企业可以将更多的成本投入到员工和企业收益中，实现员工和企业的利益最大化。第二是当物料在不断的周转过程中时，库存中占有的资金也就相应减少，能够加快资金的回笼，优化应收账款和应付账款，有利于企业的良好发展，提高每份资金的盈利能力。

2. 缩短产品开发周期

设计单位实施精益设计能够提升研发设计效率、缩短产品开发周期。通过精益设计，设计单位中的各个设计工作者能够互相流动岗位，当调整到最优的结构时，各个设计工作者的合力也就最大化，这样整个设计工作的效率也就大大提升。各个岗位纵横有序地快速流动，不仅能够使得整个企业组织充满活力和不断优化升级，而且能够增加组织对外界的适应力、应变力，能够提高整个设计单位对外界挑战的应对能力，从而保证企业在市场的竞争力。提高整个设计工作的效率和质量。

3. 提高产品质量，减少返工

设计单位实施精益设计能够提高产品的质量，减少或消除因设计缺陷引发的产品质量问题与潜在产品可靠度问题。精益设计理论提倡高柔性工作设计，所以各个设计工作者能够各自发挥自己的长处，在最擅长的领域参与设计工作，能够使得整个设计流程错误减少或者不出错。精益设计理论的无缺陷特点就是力求在第一次设计中就能够设计完美，这种目标能够提高产品的质量，减少产品质量出错的可能性。当在设计装配式建筑预制构件时，设计工作者设计得很完美时，这就是对社会负责，也可以提高设计的效率，节约企业支出的成本，保证预期的目标能够在预期时间内实现，能够最大化地提高产品的质量，减少产品质量出错的可能性。

4. 提高企业竞争力

设计单位实施精益设计能够提高企业的竞争力。精益设计理论的引入，不仅能够使得整个设计达到高质量、高效能、低成本的目标，在设计的每一个环节、步骤、流程中都尽可能地使用最优的方案，提高整个设计过程的效率，提高产品的整体质量，同时又能够在设计活动中对产品设计的流程和状态进行精确控制和优化，实现设计产品价值最高、成本最低，对整个企业在市场的竞争力有质的提升。这种竞争不仅仅体现在经济实力上，更体现在对环境、员工的关怀上，当实施精益设计理论时，不仅能够留住优秀人才，还能够培养优秀的设计工作者和吸引优秀人才到来，这种集群之策能够一起建设设计企业，也能够大大提升企业在市场的竞争力，使企业在市场能够稳步向前，不断开拓进取，为社会、企业、员工创造更大的价值和益处。

5. 减少资源浪费

纵观整体建筑行业，可以发现精益设计在建筑行业是至关重要的，尤其是装配式建筑领域。由于建筑生产具有建造时间长、投资成本高、受外部环境影响大等特点，建筑生产是一项特殊的生产过程。根据美国《经济学人》的一项调查显示：建筑生产中的返工工作占工序流程的25%~30%，劳动浪费率达30%~60%，材料浪费高于10%。因此，近年来，科研人员为了解决建筑业生产过程中存在的普遍的大量浪费、不合格、失控等偏差现象，将精益思想引进建筑行业，建筑行业也已逐步建立了属于该领域的精益建造思想。与此同时，建筑生产由于具有不确定性和复杂性等特点，这就要求在建筑项目管理中改变传统的房建工程项目管理模式，不断地改进和优化项目管理流程，在确保工程质量合格、工期达标、安全生产的前提条件下，尽可能地降低建造成本，保护当地生态环境，最大程度地提升建筑企业经济效益，提高房建工程项目精益管理水平。

4.2　装配式建筑精益建造精益设计的技术

4.2.1　精益设计技术的发展

1. 提出阶段

精益思想（Lean Thinking）源于 20 世纪 80 年代日本丰田公司发明的精益生产（Lean Manufacturing）方式，后续在制造业中大量推广并应用，即"精益生产（Lean Production）"。精益设计的目的就是使得设计团队追求设计过程的最优化，设计能力的最优化。精益设计只有在对智力产品采取了数字化手段、工具和系统支持以后，才真正使得精益设计的概念能够实现。

2. 完善阶段

精益设计技术是由日本丰田公司提出，但是随着科学技术的发展，新技术也在不断出现，原材料价格也在不断上涨，产品的利润也在不断下降，所以各个公司也希望能够最大程度降低成本。制造领域在此方面已经做了大量工作，现在所面临的问题是如何在产品进入生产环节以前就开始降低成本。所以将技术与精益设计理论结合也就应运而生。

3. 现代理论

进入 21 世纪以来，实现精益的方法、经验日益丰富和成熟，在这期间，数字化技术发展迅速，当数字化技术与精益设计理论结合，也就形成了现代的精益设计技术，这也扩展了精益设计在制造企业中应用的范围，提升了精益设计技术的影响力。

4.2.2　基于 BIM 的精益设计的流程

精益思想的核心就是以越来越少的投入——较少的人力、较少的设备、较短的时间和较小的场地创造出尽可能多的价值。本小节主要介绍 BIM（Building Information Modeling）的精益设计的流程，该流程主要分为四个步骤：第一步是精确地定义价值；第二步是使保留下来的、创造价值的各个步骤流动起来，缩短工期；第三步是使用计算机技术；第四步是详细设计阶段产品成本设计。

1. 产品级目标成本确定

设计企业对于产品级目标成本的确定依赖以下八个方面，主要是用户可以接受的市场价格、企业计划利润、各种税金、营销费用、可变计件成本、开发规划费用、产品生命周期承担的固定费用份额和产品数量。这些基本指标都反映了市场对产品目标成本的影响，在设计过程中可以从这八个方面对产品级目标成本的确定。采用基于互联网的协同设计环境可在概念设计阶段改变了原有的线性设计流程，在并行的情况下进行产品设计，在企业的各个不同功能的小组互相协调作用和反复重叠，因此不难发现目标成本方法在这种集成式设计过程中起到了至关重要的作用，能够快速、高效地确定产品级目标成本。

2. 利用精益设计理念采用价值工程评价与修正

目标成本精益设计是及时制造，消灭故障，消除一切浪费，向零缺陷、零库存进军。在大部分企业中普遍运用价值工程的类型是功能分析，也就是说对所设计的产品的每一主要功能或特征的效用和成本进行评价，这种评价的目的是确定效用与成本之间的平衡点。价值工程由分析与确立两个步骤引导。在分析步骤中，决策与制造专家组调查产品功能价值与评价价值。在研究产品功能特点及成本、价值的基础上确定产品的价值系数，最终评估该设计的产品的可盈利性。

3. 计算机技术的应用

在产品设计方面，计算机技术的应用尤为丰富，设计工作者需要熟练地掌握计算机软件，比如说计算机辅助设计软件（CAD），设计工作者利用 CAD 软件能够在短时间内设计出产品图纸，极大地提升了设计人员的作图效率。国际上的大企业已经开始尝试用计算机进行模拟试验、试做。比如说对某一产品的塑料外壳的抗震性能测试，科研人员从以往对该产品的大量试验获得的数据中处理建立相应的评价模型，然后将这个模型做成评价软件，当此类产品通过 CAD 软件设计出图后，可以使用评价软件来模拟试验评价，在评价合格之前，并不需要制作模具、修改模具等工作，这样就减少了修改模具所耗费的时间及费用。

4. 详细设计阶段产品成本设计

当企业对于所设计产品的产品级目标成本确定之后，在设计部门可根据概念设计确定的方案进行产品详细设计的同时，财务部门需将产品层的目标成本进行分解，建立子件目标成本。这也是一个共同工作的过程，财务部需要使用到设计部门提供的 BOM（物料清单）、工作时间的信息、工艺路线，由此使用作业成本法，就能够科学地进行目标成本分解。主要从以下七个方面进行。

（1）物料清单（Bill of Material，BOM）

BOM 是完整的、正式的、结构化的组成一个产品的部件清单。这项清单包括产品每个部件的物料标号、数量和计量单位。这是自动生产材料成本的关键数据来源，而且这也决定了计算顺序。BOM 可由设计部门创建，财务、生产、储运部门共享，具有唯一的 BOM 编号及用途。

（2）工作中心（Work Center）

在产品级目标成本分解中的工作中心是计算人工成本和制造费用的基础，在工作中心中也定义了与产品成本相关的公式，这是整个设计流程的核心，各个设计工作者应当要提高对这部分的重视度。

（3）工艺路线（Routing）

工艺路线具体阐述了生产一种设计产品所需的每一道工序以及执行这些工序的先后顺序。这包括了每一道工序在哪个工作中心中执行，需要哪些材料部件以及关于这项产品的其余的一些计算生产期、产能和生产成本相关的技术信息。对于提到的每项工序，也都需要定义该工序的作业（Activity）数量。

（4）成本中心（Cost Center）

成本中心是目标成本分解、归集与控制的组织机构，在能明确成本控制责任和方便成本核算原则下，工作中心与成本中心可以是多对一关系或一对一关系。在这一项中，设计企业通过各种 BOM 中物料成本、工艺路线定义的作业与工作中心定义的公式，最后汇总即可得到设计产品的各层级的目标成本。

（5）精益设计（Lean Engineering）的实现

企业的目的是实现精益设计，精益设计又能够为企业带来良好的收益，也能够提高企业的竞争力，企业可以通过"设试、量试阶段解决消除所有缺陷"、主查负责制的项目组织形式、缩短设计周期、品质预测以及计算机技术的应用实现精益设计。

（6）设试、量试阶段解决消除所有缺陷

设计企业的工业产品从设计开发到大批量生产，一般要经过设计试做（简称"设试"）、试量生产（简称"量试"）以及大批量生产（简称"量产"）三个阶段。

在设试、量试、量产阶段，设试的单件损耗虽然很高，但因生产数量极少，总损耗不会太大。在量试开始，产品数量增多，虽然单件产品损耗率比设计试做时少，但总量比设计试做要多，总损耗增加。到大批量生产时，如果产品品质不能稳定，发生因品质问题停线及改造产品等情况，其损失可能巨大。所以将问题解决于批量生产前和大幅度地缩短整个过程时间，保证新设计的产品能高品质、低能耗且快速地推向市场，已成为企业提升竞争力的利器。

（7）缩短设计周期

在企业实施精益设计的过程中，大幅度地缩短设计周期变得越来越重要，而设计周期的缩短主要通过产品模块化设计、并行工程来解决。模块化（Unit）设计也称单元化设计，其中的产品主要是由若干个模块（单元）组成，每个模块（单元）实现产品的一部分机能（功能），所有的模块（单元、组件）组合后实现了产品全部机能（功能）的方式称为模块化设计。在设计过程中，每个模块实现产品所需部分的机能，全部的组合后实现产品的全部机能，而且其中每个单元可以单独互不影响地拆卸，又可以互不影响地升级改造。因此只要某个单元（或若干单元）在性能上有了较大的改进升级，整个设计产品的部分机能也就随之得到改进升级。基于 BIM 的装配式建筑生产流程图如图 4-1 所示。

4.2.3　基于 BIM 技术的精益设计管理

我国传统的建设项目主要是现汇项目，产品的设计、施工分别由一个或者多个设计院和施工单位共同完成，然而在设计和施工单位不可避免会出现一些信息流通不畅的客观问题。在设计和施工中引入 BIM 技术能够很好地解决该问题，能够为产品全生命周期提供数据支持，在建设全过程中为规划、设计、施工、运营维护过程提供统一高效的数据支撑。对于企业而言，这项技术能够有效地减少支出成本，提高整个产品设计生产的效率。下面介绍基于 BIM 技术的精益设计管理流程和意义，让读者能够更加深刻理解精益设计管理。

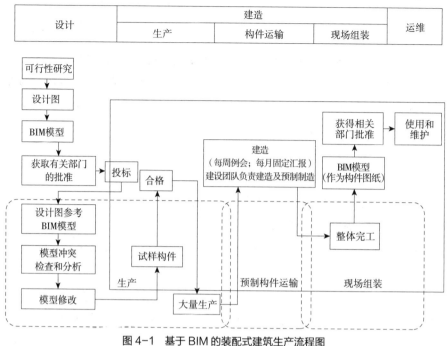

图 4-1　基于 BIM 的装配式建筑生产流程图

　　在整个设计前期模拟之前，BIM 技术将模拟预制装配式建筑构件施工过程以及具体内容，然后通过对施工方案的对比和模拟，就可以快速发现设计中的缺点，在此基础上，利用 BIM 技术为调整方案提供建议，保证设计成效。

　　在动态控制方面，BIM 技术可以控制施工进度，BIM 利用工程项目的设计进度方案与相关的关联情况，便可模拟施工进度，此时的展示具有直观性与准确性，施工过程中可利用上述方案，选择最优的施工工艺。在可持续性方面，BIM 技术可以对装配式预制构件的构架和结构进行模拟。在理念设计环节，建筑设计师便要关注可持续性，以此保证工程项目的综合效益。在空间规划方面，BIM 技术可以全方面地展示构件的尺寸大小、精度，以此保证设计出的产品的合理性和有效性。BIM 技术也可以在成本控制方面起到作用，使用 BIM 技能进行项目本钱的操控办理，能够极好地做到各专业之间的协同合作。

　　在精益设计中应用 BIM 技术是一个质的飞跃，对整个企业和社会都有非常大的好处。第一是 BIM 技术强大的修改图纸功能，在设计中，规划师和施工方可以从电子图中的构造图纸清晰看出整个设计的规划要点，因此许多的时间可以分配到优化施工的工作上。第二是 BIM 技术强大的信息化功能，BIM 技术可以详细地记载整个产品生命周期的数据，不论对于设计方还是施工方还是业主，都可以通过 BIM 技术里的信息存储随时调用，了解产品的状况。第三是 BIM 技术有很强的三维化功能，设计工作者可以通过 BIM 技术完美地体现整个预制构件的立体模型，使其可视化，可以进行整体情况的观察，有利于整体施工质量的提高。

4.3 基于 BIM 的装配式建筑精益建造精益设计的策略

4.3.1 健全 BIM 技术应用规范体系

事实证明，新技术的发展需要通过标准化、制度化的管理和约束才能够蓬勃发展，如果一项新技术缺乏有力的标准体系的规范与协调，那么这项新技术再好也会走向灭亡。当下的 BIM 技术缺乏统一的标准，在市场发展良莠不齐的情况下，各个分块公司协同合作也显得比较困难。因此，现行的市场亟需健全 BIM 技术应用规范体系，BIM 的技术性因素必须通过制度性因素产生作用，制度性因素反过来引导和制约技术性因素。

1. 建立有效评价体系

在规范的建设中，首先就是要建立评价体系，用以评价 BIM 技术在装配式建筑领域的应用成果是否达到效果。因为 BIM 技术是全过程应用的技术，在任何环节都需要评价手段这个有利的工具，缺乏有效的评价手段会使得建筑行业各方和政府都陷于踌躇的境地，评价体系不仅仅是一个标准的问题，还包括评价方法研究、评价标准比选、评价主体参与、评价制度架构等内容。因此在健全 BIM 技术应用规范时应当要考虑这些影响因素，将 BIM 技术放在一个规则的方框内，使得该技术能有组织地应用，使得其和精益设计能够相得益彰。

2. 明确相关公司的规范

规范 BIM 技术相关的公司机构也是应当考虑的一方面，公司机构是 BIM 技术应用的行动主体，而且 BIM 技术作为一种应用价值体现在应用过程和各个角色之间信息交换的技术，也由公司掌控，所以应当规范相关公司在 BIM 技术应用方面的法规。针对 BIM 具体的执行主体设计师，从微观层面深入探究其应用 BIM 的困难与阻碍，探索符合 BIM 模式下的建筑设计流程与应用模式。

4.3.2 加强相关技术人员的培训

当下国内相关技术人员对于 BIM 技术的认知参差不齐，这样不利于整个行业的健康发展，因此，企业很有必要加强相关技术人员的培训，使得企业设计人员能够很好地将 BIM 技术和精益设计理论理解和结合，实现提高设计企业对项目全面精益管理的目的，也能够提高整个设计项目的效率，达到管理精细化、节约成本和缩短工期的目的，提升整个企业的市场竞争力。

1. 树立规范意识

首先要在相关的技术人员心里树立规范意识。BIM 技术也有相关的规范，而相关的技术人员应当熟悉这些规范，能够正确地使用图纸设计及画法，避免出现不符合标准的设计，设计师应当熟悉相关技术的使用标准，在实际设计中能够将 BIM 技术和精益设计完美结合。这需要企业能够积极开展标准化的教育，能够有周期性地向相关技术人员提供最新标准规范。

2. 加强技术培训

其次是对于技术人员的技术培训也不容忽视，相关技术人员应当要紧跟最新技术，能够从最新技术中提取精华，应用到设计产品中。现代社会，高新技术发展更新迅速，在 BIM 技术中，软件也会不断更新，并产生新的软件。所以企业也要督促员工不断地学习，不仅要学习相关技术，还要学习相关理论，为自己的企业培养优秀人才，使得优秀人才不仅能够熟练掌握技术，也能够熟练掌握相关的精益设计理论，提升整个企业的市场竞争力。

3. 增强创新意识

最后是企业要培养相关技术人员的创新意识。创新是一个设计企业能够不断保持活力的重要秘诀，因为这能够给企业带来新的思路，能够使得整个设计企业走在最前沿，因此企业应当加强对相关技术人员的创新意识培训，使得整个企业的员工都可以参与到创新活动中，可以对相关的技术和理论不断地提出问题，找到改进的方法，由此，使得企业整体实力得到提高，并保持在市场前端。

4.3.3 推进标准化设计

任何理论与技术的结合均需要一个合理的评判标准，如果缺少标准，所设计的产品就会秩序混乱。因此，我们提倡推进标准化的设计。

国家应当要制定相关的法律法规，促进整个市场能够都进行标准化设计，建立一个良好的运用 BIM 技术的市场，这样就能够保证整个市场向好发展，能够保证更多的装配式预制构件能够安全放心地使用。而且还要严厉打击一些企业不按标准设计的行为。

设计人员也应当要自觉遵守相关规定，不能为了简单方便而忽视标准化设计，应当要有高度的标准意识，能够对设计出来的装配式预制构件负责，并且能够确保每件产品能够安全使用。设计企业也应当要能够坚持标准化设计，不能为了减少成本而忽视了产品的质量，在管理中，应当在精益设计理论为前提下，督促设计工作者能够按照标准来设计产品，提升产品的质量等级，这样才能营造一个良好的市场环境。

4.3.4 推进协同设计

装配式建筑协同设计团队中，产生冲突的根源在于各专业之间相互独立又相互依存。独立是指每个专业解决的都是建筑设计中不同的问题，相互之间知识结构存在差异；依存是指单个专业的资源与信息处理能力有限，必须通过协同才能实现基于装配式建筑的精益设计。具体原因如下：

（1）专业间知识领域的差异性与不协调性；

（2）涉及信息的缺失与不准确性；

（3）设计流程的失控与不合理性；

（4）施工场地等资源的限制性。

与传统设计方式相比，工业化生产方式下的项目设计需要协同的专业和环节众多，难度系数更大，对建造的成本控制要求更加严格。为满足多重要求和目标，使用基于 BIM 技术的设计方式能够很好地发挥其独特优势，完成多任务协同。传统设计与基于 BIM 协同设计的对比分析如图 4-2 所示。

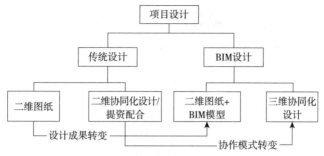

图 4-2 传统设计与基于 BIM 协同设计

·BIM 技术协同设计模式通过统筹考虑项目设计、制造和施工安装过程的各种要求，在统一的云端集成平台上，使得建筑设计师、结构设计师和预制构件供应商可以同时利用该平台进行信息交流，并可利用 BIM 建模软件将建筑构件模型参数化、可视化，然后根据当前设计预先进行生产和施工安装的操作模拟、碰撞检测，提前发现问题，并对问题部位的构件进行协调处理或优化施工。

此外，BIM 环境下，若在检测过程中出现冲突，即可进行协同优化，以实现项目部品构件的设计、工厂生产制造和现场安装的高效协调，同时专业的绿色建筑工程师可以对设计出的构件过程进行咨询，达到绿色建筑的目标。

然而，错误的设计信息将会导致部品构件的生产难以符合要求，在生产和装配阶段带来大量问题，有时需要进行设计返工，既降低了设计效率，又拖长了建筑开发周期。通过信息通信技术不仅可以提高效率并加强供应链参与者之间的合作，还可以加强建筑的精益建设。

尽管如此，技术挑战仍然存在。挑战通常可以分为三个方面：

（1）由"虚拟 BIM"引起的利益相关者、技术和流程之间的信息差距；

（2）由于"盲目的 BIM"，缺乏实时信息的可见性和可追溯性；

（3）不同利益相关者及其异构企业信息系统之间缺乏信息互操作性，从而造成了"新信息孤岛"。

这些问题可以通过开发支持 RFID 的 BIM 平台来解决，设想中的 RFID 启用 BIM 平台可用于通过实时可见性和可追溯性来可视化和管理信息和材料流。预制构件中嵌入的 RFID 标签可以将所有不同的工作流程链接在一起，实现集成协同，借助支持 RFID 的 BIM 平台，BIM 技术的应用从此可以扩展到施工和运营阶段。需要注意的是，假设启用 RFID 的 BIM 平台将收集不同流程相关的实时数据。基于 BIM 的 3D 协同设计过程如图 4-3 所示。

基于 BIM 技术的整个设计阶段内，所有的设计载体都是 BIM 模型，不同专业和不同设计阶段的边界都将模糊。这种基于 BIM 的协同流程转变与优化，不仅解决了流程冲突，与传统模式相比，还做到了以下三个方面的优化：

（1）工作流程的优化：与传统方式相比，项目各参与方介入时间提前，合理缩短了整个工业化住宅项目周期。在每个设计阶段，工作任务相对前置，设计工作的内容更为深化，涵盖了某些以往在其后续阶段的工作内容。设计人员可提早进行必要的相关分析和检测，从而

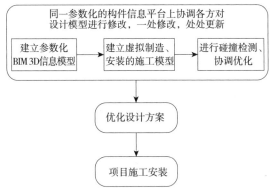

图 4-3　基于 BIM 的 3D 协同设计过程

减少设计错误，降低纠错成本。设计校审过程也将传统的二维校审转变为基于 BIM 模型的三维校审，由阶段性的校审转变为实时模型审查并结合阶段性校审的工作模式。

（2）数据流转的优化：实现了并行的协同工作模式——专业内部甚至各专业间在同一个数据模型上完成各自的工作，并可相互直接参照，实现了专业内及专业间的实时数据共享。通过各专业数据模型的链接和整合，在设计过程中就可以随时完成协调过程，将很多设计冲突在设计过程中予以避免或进行解决，再辅以阶段性总体综合协调环节，从而实现了专业间更理想的综合协调效果。

（3）工作效果的优化：提升了工作效率，特别是在方案设计阶段更为明显，设计人员可以将更多的精力专注于设计创意，二维图纸均可通过 BIM 模型自动生成。另外，在 BIM 模式下得以更多地发现和解决传统模式下的"错、漏、碰、缺"问题，由此带来设计内容的增多和设计质量的提升。

4.3.5　强化可视化设计应用

BIM 作为一项新兴的信息化技术已经成为实现建筑企业生产管理标准化信息化以及建筑产业化的重要技术基础，国家层面的重视程度也在不断提升，精益建造（Lean Construction）自 1993 年被引进建筑业逐步为业内人士所接受，近年来，越来越多企业将管理视角转向精益建造，旨在以精细化管理减少浪费、增加效益并创造价值。而 BIM 技术能够强化可视化设计应用，在一定程度上能够使得整个产品完完整整地展现在设计者面前，能够减少错误的发生。

在设计工作中，当产品以三维状态的形式展现在设计工作者面前时，能够有效解决理解不到位的问题，同时提高设计工作的效率，帮助企业达到精益设计的目的，而且可视化的产品模拟可以随着 BIM 设计模拟的改变而不断改变。基于 BIM 的可视化应用可以体现在以下方面：

（1）建立建筑 BIM 模型，并进行项目整体及局部的风环境分析、建筑内部日照采光分析、住宅室内通风分析以及项目整体能耗经济指标分析等建筑性能初步及深化分析。

（2）基于 BIM 模型进行建筑、结构、机电等多专业的碰撞检查、管线避让等，进行不同节点预制部品及构件的连接部位检查、钢筋定位等。

（3）基于 BIM 模型数据库和云处理平台，实时提供不同时间节点、空间状态的项目工程量、成本造价等信息报表，如各类预制构件的混凝土种类和尺寸、门窗、外墙等部品的尺寸数量等，可辅助项目分析人员进行准确、快速的经济、环境指标测算和分析。

（4）深化二维状态，通过构件设计的三维性可以获得建筑设计时规定的各种预制外墙、预制楼板、预制楼梯等预制构件的所有数据信息。同时完成建筑相关部品或构件的平面图、立面图和剖面图等的创建。

（5）利用 BIM 的渲染、动画漫游等功能进行装修模型体系的构建，根据不同的装修方案为客户提供多种可变的装修套餐形式，尤其是在当前流行的保障性住房项目中，这样不仅能够把设计师的创意真实地呈现给用户，同时实现了设计方和用户之间的及时沟通和互动。

4.3.6　注重设计阶段的性能化分析

在了解装配式建筑精益设计理念后，为使生产成本更低，产品质量更高，我们也要掌握装配式建筑精益建造精益设计的技术，并且不断将精益设计的技术进行优化，以达到最优状态。这也就要求我们在设计阶段能够在 BIM 技术平台了解产品的不足和改进的方法，每个设计工作者应当注重通过平台提供的数据，对产品提出有价值的建议，这样就会提高整个设计工作的效率。

在直观的可视化模型下，传统设计工作中产品最容易忽略的问题能够直观地暴露在设计工作者面前，这样设计工作者就能够解决这些问题，并且能够对设计阶段的产品进行优化，减少材料浪费，在设计阶段就能够把施工阶段可能面临的问题解决，为整个项目节约支出，达到精益设计的目的。

在精益设计理论前提下，设计工作者使用 BIM 技术设计装配式预制构件，在设计阶段对产品进行性能化的分析和优化，这样能在较大程度上实现企业的利润最大化，能最大限度达到精益建造的目标，也就是零浪费、零库存、零转换浪费、零不良、零故障、零伤害、零停滞。能够在较短的时间内最大限度地满足市场对产品的质量要求和提高构件的质量。

由此，设计阶段装配式建筑主要需完成以下三点的核心工作：

（1）装配式建筑 IPD（集成产品开发，Integrated Product Development）团队基于 BIM 的协同工作平台；

（2）完善设计专业基于 BIM 模型的协同设计；

（3）系统化基于 BIM 的工业化住宅部品的协同设计与制造方法。

4.3.7　BIM 软件问题

BIM 软件在专业上分类较细，且专业之间功能差别较大，许多软件只单纯针对某一具体功能设计构建，使得整个设计流程割裂严重（以建筑类软件为例，只能解决建筑建模相关的问题，而机电和结构方面的问题无法得到有效处理），缺少针对整个周期协同设计的 BIM 软件。面向装配式住宅协同设计的 BIM 技术涉及多个专业领域的综合应用，其实现方式必然是多种软件工具相互配合、相互依托的结果。通过对 BIM 软件的整体研究，提出以下三种方案实现软件之间的有机结合。

（1）选择基于装配式建筑协同设计的平台型软件。例如，可选择在建筑全生命周期各个阶段的专业软件均表现较优秀的公司，选择同公司同平台的一系列软件，可以避免兼容性问题，相互之间协同方便，更有利于进行建筑全生命周期的设计、施工与运维。

（2）搭建基于 BIM 平台的装配式协同设计解决方案的整体框架。在开始项目前，理清各阶段所需的软件，并梳理清楚各软件之间是否可以进行数据沟通，如何进行衔接；并在此基础上，完善软件应用方案，做出流程图以指导具体的设计过程。

（3）开发针对装配式建筑全生命周期协同设计的平台型软件。通过构建平台选择合适的 BIM 软件，实现整个建筑开发周期设计的无缝衔接，以此提高装配式建筑协同设计的效率。

上述三个方案作为解决方案回应具体问题，同时也是装配式建筑协同设计今后在软件方面需要进一步解决的难点与重点。

第5章 装配式建筑精益建造精益生产管理

5.1 装配式建筑精益建造精益生产管理理念

5.1.1 自动化加工

1. 装配式建筑精益生产自动化加工管理的内涵

自动化加工（Automatic Processing）是指各种机器器械、机械设备、生产系统或者过程（生产过程、管理过程）在没有人或者较少人的直接参与下，按照设定的要求，对物体进行自动检测、收集信息，并进行判断和分析，在既定的操作和控制下，实现预期目标的过程。自动化技术能代替人的各种肢体活动，能更加高效快捷地实现各种重复劳动，且专注力始终保持集中，极大地提高了劳动生产率和产品的良品率。

从根本上讲，装配式建筑由结构系统、外围护系统、内装系统、设备与管线系统四大系统集成，不同于传统现浇结构，装配式建筑强调的是"装配"的概念。而装配式建筑加上精益建造理念，强调针对系统的各个细节进行严格把控，能够精细控制智能的模块化处理的自动化加工，能够为装配式建筑精益建造精益生产赋能。

国内装配式建筑的精益建造离不开精益的自动化加工生产，装配式建筑的好坏，直接取决于各种组成的构配件的精细程度和良品程度，自动化加工能够长期保持高质量的作业，能够满足其组成构件的模块化、标准化需求。同时，自动化加工的智能化、信息化也有利于精细化管理对生产各过程各环节进行管理，使其能在规定的条件下顺利有效地运行，也有利于对生产过程进行全局规划，实施设计生产一体化。

2. 装配式建筑精益生产自动化加工管理的特点

（1）设计、生产高度融合

在构配件的整个生产过程中，通过优化设计，对构件进行深化拆分、运输现场、生产加工、吊装组装（利用三维识别控制吊点），在设计规划阶段就对这些问题和结果进行预测和模拟分析，通过构筑这些构配件结构的 BIM 模型数据，将其直接导入自动化生产系统平台进行生产，大大地提高了生产效率。

（2）动态控制

通过信息化、智能化的系统对自动化加工过程进行实时监控和动态分析，获得实时的加工数据，并适度进行生产调整。对质量进行严格把控，提高产品质量，节约材料，灵活远程操控。

（3）简单高效

自动化加工相较于现场浇筑作业更简单，更易于管理，并且生产相较于人工速度更快，产品质量更高，能够大幅减少时间成本和人力成本，用较少的时间生产更多的构配件，标准化的生产还能减少因人工作业的不确定性而造成的材料浪费，节约了资金成本。

3. 装配式建筑精益生产自动化加工的优势和效益

近年来，建筑信息模型（BIM）技术和精益建造思想在建筑项目中广泛应用，为建筑行业提供了高效的信息化技术手段以及先进的建造管理理念，提高了行业生产效率及项目管理水平，正是建筑业转型发展的好时机。相较于传统的现场作业，装配式建筑精益建造精益生产管理运用 BIM 技术强化了项目的流程管理，有助于实现精益建造原则下的远大目标，自动化加工建造效率高，若设计合理，生产资源消耗相对较小，建筑垃圾可实现零排放，建筑质量有保障。

（1）经济效益

将自动化加工生产的构件应用于建筑项目中，使用高精度全信息生产，用 BIM 模型进行自动化生产装配式构件，以达到降低人工成本投入，提高产品质量的目的。实现更高标准的构件安全，通过有效的创新性综合协调，大大提高了工艺的生产效率和质量，极大地降低了生产的时间成本。由于构件标准化程度高，可实现共模生产工艺或组立模生产工艺，减少模具生产成本，提高企业利润。

（2）社会效益

自动化加工技术有效地节约了装配式构件的生产建造时间，能够大幅度提高其生产效率。对解决现有产品生产质量参差不齐、施工质量时好时坏的问题有极大帮助，对提升装配式建筑精益建造精益生产管理的形象，缩短装配式建筑生产和施工工期具有重要经济和社会意义。精益构造图如图 5-1 所示。

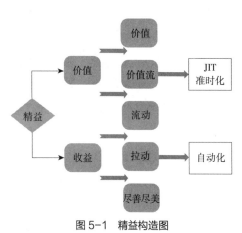

图 5-1　精益构造图

5.1.2　拉动式生产

1. 装配式建筑精益生产拉动式生产的内涵

（1）拉动式生产的定义

拉动式生产是日本丰田公司精益生产模式两大支柱之一"准时生产（Just in Time）"得以实现的技术承载。拉动是下游程序（与顾客最为接近）只从上游程序（与供货商最接近）提取所需要的货物或制成品，且只有在有所需要的时候，仅仅提取相应所需要的数量。拉动式生产就是拉动式生产驱动，产品的生产完全由市场需求决定，每一道工序的生产都会对原材料的供应或者上一道工序的产品需求起到拉动作用，进而形成拉动前一道工序的指令。

就像红绿灯路口和成排成队的汽车组成的系统，红灯亮着时，汽车在路口前排队等候；当绿灯亮起，第一辆车率先启动并驶过路口，这是在绿灯的作用下拉动的第一辆车；而当第一辆车启动后，第二辆车也会在第一辆车启动后启动，进而第一辆车又拉动第二辆车；以此类推，第 N 辆车会拉动第 N+1 辆车。当然大多数生产并不是（汽车过红绿灯）这一个工序，而是很多工序串联，并联交集而成的组合，那么只需要在每一道工序重复这套体系，实现后面的一道工序对前面的一道工序的拉动即可。

（2）拉动式与推动式的区别

推动式生产（Push Production），前一道工序的作业将零件生产出来"推给"后一道工序作业加工，每一道工序都根据既定的生产计划，尽其所能地生产产品，以求高效快捷地完成生产任务，不管下一道工序当时是否有产量需求，都会进行逐步推进。传统的生产系统一般为推动式生产，就像多米诺骨牌，当第一张骨牌倒下后，就会对第二张骨牌起到推动作用，以此类推，直到最后一张骨牌倒下才会停止。推动式生产也因其特性，每一道工序的需求和生产所需时间不同，造成物品的堆积。

与推动式生产相对应的是拉动式生产，而在拉动式生产中，是后一道工序作业根据需要加工多少产品，要求前一道工序作业制造正好需要的零件。"看板"就是在各道工序作业之间进行传递这种需求信息、运营这种系统的工具。

（3）拉动式计划

拉动式计划是精益建造精益生产管理中最后计划者理论的集中展现。由于拉动式计划为整个项目的工序生产进度控制设置了一系列的生产目标任务，因此在一定程度上为生产一定数量和高质量的构件供应提供了保障。在构件和配件生产进度控制管理过程中，可视化管理可以作为拉动式计划驱动手段，使得装配式建筑建造过程中的生产进度控制任务的制订得到了设计生产一体化的实现，在项目层面上实现生产效率最大化和最大化的绩效。拉动式计划工序图如图 5-2 所示。

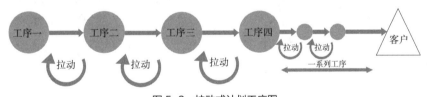

图 5-2　拉动式计划工序图

2. 装配式建筑精益生产拉动式生产的特点

（1）杜绝资源浪费，避免过量生产

拉动式生产强调下游工序的需求对上游工序的需求起拉动作用，在拉动过程当中下游工序从上游工序提取制成品时只提取当时生产所需要的制成品。利用拉动式生产体系的七大支撑：生产的快速转换与维护体系、精益品质保证与防错自动化体系、柔性化生产体系、均衡和同步化体系、现场作业 IE（工业工程）研究体系、生产设计与高效物流体系、产品开发设计体系，实现对七个零的极限目标：零切换调整、零库存、零浪费、零不良生产、零装备故障、零生产停滞、零安全事故。所以在这个过程当中，"拉动"极大地限制了在制品的生产，限制了产品进行过量的加工，能够很好地解决推动式生产所带来的复杂的现场物料管理问题，从而让整个生产流程当中搬运、仓储、过时产品、修理、返工、设备、设施、多余存货（包括正在加工的产品及成品）的各项浪费大大降低。

（2）缩短生产周期，降低运作成本

拉动式生产中，后一道工序拿走了前一道工序的构配件，前一道工序才生产、对构配件进行补充，因为很好地解决了过去施工中因为各种材料物料的存储不当引起的复杂的现场物料堆积管理问题，减少了各种浪费，从而降低了生产成本和管理成本；而倡导可视化管理一切资源拉动式生产，能更加轻松地管理与平衡物流，缩短从投产和产品交付的整个生产周期，运用信息化的管理手段，能够实现迅速、准确、精准的管理，极大地缩短了装配式建筑组成构件和配件生产的周期。

5.1.3　均衡化生产

1. 装配式建筑精益生产均衡化生产的内涵

所谓生产均衡化，也叫平准化生产，是准时化生产（JIT）的前提，即各种产品零件构配件的生产节拍与对应产品的平均销售节拍一致，是消除过程积压和价值流停滞的有效工具。采用均衡化意味着最终产品的供货与客户的需求相适应，同时从顾客的需求开始对生产进行拉动，总装配线在向前加工工序领取零部件时应均衡地使用各种零部件，生产各种产品。为此，在制定生产计划时就必须对生产的均衡化加以考虑，然后将其体现于产品生产顺序计划之中。

（瓶颈管理 TOC）技术是实现均衡生产的最有效技术，TOC 的核心就是识别生产流程的瓶颈并解除，做到工序产能与客户需求相匹配，提升整个生产流程的产能。

均衡生产是拉动式生产的前提。准时化生产方式通过看板管理，以"拉动方式"由最后一道工序逐层控制全线流程的产品生产，从而制止过量生产，消除浪费，提高了企业生产的工作效率。但是，市场需求变幻莫测，使得企业生产线已经不能再局限于大量地制造单一品种或特定品种了。取而代之的是，生产线必须每天同时生产各式各样的产品，以适应各式各样的顾客需求。

均衡化生产包括三个内容，即数量均衡、品种均衡、混合装配。

（1）数量均衡

数量均衡即产品每日的生产量保持相对稳定，不出现较大的波动。如果下游工序短期内在时间上和数量上毫无规律地大量向上游工序领取零部件和材料，那么上游工序就势必要在加工能力（人员人力、设备器械）方面保持足够的量，这样，才能配合负荷高峰的加工能力，在生产负荷低落时，这些增加的生产能力就会被闲置，造成人力资源、时间资源、财力资源的浪费。而看板管理成功的关键就在于生产的均衡化，即下游工序必须每天在规定的时间间隔内向上游工序领取对应数量的零部件，产品的产量在规定的时间间隔内也要保持稳定和统一。

（2）品种均衡

仅有产品数量方面的均衡化是不够的，因为市场需求是丰富多样的，所以生产必须要满足多样性的市场需求。在规定的时间间隔内各种品种的产品产出比例（产出数量比例）要保持稳定和统一。

（3）混合装配

就是按照产品数量均衡和产品品种均衡的要求，依据生产日程安排或规划，总装配线混合装配生产日程安排所确定的各种产品。产品数量与组合的顺序（包括混合生产），在规定的时间间隔内要保持稳定和统一。混合组装表详见表 5-1。

混合组装表

表 5-1

型号	月必须生产数量	平均日生产数量
A	300	10
B	600	20
C	900	30

2. 装配式建筑精益生产均衡化生产的优点

（1）库存减少，使用量稳定

实施生产均衡化，装配式建筑企业可以使构件生产使用量保持相对稳定，员工、车间器械设备运作相对稳定。生产均衡化是一种追求零库存，最大限度降低生产成本的生产方式。通过生产均衡化，让每一个循环内产品的类别和数量基本保持一致，产品生产组装线上的零部件种类和数量也维持相同水平。

（2）均衡化生产能满足绝大部分客户的需求

实现均衡化生产，就要制定均衡化的生产日程表。均衡生产的日程表是根据主要客户对企业生产的主要产品的需求制作出来的。通常是以产品高峰需求时段的需求量的 80% 作为平均需求量，这样能满足绝大部分客户的需求。

（3）应变市场变化的能力提高

由于市场需求总是瞬息万变，对于企业来说，生产最为重要的是针对市场变化的应对能力。只要接到项目生产订单，就根据订单订货量安排均衡生产，生产计划随时都可以以为订单进行变化，让企业应对市场变化更加游刃有余，一般都是以"生产多少，运走多少"为衡量的标准。

5.1.4　连续流生产

1. 装配式建筑精益生产连续流生产的内涵

（1）装配式建筑精益生产连续流生产的定义

连续流（Continuous Flow）是指生产线上的物料保持持续的、连续的流动。

"连续流"所达到的最高境界是"一件流"，即中间在制品（WIP）只有 1 件。一件流才能叫真正的连续流，试想批量大于 1 的话，必然会有零件在等待转运；中间在制品越多，说明生产线平衡率越低，从而会导致由于某些上游工序操作难度大，耗时长而造成下游的工序操作工、器械设备的等待而产生浪费，也会将生产线的一些问题掩盖起来而无法发现，所以，在精益生产中，要尽可能地实现"一件流"生产。

另外一个概念叫流程化，即尽量减少中间的停滞，因为停滞就是不增值的，精益将其视为浪费。

连续流生产的关键是要在生产线上实现畅通无阻。流水线是最原始的连续流，而U形生产能够延长生产流水线而减少空间，又能缩短操作工移动时间，是连续流增产的另一范例。单件流则是连续流的最高境界，即"一件流"，能够最大程度地提高生产效率。并且，真正的连续流不需要看板，因为是单件产品的物料流动，产品生产将会无比顺滑而进行简单的重复操作。连续流生产流程图如图5-3所示。

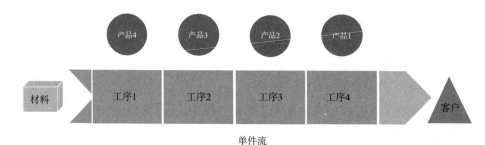

单件流

图5-3　连续流生产流程图

（2）装配式建筑精益生产连续流生产的目的

1）为了改变传统建筑业往往不考虑实际情况而进行的大批量的生产运输，造成的各种产品材料堆砌又遇项目各种因素停滞，造成库存量大，废弃物排放量大，又产生巨大浪费的情况。

2）为了减少传统建筑业对构件配件，施工材料运用批量生产中存在的巨大浪费。

2. 装配式建筑精益生产连续流生产的优点

（1）提高生产率，降低WIP

利用装配式建筑精益生产连续流生产，使生产线上的物料保持连续流动，能让企业生产在应对市场价格需求变化更加具有弹性，提高员工人均生产率，提高单位时间生产产品的效率，同时避免了大批量生产所带来的产品质量问题，生产小批量而精致的产品更能满足客户的需求。

（2）缩短交货周期，避免过量生产

实施连续流生产，由于单一流水生产线上的在制品品类也单一，提高了生产效率，进而能够在相同交货量的情况下，缩短生产时间，从而缩短交货的周期。减少Lead Time（交货时间），使装配式建筑构件、配件生产更加快捷便利。同时减少部件的搬运，减轻库存压力，进而减少材料和产品的浪费。

（3）缩短工序间的距离，减少走动的浪费

连续流生产中运用流水线生产，特别是 U 形生产，能够缩小工序间的距离，减少操作工在生产流水中的移动和工序间的交流，也可缩小生产物料在整个生产程序中的移动距离，减少了因走动而造成的时间浪费。

（4）生产问题的解决

连续流生产在流水上进行小批量和单一产品生产，能够更加合理而专注地进行管理和数据分析整合，每一处细节都将暴露出来，非常利于发现，及时进行解决。产品的质量也更加的有保障。

5.1.5　准时化生产

1. 装配式建筑精益生产准时化生产的内涵

（1）装配式建筑精益生产准时化生产的定义

准时化生产，又译准时生产制度，简称 JIT 系统。它包括经营理念、生产组织、物流控制、质量管理、成本控制、库存管理、现场管理在内的完整的管理技术与方法体系。其实质是保持物质流和信息流在生产中的同步，实现以对的数量的物料在对的时间里进入对的地方，进行对的生产和加工。

准时化生产，是精益生产方式的核心和支柱。通过对生产过程中人力资源、机器设备、生产材料等投入要素进行有效的使用，消除各种无效劳动和浪费，以求需要的时间地点生产出需要的数量的高质量产品，从而实现以最少的投入得到最大产出的目的。

准时化生产强调"非常准时"和"按需要生产"，它要求生产过程中各个环节都要掐准时间，各环节的衔接还需要准时化。通过对生产流程的物流和信息流的改善，准时化生产才得以实现。

（2）装配式建筑精益生产准时化生产的基本要求

1）适时适量生产，客户需求量决定生产节拍；

2）看板管理，拉动式生产，后工序提取前工序的零件；

3）产品标准化，小批量同步化生产。

（3）装配式建筑精益生产准时化生产的目的

消除浪费是准时化生产的起点。准时化生产是在对的时间、对的地点，用对的东西做对的事情，要达成以下目标：

1）废品量最低（零不良）；

2）库存量最低（零库存）；

3）准备时间最短（零切换）；

4）生产提前期最短（零停滞）；

5）搬运量低（零搬运）；

6）机器损坏低（零故障）；

7）事故降低（零事故）。

2. 装配式建筑精益生产准时化生产的实施

（1）工作标准化

1）通过充分的市场调研和产品调研，制定令市场和客户满意的产品和生产标准，在竞争中抢占市场份额。

2）在市场调研做好产品标准的制定后，建立一套以产品标准为核心的行之有效的标准体系。以保证产品质量的稳定，有利于生产率的提高。

3）制定多种标准化形式，并进行巧妙地应用以支持产品开发，提高企业对市场变化的应对能力。

（2）看板管理

建筑项目的主生产计划确定好后，向各个构配件生产车间下达生产指令，再由车间向其各个工序下达生产指令，最后再向库存管理部门、材料采购部门下达指令。

（3）全面质量管理

推行 PDCA 循环工作方法，即按照 P（Plan，计划）、D（Do，执行）、C（Check，检查）、A（Act，处理）四个阶段顺序循环管理工作，按照计划对产品生产进行合理执行，执行生产加工后要对质量结果进行检查，再对其结果进行最终处理，质量符合标准则生产完成，不符合则重新进入循环，如此不断地对质量进行严格把控。

加强 4M 管理，即人（Man）、设备（Machine）、材料（Material）、方法（Method）。无论是设备的操作、检修、保养还是材料物料的收购、运输、验收把关以及生产作业方法的遵守和改进，都离不开工人的智慧和积极性；设备需要运转正常，管理得道，避免不合适的过载运转；材料的采购要合理合规，对质量进行严格把控，是产品质量保障的根本，不得将就和敷衍；方法也要遵从人的意志和机器的能力，要标准化、可视化和简单化。

（4）均衡化生产

均衡化生产就是使工厂的生产任务尽可能地做到时间上、数量上的均衡，使工厂市场保持相对同步；要求物流的运动完全与市场需求变动同步，即从采购材料、加工生产到运输发货各个阶段的任何一个环节都均匀合理，与市场需求相对应，均衡地使用各种生产所需零部件，混合生产对应比例数量的各种产品，让企业按照市场需求情况，每天均衡地准时生产出各种产品，准时而高效。

5.1.6 工厂化管理

1. 装配式建筑精益生产工厂化管理的内涵

过去传统的建筑业多是现场作业，而装配式建筑则是追求工厂化生产，在 BIM 信息化模型下，将各结构进行分段式设计、拆分，在工厂里生产各种组件、构件，再运输到施工现场组装装配。

工厂精细化管理是相对粗放型管理而言的。粗放型管理是一种流于形式，停于表面，不计成本，只要大概过得去的管理形式。而工厂精细化管理强调在工厂管理的全过程都要全方位注意针对细节进行精准的观察和把握，精益求精，关注细节、追求最佳，要求不断完善工厂的生产工艺与管理流程，杜绝时间浪费，降低生产成本，提高生产效率，实现企业利润的稳定增长和利益最大化。

解读工厂精细化管理：

（1）精：精益求精，强调工匠精神；

（2）细：细化分解，强调求实精神；

（3）化：行标准化，强调统一精神；

（4）管：管人管事，强调切实精神；

（5）理：于情于理，强调较真精神。

2. 装配式建筑精益生产工厂化管理的原则

（1）数据化原则；

（2）不断改进和完善管理流程；

（3）以人为核心；

（4）创新。

5.2 装配式建筑精益建造精益生产工艺类型

自2016年国务院办公厅颁布《关于大力发展装配式建筑的指导意见》（国办发〔2016〕71号）以来，我国一直在大力支持发展装配式建筑。建筑产业现代化进程在我国逐步推进，装配式建筑发展速度逐渐迅猛，作为采用预制部件部品在工地直接装配而成的建筑，各类预制混凝土（Precast Concrete）构件（以下简称：PC构件）也得到同步发展，PC构件的生产过程也逐步成为业内关注的焦点，生产线及其生产组织形式的发展水平与PC构件的生产质量、生产效率及综合效益密不可分。预制构件生产线作为装配式建筑产业中重要的一环，其规划和建设尤其重要。接下来将介绍几种主流PC构件的生产线。

5.2.1 柔性流水生产线

5.2.1.1 柔性流水生产线概述

柔性流水生产线的基本组成部分有：加工系统、物流系统、信息系统、软件系统。这是以成组技术为工艺基础，根据成组的不同的加工构件确定不同的工艺过程，设计合理的生产线布局、物流运输模式以及配套的生产设备。在生产过程中统一由计算机进行控制，实现生产线自动调整以及混凝土预制构件的批量高效生产，以及时地满足市场需求。

柔性生产线是一种高度自动化、技术复杂的系统，它结合了计算机、微电子学和系统工程等技术，提高了设备利用率，大量减少了在制品的数量，生产能力也相对更加稳定，提高产品质量，增强了产品的应变能力。将信息化技术引入构件生产过程中，实现了生产流程科学化、生产组织信息化、质量管理规范化。柔性流水生产线示例如图5-4所示。

5.2.1.2 柔性流水生产线构成

柔性流水生产线的基本思路是将无法进入连续流水节拍的人工作业工序从构件生产流程中分解出来，成为独立的工作区域，待构件在工作区域中完成工序后通过物流系统加入生产线中，后续需利用设备作业的工序依旧采用流水作业的方式，从而不影响生产效率。即柔性流水生产线从布局上来看可分为三个区域：

（1）柔性作业区：在这个区域中各工位都是独立的工作区域，不受流水节拍的限制，每个工位可以独自完成所有作业，也可以自由组织作业；

（2）中央运输车运行区：该区域是连接柔性作业区和流水作业区的中间区域，起着运输构件的作用；

（3）流水作业区：在这个区域的工位基本上是由工艺设备完成，人工基本不干预，作业模式为流水作业。

柔性流水生产线布置图如图5-5所示。

图5-4 柔性流水生产线（上海某建筑构件产业化基地）

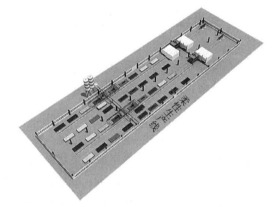

图5-5 生产线布置图

因为柔性作业区的存在，使得整个生产线可以根据场地的实际情况灵活布置，能够有多种变型，构件设计的弹性更大，能够生产更加多样的PC构件类型。

5.2.1.3 柔性流水生产线的优点

根据柔性流水生产线的构成可知，其中心思想是将效率较低且需人工作业的工序从整个流程中剥离出来，独立为单独的工作区，待该工序完成后加入生产线中，从而达到不占用生产线循环时间的目的。柔性流水生产线相比其他生产方式具有以下优点。

（1）柔性流水生产线能够充分发挥工人与设备的最大效益。传统的环形流水生产线为了匹配节拍需要增加瓶颈工位的数量，拉长整体的生产线；若车间的空间较小时，则只能通过降低产能、延长节拍来解决该问题。而柔性流水生产线将人与设备分离开，针对性地增多重点工位数量，并且高效率地利用设备，从而解决该问题甚至增加更多的产能。

（2）柔性流水生产线中的各工位相互影响程度较小。在构件加工生产过程中，各工位所需的时间不同，若出现一台模台效率较低或出现故障需要暂停维修，则在传统的环形流水生产线中便会出现"快等慢"的现象，甚至整条生产线都要暂停，影响生产效率，并造成不必要的成本。而柔性流水生产线可以将效率低的模台或者出现故障的模台转移到独立工位上，不影响其他模台的运行，从而使得生产线不受影响。

（3）柔性流水生产线生产率高，能够大批量地生产。因为在加工生产工序中，仍然保留了流水化生产的特点，所有柔性流水生产线依旧保留流水化生产方式的优势。同时生产线整体受计算机控制，在采用信息化技术的情况下，生产线的生产效率也有一定程度的提高。

（4）柔性流水生产线能够生产多种多样的构件。由于柔性流水生产线中存在灵活多变的柔性作业区，生产调度较为灵活，能够适应各种构件的生产需求。

5.2.1.4 柔性流水生产线的应用

使用柔性流水生产线生产的 PC 构件精度高，自动化程度高，生产效率高，通过计算机设备来控制工序、保证产品质量，从而大大减少了人为因素的影响，使得产品的质量更稳定。

目前，国内的多个项目已经实际应用了柔性流水生产线，特别是在一些面积偏小的厂房但又需要多种产品构件同时生产的项目，取得了良好的应用效果。

据 A 公司披露，该公司柔性生产线设计产能每天为 100m³，全年生产 300 天，每条生产线的年产能约为 3 万 m³。B 公司工厂共有 8 条生产线，其中 2 条为柔性生产线，5 条固定生产线，1 条钢筋加工线，年设计产能为 12 万 m³，假设柔性生产线设计产能与 A 公司相同，那么固定生产线设计产能约为 1.2 [=（12–2×3）/5] 万 m³，约为柔性生产线的 40%，综合以上分析，我们预测固定生产线的产能约为柔性生产线的 40%~50%。可见应用柔性流水生产线其产量能够大幅度增加，效果良好。工人绑扎钢筋示意图如图 5-6 所示。

5.2.2 固定模台生产线

5.2.2.1 固定模台生产线概述

固定模台生产线是现如今装配式建筑构件的主要生产方式，固定模台工艺的设计主要是依据构件所需的生产规模要求，在车间里布置一定数量的固定模台，每个 PC 构件的所有生产工序都在同一固定模台上加工完成。固定模台生产线的产品适应力强，加工工艺较为灵活，但是其生产效率较低，生产能力有限。

固定模台是一块高平整度的钢结构平台，或者是一块平整度和强度都较高的水泥基材料平台。这块固定模台将作为生产 PC 构件的底模，在模台上固定构件的侧模，组合成完整的模具。故而，固定模台也被称为平台、底模、台模。工人固定模台生产示意图如图 5-7 所示。

图 5-6　工人绑扎钢筋　　　　　　　　　　图 5-7　工人固定模台生产

5.2.2.2　固定模台生产线流程

在固定模台生产线中，工人在各个固定模台间流动作业，钢筋、混凝土材料将通过一定的物流方式运输到各个固定模台上。

固定模台生产线的生产工序较为复杂，生产 PC 构件的基本工序流程为：清理模台—拼装模具—绑扎 / 焊接钢筋—安装预埋件及门窗框—验收隐蔽工程—浇筑及振捣混凝土—养护构件—脱模起吊—标识及养护构件。具体说明如下：

在模具安装前要检查模型及其配件等状态、数量是否正常、齐全，安装模型的各种工具是否备齐，脱模剂、缓凝剂等隔离剂是否调配。

在对预制构件进行浇筑前先进行模具的组装，按照模台、侧模的顺序依次组装完成该类型模台对应的尺寸的模具，然后进行预埋件在模具内的安装，安装完毕后再进行灌注，接着进行预制构件养护，当养护到设计强度时进行脱模即可。

混凝土浇筑前模具的温度保持在 5~35℃范围内是最有利于混凝土水化反应的，水化反应有助于混凝土的凝结硬化，该温度可以保证混凝土水化反应处于最优的环境，增强混凝土养护脱模后的稳固性，提高预制构件的强度。

PC 构件脱模后需对模具进行清理，其清理步骤是：

（1）首先用铲刀清理模具上的混凝土残渣等其他附着物，然后将其浮渣处理干净，保证模具表面清洁；在用铲刀清理模具过程中，用力方向应尽量平行于模具，严禁直接对准模具用力过猛，避免出现划伤模具的情况发生。

（2）模具清理完毕后，需要使用棉丝对模型进行再次擦拭，确保模型表面清洁干净。

（3）若模具清理自检合格，则由下道工序的作业人员进行检查，检查合格后交由现场质检人员进行验收，验收合格后才可以进入下一道工序。固定模台示意图如图 5-8 所示。

图 5-8　固定模台

5.2.2.3　固定模台生产线的特点

根据固定模台生产线独特的生产方式，其具有以下特点：

（1）固定模台生产线对各类构件生产的适应力较强；

（2）固定模台生产线中的工人需要具备一定的作业技能；

（3）固定模台生产线对空间运输的组织要求较为严格；

（4）固定模台生产线中模台数量与其生产规模成正比关系；

（5）固定模台生产线对车间布局要求较高。

5.2.2.4　固定模台生产线的应用

固定模台生产线是我国现如今的主流装配式建筑构件生产方式，固定模台可以生产所有的混凝土预制构件，产能配置较为灵活，投资小见效快，通常用来生产需求量较小的超大型构件、异形构件、预应力构件等。

以 B 公司工厂为例，在 2019 年，工厂在一班倒情况下产能利用率达 70%~80%，理论上不停产、两班倒的情况下，产能利用率能够达到 80%~90%，当然具体情况受行业和项目需求及进度影响，工厂生产需要匹配工程进度。工厂中共有 8 条生产线，其中有 5 条是固定模台生产线，均铺设蒸汽养护管道，对养护有高度要求或者超过 3.5m 的大型构件全部在固定模台上生产。B 公司工厂为保证构件质量，实行三检制度，每一个环节都需要核对本环节工序，下一个环节要核实上一环节的检查情况，同时也要进行本环节检验[①]。

5.2.3　预应力双 T 板生产线

5.2.3.1　预应力双 T 板

预应力双 T 板即板、梁结合的预制钢筋混凝土承载构件，其断面呈两个"T"字，由宽大的面板和两根窄而高的肋组成。预应力双 T 板受压区截面较大，中和轴接近或进入面板，受拉主钢筋有较大的力臂，具有良好的结构力学性能和明确的传力层次，简洁的几何形状，是一种大覆盖面积、大跨度和比较经济的承载构件。

普通混凝土构件中，其高强钢筋的强度一般无法被充分利用。这是因为混凝土的抗拉极限应变值只有 0.0001~0.00015mm，要保证混凝土不开裂，钢筋的应力只能达到 20~30N/mm²，即使允许出现裂缝的构件，当裂缝宽度限制在 0.2~0.3mm 时，钢筋应力也只能达到 150~250N/mm²。因而出现了预应力混凝土，即在构件承受外荷载前预先在构件的受拉区对混凝土施加预压应力，当构件在使用阶段时便会一定程度上抵消构件在外荷载作用下产生的拉应力，从而推迟了混凝土裂缝的出现并限制了裂缝的开展，达到提高了构件的抗裂度和刚度的目的。

预应力双 T 板常用抗压强度 40~50MPa 的混凝土或者 40MPa 的轻质混凝土预制，预应力

---

① 数据来源：预制建筑网。

钢筋可用高强钢丝、钢绞线、低碳冷拔钢丝及螺纹钢筋，预应力双 T 板拥有较好的抗裂度和刚度，其跨度可达 20m 以上。

5.2.3.2 预应力双 T 板生产线

传统的双 T 板的单模生产模式具有效率低下、模具无法重复使用的缺点，而后 C 公司参考国际先进生产方式，同时结合"十三五"国家重点研发计划、"绿色建筑及建筑工业化"重点专项中的"预应力混凝土构件可扩展组合式长线台座生产线"课题，开发了国内首条预应力双 T 板可扩展组合式长线台生产线。

预应力双 T 板可扩展组合式长线台生产线采用 140m 的长线台座模具和先张法生产技术。先张法预应力工艺既是在固定钢筋张拉台上制作构件，钢筋张拉台是一个长条平台，两端是钢筋张拉设备和固定端，钢筋张拉后在长条台上浇筑混凝土，养护达到要求强度后，拆卸边模和肋模，然后卸载钢筋拉力，切割预应力楼板。

预应力双 T 板可扩展组合式长线台生产线主要由以下几部分构成：

（1）双 T 板长线台座

双 T 板长线台座两端设有张拉锚固板，锚固板上根据不同构件张拉钢筋的规格和位置开孔；长线台座由多组标准单位模具组合而成，标准单元模具之间通过定位装置和紧固件连接为一体。

（2）调整模具

调整模具是多种模具的总称，通过使用不同的模具来改变双 T 板的肋高、板宽及板长，从而生产不同跨度、不同尺寸的双 T 板产品。模具主要有以下几种：

1）顶板端模

顶板端模的安装位置与双 T 板长线台座长度方向垂直，是用来调整双 T 板构件板面长度的调整模具。

2）T 肋端模

T 肋端模的安装位置位于双 T 板长线台座的两条沟槽内，是用来调整双 T 板构件两个肋部长度的调整模具。

3）T 槽填充模

T 槽填充模的安装位置位于双 T 板长线台座的两条沟槽底部，是用来调整双 T 板构件两个肋部高度的调整模具。

4）边模

边模的安装位置位于双 T 板长线台座顶部的两侧，是用来调整双 T 板构件宽度的调整模具。

5）配套设备

根据双 T 板长线台座，配备部分配套作业设备，有：自动覆膜机、端模输送车、T 槽清理机、振动赶平机、布料机等，从不同的生产工艺角度来取代人工作业，从而达到提高双 T 板构件的生产效率的目的。

5.2.3.3　预应力双 T 板生产线流程

预应力双 T 板可扩展组合式长线台生产线的主要流程有：

（1）模具的拼装：长线台一次性可以生产数件甚至十几件双 T 板，故需要先在模具上画好线，尤其要留意好每件构件之间需预留适当的空间，以便放张起吊。

（2）钢绞线的布置及张拉：正确布置钢绞线，使得每条钢绞线在同一水平面上，并且需保证每条钢绞线不得错乱交叉。同时需要确保锚具安装正确。安装设计应力来张拉钢绞线，张拉分阶段（预张拉和张拉）、对称相互交错进行；推荐使用智能型张拉机进行张拉，并且记录好张拉数据及钢绞线伸长值的偏差率。

（3）混凝土的浇筑：先浇筑肋部再浇筑面板，沿着长线方向顺序进行浇筑，推荐使用自密实混凝土。双 T 板肋应该使用振捣棒振捣，板面应该使用平板振动器振捣，不应该用附着式振动器，同时，振捣时需注意避开钢绞线。

（4）覆膜与养护：混凝土浇筑完后需及时覆膜，有利于减少板面裂缝，使用蒸汽养护时蒸汽最高温度尽可能不超过 70℃，同时应该控制升温，特别是降温速度尽可能不超过 20℃/h。

（5）放张起吊：放张前需对同条件养护的混凝土试块进行试压操作，达到设计要求的强度后方可放张。放张过程应从两端往中间放张，两人分别在长线台的两端同时切割同一条钢绞线，交错有序切割每一条。起吊时应该使用平衡架，从而确保起吊平衡，对长度较长、重量较大的构件可以先起吊一端，再起吊另一端。

（6）成品堆放：双 T 板的堆放场地应平整坚实，易于排水，上层构件需采用单独垫木，最下层构件需采用垂直于肋方向通长垫木，上下层垫木需对齐，垫木厚度要一致，垫木应放在距离端头 200~300mm 的位置或按照计算确定。

5.2.3.4　预应力双 T 板生产线的特点

根据预应力双 T 板可扩展组合式长线台生产线的生产模式，其具备以下特点：

（1）长线台生产模式：打破了传统双 T 板的单模生产方式，实现了长线台的生产方式，可以使用同一套模具来生产跨度为 9~30m 的预应力双 T 板。

（2）自持力、可游牧：能够承受预应力张拉力的模具可以在施工现场快速安装、投入生产；长线台具有可搬迁的特点，项目结束后可以将模具等拆解运输至下一个项目，从而达到减少构件的运输成本的目的。

（3）可扩展、可组合：在同一套长线台座上，通过调整模具来变更不同双 T 板的肋高、板宽，从而生产不同长度、不同宽度、不同高度及不同功能种类的预应力双 T 板构件产品。

5.2.3.5　预应力双 T 板生产线的应用

双 T 板在单层、多层和高层建筑中可以直接放置于框架、梁或承重墙上，作为楼层或屋盖结构。因为双 T 板可以设计成较大的跨度，所以厂房可以选用较大的跨度或柱网，从而取得较好的技术经济效果。

随着预应力双 T 板生产线的不断成熟，现其生产线已应用在国内多个项目上。例如：

1. 某科技工业园项目

该项目的办公楼的墙板和屋面板采用了"预应力双 T 板可扩展组合式长线台生产线"生产的预应力双 T 板，如图 5-9 所示。

图 5-9　某科技工业园项目

2. 某建设实业有限公司的 PC 厂房

该项目的屋面板采用了 27m 和 30m 两种不同长度的双 T 板预制构件，也均采用该生产线生产。

3. 某建筑科技有限公司承建的多层预制厂房项目

该项目跨度 18m 的多层预制厂房的建设中也应用了由该生产线生产的不同规格的预应力双 T 板。

4. 某建材有限公司项目

该项目的停车楼中同样采用了由该生产线生产的双 T 板构件。

5.2.4　自动化循环流水生产线

5.2.4.1　自动化循环流水生产线概述

自动化循环流水生产线，是指在工业生产中依靠各种机械设备，并充分利用能源和信息技术完成工业化生产，达到提高生产效率、减少生产人员数量的目的，使得工厂实现有序管理。与传统的混凝土加工工艺相比，自动化预制构件生产线具有工艺设备水平高、作业人员少、人为因素引起的误差小、全程由机器设备自动控制、生产效率高、后续扩展性强等优点。

生产线除了采用混凝土输送系统、自动布料工位系统、振动工位系统、立体蒸养系统等主要设备外，还设置自动清扫、自动喷油、激光划线、磁性边侧模等辅助设备进行循环流水自动化生产，通过设备的功能柔性和模具的结构柔性，可适应板型多尺寸规格变化，进行批量生产。生产线建立基于网络的监视系统，实现关键工序的远程监控。

5.2.4.2　自动化循环流水生产线的流程

自动化循环流水生产线的工作步骤大概是：在生产线上，通过计算机中央控制中心，按构件加工工艺要求依次设置若干个操作工位，通过托盘自身装有的行走轮或辊道传送到生产线上的其他工序，在生产线行走过程中完成各道工序，然后再将已成型的构件连同底模托盘送进养护窑，最后进行脱模操作，实现机械设备全自动对接。

目前自动化循环流水生产线主要应用于生产各种叠合板（叠合楼板、叠合双皮墙、叠合带保温层双皮墙）、外墙板（三明治外挂墙板、三明治剪力墙板）、内墙（内隔墙、剪力墙）等板类构件。

以叠合楼板为例，叠合板具有规格及形状简单、出筋统一、工序较少等特点，特别适合流水生产，其生产线的基本流程有：模台清理工序—喷脱模剂工序—模台划线工序—安装边模布筋、安装预理工序—混凝土浇筑振捣工—拉毛工序—养护工序—模具拆除工序—构件立起、起吊工序—构件厂内运输工序。叠合楼板自动化生产线示意图如图 5-10 所示。

部分工艺说明如下：

1. 模台清理

上一个构件完成本次工序后，其 PC 平台表面上有很多脱落的混凝土块，在驱动装置的驱动下，PC 平台底板向 PC 模台清扫机装置送进，大块的混凝土块在大件挡板的作用下被挡住并清理掉。接着，模台底面在旋清电机组装置机构的精细清理下，残余附着在底板表面较小的混凝土块被清理干净。在电机清理刷高速清理混凝土过程中，产生的混凝土粉尘会被吸尘装置过滤并降尘。清理出来的混凝土废渣将会由清洗机底部废料回收箱收集，最终运送到车间外部集中存放或转运。

2. 喷脱模剂

在此工位上，模台向前移动，通过脱模剂喷涂机的过程中，喷涂机会开始自动进行喷涂脱模剂，使得表面均匀地涂上一层脱模剂油膜。

3. 模台划线

激光划线机可以根据预编好的图案在 PC 模台上投影出边模安装线，方便作业人员准确可靠地安装好 PC 模具。整个划线流程快捷方便，

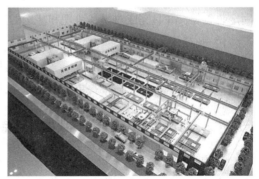

图 5-10　叠合楼板自动化生产线示意图

相较于油墨划线机来说，成本更低，且不会因为加入油墨而影响到预制构件的质量和外观。

4. 钢筋笼的安装

本工位主要任务是将钢筋笼成品或半成品按安装技术工艺要求进行安装和组装，再将与钢筋笼一起绑扎的边模整体吊装至底模，并且根据位置初步调整钢筋笼。

5. 边模的固定及调整

此工位主要是根据数控划线机所划线的位置，在模台上安装四周相应的模板即可。

6. 预埋件的安装

在工位上，由机器设备在 PC 平台上安放预制构件设计的钢筋笼等相关预埋件、套筒、电器盒等。同时需在此处最后一个工位处设置一个缓冲工位，当出现钢筋等隐蔽工程检查不合格时，便使用该工位来缓冲，避免因此造成其他工位作业暂停。

7. 混凝土浇筑振捣

完成安放钢筋及埋件后的模台通过传输系统被送入此工位，进行预制构件的混凝土浇筑和振捣密实作业。此工位上布置有混凝土浇筑布料机、混凝土工位振动系统和轨道自动化控制系统，是整条自动化流水生产线上较为关键的工位。

8. 预养护

由于不同类型的预制构件工艺上存在一定的差异性，便在此工位上设置了构件预养护区域，通过散热片干蒸的方式对构件进行第一次预养护，其养护温度由电脑自动精准控制，让构件表面达到一定的加工要求。

9. 拉毛处理

在叠合板蒸养前让表面有一定凝结度的叠合板通过拉毛机进行拉毛处理，使得预制构件表面粗糙，从而达到提高黏合度的目的。

10. 养护窑养护

预制构件在完成上述所有工序作业后，通过码垛机被送入立体养护窑内进行蒸汽养护，养护温度、湿度也均有电脑精确控制，完成蒸汽养护的模台再次通过码垛机送入生产线，以完成后续作业。

11. 边模拆除

预制构件从立体养护窑中送出，用专用工具松开模板的固定装置、螺纹连接装置、轴销固定装置等，并且完成对模具清理和转送的作业。

12. 构件运输

预制构件完成拆边模工序后，通过起吊机等装置将构件从模台吊到运输车上，将构件运送到指定区域的作业，而模台再次回到模台清洗工位，开始下一个构件的循环生产。

5.2.4.3 自动化循环流水生产线的优缺点

相较于其他生产线来说，自动化循环流水生产线能够高效生产预制构件，而且该生产线主要依赖于各种机械设备及信息化技术，提高对机械设备的利用效率，降低人工成本。

所有工序都按照构件生产顺序流水作业完成，从始端到终端，终端输出产品，再回到始端，实现工厂化、流水化生产。并且车间内的作业人员在固定工位进行固定的工作内容，其专业化程度得以提升，提高了整体工效。

但由于流水线本身的特点，自动化循环流水生产线也存在一定的缺点。只有品种较为单一的简单构件，才能使流水线实现自动化和智能化，当面对构件多样变化时，自动化循环流水生产线无法达到较高效率。

5.2.4.4　自动化循环流水生产线的应用

针对叠合板这种规格较为统一且数量庞大的预制构件，使用自动化循环流水生产线作业其效率较高。

武汉市的某住宅工程项目采用了自动化循环流水生产线来生产集承重、围护、保温、防水、防火等多种功能为一体的外墙板，其保温效果远远优于传统的外墙保温技术，在这种生产线上，外墙板的饰面层、保温层、结构层都是一次成型的，除去混凝土养护和贴瓷砖的作业时间，一块外墙板从钢筋和混凝土到成品仅仅需要 30min。

某基地是集成最新工业化建筑构件和部品生产技术的现代化工厂，真正实现信息化、自动化及机械化生产。该基地拥有两条 PC 构件自动化循环流水生产线，其生产的预制构件已经被大规模地运用到了多个项目中，同时也和某些地产公司签订了预制构件采购协议。

5.3　装配式建筑精益建造精益生产管理

5.3.1　生产计划

装配式建筑精益建造的生产计划是装配式建筑精益制造工程全周期里十分关键的一环。制定科学的生产计划从管理学层面的概念上有许多理论支撑，理论之间有许多共通之处。

在建筑行业产业链上各企业联系紧密，因此本教材讨论的生产计划是建立在供应链的概念上的。

一项成功的装配式建筑精益建造工程，离不开完备的、柔性的生产计划。而完备的柔性的生产计划的制定，也需要多方面的帮助和支持，下面将依次从是什么、怎么做、为什么来展开论述，是什么具体从良好生产计划的特点、生产计划的基本模式和理念基础、实施生产计划依托的技术平台展开论述；怎么做部分则论述依据装配式建筑的行业背景下如何编制一个完整的生产计划，具体从生产计划的组成、生产计划的编制步骤、生产计划的排程优化进行论述；最后的为什么部分则简述一个好的生产计划会为企业带来的好处。

1. 什么是良好的生产计划

（1）良好生产模式的特点

1）有完备的精益建造组织作为基础

在建立的精益组织中，由于项目参与方对于项目担任的角色与作用各不相同，故不同的企业可以视作不同的职能部门；精益组织的领导者即为建设企业，制定决策，把参与各方企业都整合到一块儿，实行精益建造的建设工程项目的供应链上存在很多节点企业，即参与该项目的各参与方企业。在共同讨论时，所有的个体企业就自己的在同一行动的原则问题进行谈判，达成一致后建立统一的机构，用来确认各参与方个体企业要遵守的原则，其中也就包括一起制定良好生产计划。

2）计划本身具有柔性、敏捷性，可及时应对实际工程中出现的问题，具体有面对顾客的需求、订单的处理、库存的处理、不可抗力的自然因素等。

3）生产计划最终目的都是最大限度地满足顾客的需求，除了在前期接收了顾客的需求之外，在项目实时进行过程中，遇到顾客的需求反馈，也要及时地调整以满足顾客需求。

4）根据 TFV 理论，生产计划都应该向着减少浪费、缩短工期的方向前进。

（2）良好生产计划所具有的基本模式和理念基础

正如前文提到，生产计划的理念在管理学多方面均有理论支撑。下文所讨论的基本模式和理念基础都是建立在供应链和精益组织的基础上，组织与各理论间相辅相成。有准时生产制度（JIT）、订单驱动模式、拉动式生产、综合拉动式生产和推动式生产的延时生产制度、制造资源计划等。

1）准时生产制度（JIT）

准时生产制度依靠准时采购和准时施工进行，起源于日本丰田公司的精益思想中的准时生产制度。准时生产的宗旨是：在生产过程中以恰当的数量和质量的产品在恰当的时间、地点提供给所需分项工程或工序。这种生产模式特点显著：即小批量，多批次。这样的制度也要求建设单位和供应商有高度的信息共享，建立长期的合作关系，属于精益组织里面的一部分。

2）订单驱动模式

建设工程项目的供应链的精益化实施，在准时采购基础上采用订单驱动的方式，对于工程全生产周期来说，订单驱动模式是工程的"发动机"。每一笔订单反映顾客的需求，建设单位向供应商提交订单，以此连接全生产周期。

3）拉动式生产

拉动式生产是准时生产得以实现的技术承载。其中物流和信息流是集成为一体的，整个过程是从后向前拉动。拉动式生产所产生的意义也与订单驱动模式和准时生产制度下所论述的一致：减少浪费，减少积压，缩短周期，以满足顾客的需求为前提，实现最大化价值。但是实际上，企业之间会存在信息分隔与利益冲突，很难在生产过程中每个问题都达成一致，因此加强企业之间的合作交流显得尤为重要。

4）延时生产制度

延时生产制度是将推动式生产模式和拉动式生产模式的整合，使生产计划具有规模经济效应并能缩短提前期、满足顾客个性化需求并降低库存量，综合运用以上两种模式，设计最优的生产计划。推的过程主要是工厂生产出常见的半成品构件，实现规模化生产和规模经济；

拉的过程主要是依据顾客的具体需求为顾客进行个性化设计和生产。

5）制造资源计划（MRPII）

MRPII 主要思想是以客户订单及市场预测的情况来进行主生产计划的制定，再依据库存的数据、生产前置期和物料清单，并按照产品的交货期依次向前推，安排主生产计划，进而编制物料需求计划，并根据需要通过粗能力计划检验能力是否平衡，是否需要再次调整主生产计划，物料需求计划通过考虑能力的需求判断与产能之间是否有差距，如果存在差距就更新或改动物料需求计划，直到生产计划、需求计划及产能三者之间能够达到平衡（M 订单驱动）。

（3）实施生产计划依托的技术平台

要实现上文所说的精益生产计划，需要依托一个高度集成的信息交流平台——BIM 平台。此处引用美国对于 BIM 平台的定义：

1）以数位化方法表达一个设施的物理和功能特性；

2）一个共享的知识资源；

3）分享和这个设施相关的信息，在设施的整个生命周期中为所有的对策提供可靠依据的过程；

4）在建设案件的不同阶段中，各参与者经由该平台在信息模型中嵌入、提取、更新和修改信息，以支持与反映各自职责的协同作业。

所有描述的重点都在于信息。未来 BIM 平台最重要的就是要实现供应链上各方的实时进行信息交互。

近年来我国对于 BIM 信息平台的定义也有充足的理论发展，如图 5-11 所示，一般可以分为应用层、应用支撑层、数据层和基础设施层。在此基础上，将 BIM 技术的可视化、集成化、协同性、模拟性等优势特点，充分应用到装配式建筑精益建造的设计、构件生产、物流运输和构件安装的各个阶段。

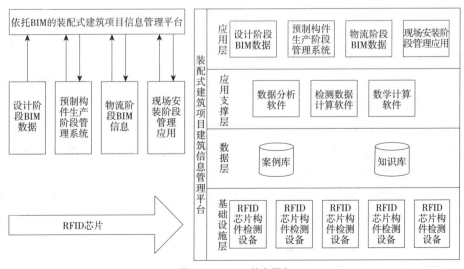

图 5-11 BIM 信息平台

结合良好生产计划的特点，在精益生产管理理念和模式以及 BIM 信息平台技术基础上，可以获得精益生产计划大致流程，或较为完善的生产计划的样式进行一个相对完整的论述。

在项目确定下来后，由核心企业——建设企业为中心，选取经过评价体系评选的优质的合作伙伴，形成精益组织。在目标以及信息交互的问题上达成一致后，相对应地制定项目全周期计划，生产计划作为主要计划，牵连到运输、运维计划等。经过深度设计阶段后，BIM 信息平台可以将设计阶段的预制构件信息完整传递至构件生产企业，在生产准备阶段，首先是构件的各项参数通过 BIM 信息平台被传递到生产一线，生产商由此制定精益生产计划。接着进入正式生产阶段，此时设计信息将自动转换成生产设备能够识别读取的格式，而生产过程中，各生产商也会在平台上实时更新生产的信息，为下一步的运输、施工安装阶段提供数据支持，到生产阶段的最后仓储阶段，工厂中所有的实际生产构件会与 BIM 平台中的信息模型一一对应，并且可以进行识别，为日后的构件溯源工作提供数据支撑，等待下一阶段的进行。在平台上交流的信息包括项目的实施进展、顾客实时更新的需求、建设单位和供应商之间的订单交互等，可以预想到，只要是可以准确反映工程的有意义的数据，都会被作为信息在 BIM 信息平台上共享。在交互过程中，生产计划始终伴随着顾客的需求柔性调整，在具体生产过程中则坚持减少浪费、一次完成、缩短工期的原则。

那么在对生产计划进行了相对完整的描述后，根据檀月的《订单驱动的 M 公司预制构件生产计划管理研究》，具体到实际工程中，制定生产计划一般分为以下步骤进行。

2. 如何制定良好的生产计划

（1）生产计划的组成：包括综合生产计划、主生产计划、物料需求计划（MRP）。

1）综合生产计划：综合生产计划是企业的决策性计划，是根据企业的产出能力和市场需求谋划，对将来较长时间的生产类别、数量、库存投资等方面进行决策性的安排。

2）主生产计划：主生产计划的编制是制定客户订单中某一具体产品在规定时间内的生产计划，是生产计划体系中关键的计划层级，主生产计划的目标往往是企业生产的终端品。

3）物料需求计划制定的依据来自于主生产计划，是一个对主生产计划生产产品所需的全部制造件和全部采购件的进度计划。

（2）生产计划的编制步骤

1）需求预测：预测市场的年、季、月的需求量，规划人、资金、物料的配置，以此作为编制主生产计划的核心信息。

2）核实生产能力：生产决策需要依据生产能力限制情况进行编制。主要考察以下几个方面：固定资产在计划期内的有效工作时间；与产品生产相关的固定资产的数量；固定资产的生产效率；加工对象的技术工艺特征；生产与劳动组织。

3）确定生产需求：通常是指产品数量，即核定生产计划期间单位计划期内的市场需求。

4）考察生产方案、约束条件和所需成本。

5）选择计划策略。根据以上情况进行。

6）计划编制与进度安排。

（3）计划编制依照的一般要求

1）客户的需求如期满足。

2）合理配置生产产品的机器负荷。

3）生产排程与原材料、外协件等物料的供给时间及数量协调一致。

4）确保平稳性，需设计适当的计划实施与反馈机制。

5）面对突发情况及时调整。

主生产计划编制后，安排物料需求计划和生产作业计划，物料需求计划延续后才有生产作业计划，生产作业计划主要是为了将生产任务具体分配到各个车间班组，乃至每个工作地点和工作人员的计划，它是主生产计划的具体执行的计划，具体规定了生产车间的生产细节情况，从而保证保质保量地按时完成生产任务。

生产作业计划的编制一般有两个环节：第一，安排生产负荷，计划将生产作业任务怎样调配给有限的人员和设备，使其效率达到最优。第二，进行作业排序，决定生产产品的作业优先顺序的过程。大致生产计划编制流程如图 5-12 所示。

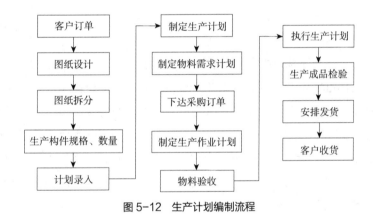

图 5-12　生产计划编制流程

（4）生产计划排程优化

生产计划管理系统的一个重要组成部分是生产计划排程，是指在对订单所需资源进行处理的基础上，在计划时间内为每一份订单制定开始和结束时间。其中会涉及对订单生产的顺序排列，而生产计划排程受到主生产计划的限制，主生产计划也是生产计划安排的设计依据。

生产计划排程优化的原理即为按照市场的需求，为达到快速平稳的生产和物流而采用的系统的方法。根据姜铁虎的《APS 中生产计划排程的基本原理》，生产计划排程遵循的基本原则有以下几点：

1）交货期先后的原则；

2）客户分类的原则；

3）产能平衡的原则；

4）工艺流程的原则。

此处作者认为遵循的原则可以补充一点，就是将生产配件对实际工程中的重要性纳入考虑的因素，可以让订单根据实际设计紧急程度，生产中优先生产紧急的配件。

3. 良好生产计划对公司的影响

笼统地说，对于装配式建筑行业领域，在国家要求建筑物绿色化、低能耗、减少浪费、减少排放的背景下，一个良好的生产计划是实现上述这一切的基础和前提。而伴随着信息技术的发展，良好的生产计划是对信息技术高度利用的结果，符合社会发展的规律。

结合具体的精益建造企业。溯源到精益思想的"祖先"——日本丰田公司，它本身就取得了巨大的成功；以及根据檀月的《订单驱动的 M 公司预制构件生产计划管理研究》中 M 公司的成功都可证明良好生产计划功不可没。

5.3.2 准时生产和订单驱动

在上文提到的生产计划中，可以看出准时生产和订单驱动模式是精益建造的核心思想，两者相辅相成。对两者追根溯源，可以找到精益建造的思想即起源于日本丰田公司精益制造的思想。本节依旧分为三部分：是什么，为什么，怎么做。下面将先结合日本丰田公司的模式具体论述准时生产制度和订单驱动模式的具体定义以及运作过程。

1. 准时生产的定义

准时生产是指：需要的时候按需求量生产和搬运所需产品的生产方式。

日本丰田公司的准时生产制度：准时生产制度制定工厂的产品生产计划，实现从经销商订货，到零部件供应商至整车生产的零库存管理。根据雷鸣的《丰田汽车精益制造管理方式利弊的思考》，如图 5-13 所示，日本丰田公司的准时生产制度流程大概如下：公司将需求提交给物资部后，由下属三个部门进行供应商相关信息的收集，生产能力评估部门将收集到的信息直接录入信息库当中；而价格部门通过与供应商的时时沟通获取供应商的价格，并通过得出的平均值、最高最低点，作出趋势预测，作出价格预测，并将这些信息分别录入信息库当中；质量部门通过对供应商的实地考察以及从外部第三方获得的有关供应商产品质量的信息，并将这些信息全部传递到评估部，由评估部来进行分析评级，然后录入信息库当中。

总结来说，结合准时采购、准时生产和准时生产制度，准时生产制度实现的流程可概括如下：顾客将需求在信息平台上反馈给建设单位，建设单位在接收到需求信息后，进行工程实际评估物料（包括建筑施工过程中所有可能用到的物料）需求量，在平台上向供应商发出订单；供应商根据订单进行物料准备，及时供应给建设单位；建设单位接收到物料后进行建

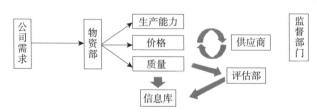

图 5-13 日本丰田公司的准时生产制度流程

设，最后将生产成果反馈给顾客。全过程中保证建设单位是零库存，以此来避免浪费，减少积压；材料供应商需要具有快速的筹集材料的能力。

2. 准时生产的特点

（1）建设企业（核心企业）和供应商之间是长期的合作关系，建设工程项目一般都采取"一个流"生产模式，采购的物资总量虽大，但在施工过程中每个时点的需求量却相对较小，所以往往采用的是小批量供应模式。

（2）准时采购要求建设单位与供应商充分沟通，信息高度共享。

（3）全过程中实现零库存，做到不浪费。

3. 订单驱动的定义和流程

（1）订单驱动的定义

订单驱动是准时生产制度里面的核心商业模式，显著特点就是以顾客的需求作为"发动机"带动供应链运转，基于在供应链中正常的资金流、物料流，在信息流上与传统的商业模式的变化就是由顾客发起，结合准时生产制度实现零库存，减少生产活动中的浪费，并鞭策建设单位和供应商提高效率。

同时订单驱动模式是生产计划制定的重要依据，在公司接收到订单后，需要对订单进行拆分和合并，具体就是生产部件进行分类和整理，整理完之后，根据 5.3.1 节提到的如何制定生产计划的内容，再制定具体的生产计划，生产完成后交付客户使用，订单才算完成。

（2）订单驱动模式

下面将先对订单驱动模式，即建设单位与外部对接的过程进行论述。如图 5-14 所示，首先由用户根据自身需求向精益建设组织发送需求信息，精益建设组织在接收到信息后，会根据实际工程项目向采购团队发送物料需求计划，同时会进行相关零部件的生产。在零部件生产完成，供应商按照订单准时生产好物料后，建设单位会立刻进行装配建设，在建设好产品后，最后再交付给用户完成订单。在经销商更多的实在用户和精益建设组织间起一个信息传递的媒介作用。

接着论述公司内部如何对订单进行处理以带动全生产流程。

一般对订单的拆分是依据建筑图纸来进行的，提取模型中的信息，对建筑构件进行分类，具体可以再细分到构件内部的零部件。对建筑物构件拆分的原则一般有以下几点：

1）依据国家设计、施工、验收规范进行拆分；

2）保证其结构的受力性能不少于传统的现浇结构；

3）拆分后，施工现场建筑后保持原设计图的建筑结构尺寸。

常见的构件有以下几类：叠合板、内墙、外墙、楼梯、阳台、空调板等。一般对于常见构件就会进入正常生产流水线中生产。而对于不常见的构件或者是异型构件需要新建模板。

公司可根据订单的实际情况，可以对订单进行交叉处理。有的订单装配式程度高，装配式建筑构件大批量定制，满足工厂流水线生产的规模经济；但是有的订单装配式程度不高，且可能异型构件较多，此时公司可以根据实际情况，在交货期允许的前提下，对各个订单拆分后进行适当合并，以发挥工厂规模化生产的优势。

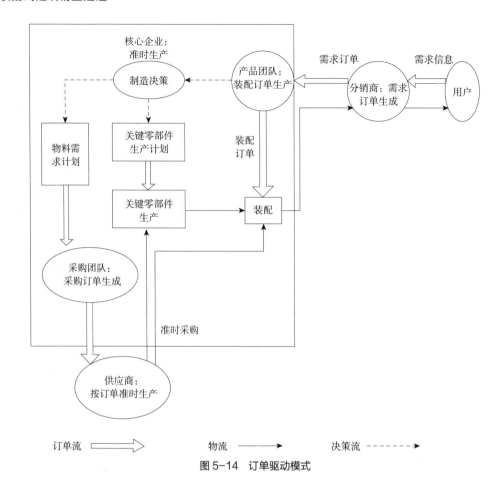

图 5-14 订单驱动模式

4. 准时生产和订单驱动模式的优点与目前行业下遇到的问题

（1）优点

1）订单驱动的模式可以很好地满足用户的个性化需求；

2）依据目前信息技术发展，这种制度和模式是实现未来工业化的必由之路；

3）达到了建筑行业节能减排的目标，有利于实现建筑绿色化；

4）减少了资源的浪费；

5）避免因在实际工程中遇到的问题而延长生产时间，进一步提高了生产效率；

6）工厂中规模化生产的构件质量稳定且良好，有利于改善在实地施工时质量不稳定的问题；

7）可以很好地结合推动式生产，作为拉动式生产的基础，也可以很好地发挥延时生产策略。

（2）目前行业基于准时生产和订单驱动遇到的问题

1）准时生产；

2）订单驱动；

3）生产计划管理复杂；

4）工厂的工作量过大；

5）定制构件过多，抑制了工厂批量化生产的优势；

6）对于大工程的构件，会出现没有完成订单而使得部分已经生产好的构件在工厂中积压的问题。

5. 如何解决准时生产制度和订单驱动模式遇到的问题

把 MRPII、JIT、TOC 理论和延迟制造策略进行综合应用，设计出一套推拉结合的生产计划管理方案。

具体的实施过程是：工厂接到订单后，对订单进行拆分、合并处理，但与之前不同的是，要综合延时制造策略、MRPII、JIT、TOC 理论。

具体过程如下：工厂在接收到订单后，就要对新加入的订单重新安排生产计划。首先要对订单进行拆分和合并，拆分成子订单，对相同类别的子订单合并，整合资源与数据，制定下达符合实际生产需要的主生产计划，再根据主生产计划制定物料需求计划。如果个性化订单较多，可以采用延迟制造增加每次生产的批量，可以实现规模效益，同时为了避免交货期内完不成生产任务，需要控制生产计划下达的时机。

5.3.3　精益供应链管理

在本教材的第 3 章详细地叙述了供应链的方面的相关知识，本节将在第 3 章的基础上，结合工程的生产过程，重点讨论在供应链视角下生产质量管理和生产成本管理；同时简要叙述供应链的生产信息管理和供应链的生产关系管理相关的内容，将穿插在生产质量管理和生产成本管理之中。

1. 精益供应链的生产质量管理

考虑到装配式建筑的产品属性，所以装配式建筑的生产质量是一个十分重要的课题。从供应链的视角来看，构件的质量控制是一项较为复杂的系统工程，从工厂生产到运输、实地安装，每一环节的质量控制水平都决定了装配式建筑整体的质量水平。因此我们有必要依靠 BIM、RFID 等现代信息技术为平台和工具，实现整条供应链的信息管理，以此打造全过程的质量管理体系。本小节重点讨论在供应链视角下，工厂生产过程中的质量控制，具体内容包括常见的生产质量问题、生产过程中对质量的影响因素、质量控制逻辑、质量控制工具、质量控制体系的构建。

（1）常见的生产质量问题

1）构件尺寸偏差，构件标识体系不合理，影响施工安装；

2）存在裂缝、缺棱掉角、厚度不均，连接部分质量低，影响结构的整体性和安全性；

3）构件内部预埋管线发生位移偏差，后续安装不便。

（2）生产过程中对质量的影响因素

1）材料因素：PC 构件生产原材料的质量直接影响构件的结构性能，这对供应链上的原材料采集部分提出了要求；

2）人为因素：生产线上支模、钢筋绑扎等施工操作，以及监理人员的负责与否都会影响到构件实际生产质量；

3）机械设备：生产线上画线机、布料机、振捣台等机械设备、各种机具的精度和工作性能也在一定程度上影响构件质量；

4）环境条件：温度、湿度、作业面大小等工厂环境条件也会对构件质量产生一些影响，如混凝土表面干缩、蒸养温度过高等都会使构件产生裂缝；

5）生产计划的控制：工厂的生产时间紧迫，如果生产计划安排不当，会对整个生产流程产生巨大影响，生产质量也就难以保证。

（3）质量控制逻辑

质量控制必须遵循科学的逻辑和理论，工程中最常见的是 PDCA 循环。

1）PDCA 循环的定义：

按照"计划（Plan）—实施（Do）—检查（Check）—处理（Act）"的逻辑顺序循环开展质量控制。具体来说，在项目开始前，先制定质量控制计划，主要问题就是设定质量目标；然后在严格执行计划的基础上，及时检查执行情况，评价质量是否达标，最后进行质量等级确认，分析检查和评价结果，对存在的问题及时改进。

2）PDCA 循环的特点：

①循环周而复始；

②大环套小环；

③环环上升。

（4）质量控制工具

基于供应链信息管理可以对质量控制提供有力的帮助。

1）BIM：基于云信息平台的基础上，进行信息共享；

2）RFID：具有无污染、识别率高、耐久性好的优势，比传统的二维码，条形码更适用于装配式建筑领域；

3）BIM 和 RFID 结合使用：通过 RFID 对构件生产、运输、安装全流程追踪，再利用 BIM 信息平台进行实时信息共享，达到了供应链的构件信息全过程管理，对质量管理提供有力帮助。

（5）供应链视角下生产质量控制体系构建

在明确常见质量问题和影响因素情况下，通过梳理各个生产过程，以此建立生产质量控制体系。

1）生产准备

①构件深化设计：在拿到构件生产订单后，需要立即组织设计人员进行订单拆分合并，并对内部构件进行细分，深化设计。

②模具设计制作：核心企业需要根据评价体系选择合适的模具生产商，确保模具设计和制作的精度，并进行质量验收。

③材料采购：主要的原材料有水泥、钢筋钢材、砂石、混凝土外加剂、钢模板等。

④生产计划和场地安排：在接收到订单并拆分合并后要和其他订单一起考虑来安排生产计划，对生产场地也要进行安排。

2）生产质量控制措施与控制流程

根据前文所叙述 PDCA 的循环控制逻辑，简述工程实践中重要且具体的控制措施，同时给出生产质量控制流程。

①生产质量控制措施

A. P 阶段：根据 4M1E[①] 影响因素，制定科学合理的计划，方案必须经过各方协商同意之后再开始。

B. D 阶段：严格执行生产质量控制专项方案，可以从下面方面着手：

a. 严格控制原材料的质量；

b. 确保深化设计质量；

c. 信息化管理；

d. 严格验收模具质量。

C. C 阶段：通过信息化管理平台，按日、月或生产批收集、统计质量缺陷和质量问题，通过生成报表和图表进行数据分析，找出生产中的薄弱环节。

D. A 阶段：根据上述三个阶段进行总结，可以采取调整质量评价体系或者评价要求：针对机械设备、人为因素等常见影响因素进行调整；处理质量不合格的构件，并总结原因，以此提高下一阶段的评价标准。

②生产质量控制流程

A. 总体来讲，构件生产环节重点要控制好构件深化设计质量、原材料质量、构件质量验收等几个方面。

B. 构件深化设计是十分重要的环节，涉及建筑、建材、结构、设备、机电等各专业的需求，还要考虑生产、运输、施工等各环节的需要。具体流程如下：在综合设计意图、各专业需要、预制生产需要、构件运输需要和吊装施工需要的基础上，深化设计单位形成设计方案，交由设计方案审批，若未通过则继续设计；通过后根据设计标准规范，进行构件拆分设计、连接节点设计、构件详图设计、水电气管线设计、安装施工设计，完成后进行深化设计的图纸会审，未通过则继续设计，通过则签字备案，并下发使用。

C. 原材料采购质量管理，关键在于供应链上材料供应商的选择，和原料采购过程中是否按照行业规范进行。建设单位必须按照严格的评价体系进行组织建立和材料供应对象选择。

D. 构件成品质量验收流程。作为生产过程中的最后一步，构件成品的质量验收至关重要，是控制不合格品的重要节点，预制构件厂应严格按照《混凝土结构工程施工质量验收规范》GB 50204—2015 以及其他规范进行验收。验收合格的构件组织有序入库储存等待发货，不合格的构件进行质量检查，以确定是否通过补修来使构件合格，且无论补修与否，重新生产的构件或是补修的构件要再次进行验收，合格后才能入库，若仍旧不合格则按照废品处理。构件成品质量验收流程如图 5-15 所示。

---

① 4M 指 Man（人），Machine（设备），Material（材料），方法（Method）；1E 指 Environments（环境）。

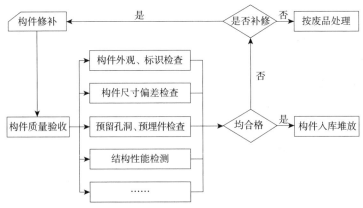

图 5-15　构件成品质量验收流程

2.精益供应链的生产成本管理

我国装配式建筑目前还处在发展阶段，生产、运输以及安装等关键环节的规范标准不健全，建造质量有待进一步提高，成本管理也急需加强。而构件的生产阶段是整个装配式建筑项目里面的重要环节，成本占比非常高。目前生产成本由于供应链上各方还相对隔离，生产成本不好控制。本小节将对生产成本组成、影响生产成本的因素、造成高成本的原因、基于精益供应链的生产成本管控措施、精益供应链管理观点、生产成本评价体系的内容展开论述，同时在本节末尾引入一个基于构件拆分方案进行全流程成本确定的模型供大家参考。

（1）生产成本组成

生产成本一般包含人工费用等费用。与传统的现浇模式相比，多了模具、预埋件设置、存放管理的费用。而由于工厂的规模化生产的模式，人工费用、材料费用相较于传统模式大大减少。

（2）生产成本的影响因素

1）外部因素

①原材料的价格：建设企业根据设计方案选择材料供应商，在保证质量的前提下，控制原材料的采购价格。

②预制构件生产商的工业化程度和预制构件的产量：工业化程度较高往往单位构件生产成本较低，因此构件生产商会适当降低生产价格以获得市场主动权，选择工业化程度较高的构件生产商较好。

2）内部因素

①生产技术和工艺：有高效优质的生产技术和工艺往往可以极大减少成本。

②内部管控：构件制造商或建设企业的内部对计划、人事、产品、配送等各方面的管控力。

（3）生产过程中的浪费和造成高成本的原因

总的来说，外部因素相对稳定同时难以改变。企业应该努力在内部管理上控制生产成本。造成高成本的一项重要原因是生产过程中的浪费。下面基于内部因素对生产中造成浪费的原因进行分析：

　　1）窝工等待，人员浪费；

　　2）设备过量浪费；

　　3）生产材料的浪费。

　　（4）除了在生产过程中会出现浪费，各方组织之间的信息隔绝会显著影响供应链的生产成本。下面基于构件拆分方案对生产成本进行讨论。

　　拆分方案与全流程成本间的协同优化机制的缺失很大程度上导致了装配式建筑高成本。构件拆分方案直接影响后续的生产、运输、安装各环节的成本。现有的装配式建筑生产组织模式割裂了生产供应链，供应链上的各节点都以合同的方式完成了划分，没有形成上下贯穿的产业链，造成设计与构件生产脱节、部品构件生产与运输、施工脱节、设计生产全过程与运维管理脱节。

　　究其深层次的原因，是能够形成协同优化机制的管理环境缺失。只有从供应链的维度上形成了精益组织，明确了以项目经济性为首要目标的前提，才能保证成本得到管理。因此接下来对供应链管理的内容进行叙述。

　　精益供应链管理，即所有参与产品从设计到成品全过程的伙伴之间通力合作，以能够用尽可能少的资源最大程度地满足客户需求的管理过程。供应链上各方保持高度的信息交流和透明度，争取减少浪费，建立强大的供应链体系以增强在供应链之间的竞争力。要做到以下几点来建立供应链。

　　1）供应商的选择；

　　2）确定合作模式；

　　3）供应链信息平台的建立。

　　（5）生产成本管理评价体系

　　在完成了供应链的建立后，供应链上应该具备成本评价体系，对各生产环节进行评价，以此来优化各方的协同合作机制。

　　1）针对供应商进行供应模式的评价；

　　2）针对供应链上各方进行合作模式的评价；

　　3）针对信息平台的工作评价。

　　（6）模型构造思想简述：基于构件拆分方案的全过程成本确定

　　根据前人的研究，提出一种基于构件拆分方案的全过程成本确定的模型。

　　模型的建立思想是建立拆分方案与全流程成本的协同优化机制，这种机制的基础包括建立能够准确获取全流程成本信息的"集成"项目管理模式及全流程成本确定方法。

　　具备较高"集成"度的管理模式能够提供全流程成本信息。要求在设计阶段能够较准确地获取技术细节和成本要素，从而能够迅速确定构件拆分方案的全流程成本。以工程总承包模式为基础，能够建立满足这一需求的集成项目管理模式。

第6章 装配式建筑精益建造精益运输管理

6.1 装配式建筑精益建造精益运输理念

6.1.1 精益运输的内涵

随着现代科技的飞速发展，物流相关行业发展迅速，委托人对承运人的可选择性越来越大，委托人对货物运输的要求也日益严苛，这促使了众多交通运输公司必须更加仔细地去考察货运流程的每一条安排，更加认真、细心地核算物流费用，在精益思想的影响下，精益运输这一概念逐渐诞生。

精益思想：包括精益生产、精益管理、精益设计和精益供应等，其核心是运用多种现代管理方法和手段，以社会需求为依据，以充分发挥人的作用为根本，有效配置和合理使用资源，实现"订货生产"，从而确保产品质量并降低成本，最大限度地为企业谋求经济效益的一种新型的经营管理理念。

运输：是指用特定的设备和工具，将物体从一个地点向另一个地点安全地按时运达的物流活动，它以改变物的空间位置为目的对物进行空间位移。

精益运输：又称为精细化运输（Lean Transportation），当委托人在大幅度降低了其对货物运输的投资成本的情形下，承运人仍然需要提供更具有选择多元化和更具有优良质量的物流服务，同时又需要将成本大大减少所进行的对整个物流流程的精心设计、安排和执行的物流方法。精益运输的具体内容如图6-1所示。

由精益运输的主要思想，可以将精益运输的目标概括为：在为客户提供令其满意的服务水平的同时，企业应最大限度地减少在提供服务过程中所产生的浪费。那么，要想实现精益

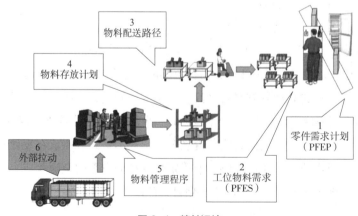

图6-1 精益运输

运输就必须正确认识以下几个关键性问题。

1. 精益运输的前提

要能准确地认识、理解价值流。价值流，是指从原材料转变为成品，并给它赋予价值的全部活动，也就是指企业创造实际价值的全部工作的流程。而这样的工作流程关键体现在三个最重要的价值流动上面：从概念构想、产品设计、工艺流程设计到产品投入生产的产品流程；从客户确认订货到制作详细进度再到送货的全过程信息流；由原材料经过生产、加工制成最终商品，然后运送到使用者那里的物流。价值流的基本原理如图 6-2 所示。

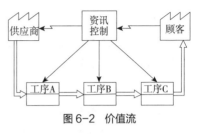

图 6-2 价值流

2. 精益运输的保证

要确保价值流能够顺畅流动。要想减少甚至是消除浪费，最重要的就是以最完美的方式将完成某一项工作所需的所有工作流程连接起来，只有这样，才能让价值流这条"小河"顺畅流动起来。并且，要想让价值流顺畅流动，还需要注意以下两个问题。

其一，价值流流动过程的目标一定要明确。其二，就要沿着价值流把所有参与的企业联合起来，以最终客户的需求为共同目的，一起探讨制定最优的运输全过程方案，尽力消除一切不产生价值的行为。

3. 精益运输的关键

以客户的需要作为价值流的动力来源。在精益运输模式里，客户需求是价值流的动力来源。但是，这并非必然的状况，在实际操作中，企业也可将产品用途加以分类。

4. 精益运输的生命

不断改善，精益求精，力求做到完美。精益运输不是静态的，而是一种动态的管理模式，每一次运输活动后的总结、反思、改进和完善是不可缺少且不断循环的。

6.1.2 精益运输的特点

精益运输是一种新型的运输理念，根据企业在为客户提供满意服务水平的同时，还要最大限度地减少在提供服务过程中产生的浪费这一基本目标，精益运输具有以下几个基本特点：

1. 始终以委托人为中心的运输

在精益运输的理念里，承运人不能离开委托人而存在，委托人是承运企业的生命线。承运人需要去了解委托人的真正需求是什么，只有与委托人保持密切的联系和长期稳定的合作关系，才能提供令客户满意的服务。

2. 准时且准确的运输

承运人要确保将产品准时、准确地送到委托人手中。运输过程包括交货、运输、中转、分拣、配送等各个环节都必须要按照原定的计划准时准点地完成；准确包括准确的库存、准确的客户需求预测、准确的送货数量、准确的信息传递等。

3. 快速的运输

精益运输系统的快速包括两方面含义：其一，是运输系统对客户需求的反应速度。其二，是货物在流通过程中的速度。

4. 以信息化技术为主导的运输

精益运输是一个涉及大量冗杂信息的复杂系统项目，它是要依托于现代信息技术的。

现代信息技术将信息电子化，提高了信息的传递速度和准确性，为运输服务的准时、准确和高效率提供了基本条件。信息的统计和储存也因电子化信息的可储存化而变得更加简便，降低了企业的成本支出。

5. 系统集成的运输

精益运输系统是由提供物流服务的基本资源、电子化的信息和使物流系统实现"精益"效益的决策规则所组成的系统。建立精益物流系统的基本前提是具有能够提供物流服务的基本资源。在这个基础上，承运人必须对这些资源进行最佳配置，只有这样才可以最充分地调动企业优势和实力，合理运用这些资源，消除浪费。

6. 服务多样化的运输

精益运输并不是单一的运输服务，它的理念要求承运人提供多元化的运输服务。运输的多元化可分为纵向多元化和横向多元化。纵向多元化是指承运人给委托人提供除了运输之外的其他服务；横向多元化指的是在承运人原本已经从事的运输领域拓展服务，以满足不同委托人所提出的个性化需求。

7. 具有团队协作精神的运输

精益运输的系统和理念由人提出并服务于人。一个运输系统的设计、开发、规划，每次运输活动后的总结、反思、改进、完善，应当是一个具有团队协作精神的团队中的每一个人共同努力的结果。

8. 尽力消除浪费的运输

在传统运输服务的全过程中存在着以下几种浪费：库存浪费、运输浪费、仓储设施浪费、包装浪费等。下面，我们将分析各种浪费的定义，并探讨如何解决这些浪费。

（1）库存浪费是指原材料、在制品、成品及所有资源闲置不产生价值的库存物品造成的浪费。

要想消除库存浪费，可以考虑从以下几个途径进行：平衡生产与需求，从而减少库存并降低所有由需求计划编制不利而导致的相关成本；提高生产灵活性，加快交付频率，缩短交付周期，降低订货批量，加快交付频率、缩短交付周期可以减少安全库存和周转库存，消除整个系统中所有形式的浪费和支出。

（2）运输浪费是指除对货物有效空间位移不可缺少的最小数量的资源投入以外的任何浪费。

要想消除运输浪费，可以采取单元化运输，这么做有利于物料处理和运输。

承运企业还应该优化运输网络。可以利用运输管理软件，根据地点、最低成本和运抵时间来自动选择产品运输的最佳模式。

另外，选择合适的运输服务商、优化运输网络、采用运输管理系统、建立合作关系等也都是消除运输浪费的措施。

（3）仓储是物流的主要核心功能之一，仓储成本也占物流总成本的 30% 左右，很多承运企业投巨资建立了现代化的仓储设施，但利用率却不高。

要想提高仓储设施利用率，消除浪费，可以从企业内部优化入手：首先，可以采取高垛的方法；其次，缩小仓库内通道宽度；最后，减少库内通道数量，增加有效储存面积。

（4）包装浪费指的是货物在包装过程中产生的浪费。包装浪费主要表现在两个方面：包装过度和包装规格过多。

要想消除包装浪费，可以采用可回收包装；另外，还需要合理设计包装，包装设计时，要考虑有效利用仓库、运输设备和托盘的空间，还要考虑包装的强度，分析包装的高度、处理活动和要实施搬运的设备。

除了以上四种浪费，提供客户不需要的服务、提供客户不满意的服务、实际不需要的流通和加工程序、因供应链上游不能按时交货或提供服务而等候的时间等都属于浪费。

9. 提供"尽善尽美"的运输服务

精益运输要求承运人向委托人提供"尽善尽美"的运输服务，在不断地迎合委托人的各种个性化需求中来不断地改进自己的运输服务，不断地通过各种改进方法来降低运输成本和各种费用，以运输品种的多样化来满足委托人的个性化运输需求。

6.1.3 精益运输的工作流程

现代物流是一个庞大的、复杂的系统工程。实行精益运输不仅能满足客户的需要，而且能降低物流成本、提高运营效率，让企业在市场竞争中取得优势，树立品牌形象。精益运输一般有以下工作流程。

1. 固定周期订购

固定周期订购就是按照预先定义好的固定订购周期以确保零件的有效、均衡供应。

2. 供应商管理

日常运作过程中应建立与供应商之间开放的交流方式，跟踪并目视化供应商问题的流程，保证当订单改变或问题出现时能及时前馈；对物料供应渠道进行管理以促使供应商能以最低成本运作。

3. 精益包装

精益包装就是通过对物料包装和物流器具的标准化、系列化、柔性化设计，保证物流的安全、质量、成本及效率，满足精益物流的要求。

4. 外部运输控制

外部运输控制应预先做好路线规划，确定装货 / 卸货时间，并在确保高的设备利用率（目标值 85%）的前提下均衡运输；按每小时、每天、每周来制定运输计划以均衡工作量和设备，同时尽可能追求最小化库存、最小化货物装卸搬运。

5. 预期接收

预期接收就是运输物料的车辆在指定的时间内到达 / 离开预定的物料接收窗口，目的是在准确的时间内把准确数量、质量的物料送到指定的地点，保障生产线的高效运行。

6. 临时物料存储

临时物料存储的方法是对生产物料存储管理的基本要求，有利于改进人机工程及安全工作环境，减少堵塞，提高效率，保证 FIFO[①]。

7. 物料拉动系统

物料拉动系统是由生产人员根据物料消耗量发起拉动信号，仓储物流人员根据拉动信号对生产现场进行物料补给的精益物流控制方法。

8. 均衡生产

通过均衡生产本身，或通过均衡班组成员的工作量，提高产品质量，减少伤害，降低疲劳，促进了成本节约，满足客户需求。

9. 活动反思

每次运输活动后，都应该进行活动反思，查找这次运输活动有什么样的问题，通过团队的反思讨论，集思广益，改善运输方案。

要想完美地完成上述精益运输的基本工作流程，可以采取以下途径：

（1）以高科技装备物流的技术（特别是信息技术和计算机应用技术）实行精益物流。

由于现代高科技、信息和计算机技术等在经济活动中广泛应用并直接推动了物流产业组织的发展和创新，并使物流产业组织呈现出资本和劳动密度的下降、高科技集成度不断提升。目前，发达国家已经普遍应用数据库技术（Database Technology）、条形码技术（Bar Code）、电子订货技术（EOS: Electronic Ordering System）、电子数据交换技术（EDI）、全球卫星定位系统（GPS）、物资采购管理（MRP）、企业资源规划（ERP）、电子商务和互联网等技术，使这些国家在降低物流成本上取得了显著成效。物流系统设计应在物流流通规划中建立近似"直线运动"的数学模型，可使精益物流在流通过程中减少不确定性的负面影响，尽可能使物流流通简洁、透明。

（2）以企业的流程再造（BPR）为手段，使物流企业的组织机构精益化。

按照精益的思想对企业的流程再造（BPR），就是要消除在物流中一切不增值的企业内部的活动，使企业内部组织机构的流程平行化、扁平化，打破各部门之间的壁垒、强化团队合作的精神，可使企业各部门的信息交流更为流畅。

（3）增加物流流通的柔性和敏捷性为目的的精益物流。

柔性和敏捷性在制造企业中的应用非常广泛而且有效。面对日益激烈的市场竞争，物流企业也同样能够适应，敏捷在物流企业应具有组织上的柔性，每个物流流程的环节都采用能够发挥最大竞争优势的管理手段。

---

① FIFO（First In，First Out）即会计学中的先进先出法，先进先出法是计算发出存货成本的方法。

（4）准时制生产思想贯彻到物流，实行精益物流。

准时制生产主要集中在制造业，也是制造业广泛应用的地方。作为物流的服务行业也可从中受益。准时制在服务业的应用重点往往是提供一次性的服务所需的时间方面——因为速度通常是服务业获胜的重要筹码。物流也是一样，保证物流及时配送到客户手中，不但要优质的服务，同时准时也是非常重要的。

6.1.4 精益运输的基本要求

1. 从满足委托人需求出发来改进自己

在精益运输模式中，传统的承运人从自身角度出发思考运输方式将转变为从委托人的富有个性化的需求角度考虑。但是，由于满足委托人个性化需求可能导致根本无法组织运输或者经济上的不可行，使得这种转移变得非常困难。这里提出的难题，其实质是要解决好满足委托人的个性化运输与承运人的规模运输之间的统一。满足委托人的个性化运输需要做到以下几点：

（1）形成需求拉动式的运输服务；

（2）在需要的时候，提供需要的运输服务；

（3）与委托人建立一种长期稳定的关系。

2. 精益化生产及合理供货

精益物流是客户拉动的物流系统。制造企业作为精益生产的实施者和精益物流的最直接需求者。其生产均衡与否以及其供货政策是否合理在很大程度上影响并制约着整个精益物流系统的运作效果。

3. 合理安排运输网络

要处理好满足委托人的个性化运输需求与运输规模效益之间的矛盾，其方法是合理安排运输网络，使一次运输单元的规模从始点和末点开始形成向中间运程逐步集约化的增长梯度。越是贴近运输网络的始点和末点，运输供给越应满足委托人对运输的个性化需求，对承运人而言，则运输集约化程度越低，越是远离委托人，运输越是体现其本身的特征，集约化程度也越高。

4. 以供应链管理为基础

精益运输的实施必须以供应链管理的思想为基础。才能使准时、高效、低成本的优势得以充分发挥。具体而言，主要包括以下几点：

（1）放弃非核心业务；

（2）改进物流供应链模式；

（3）与供应商和分销商建立战略伙伴关系。

5. 增加物流的柔性和敏捷性

加强物流实施的柔性和敏捷性就是要求一方面要有"以不变应万变"的缓冲能力，另一方面要有"以变应变"的适应能力。

6. 消除运输中的一切不增值活动，提高绩效，降低成本

只有整个供应链系统的各个环节的库存减少，才能真正提高物流运作的绩效，才能真正

从物流中获取第三利润，降低整合物流系统的成本。

7. 通过流程再造获得一个更好的运输服务方式

开展精细运输必须扬弃传统运输组织方式，重视对运输方案的细致设计。为此，承运人可以采用目前较流行的一种新的管理方法——并行工程的方法，采用团队的工作方式作为研究与开发（R&D）队伍的主要组织形式和工作方式。通过流程再造（Business Process Reengineering，BPR）来简化运输业务的过程，简化运输委托的程序。

8. 用现代信息技术沟通与运输相关的各个环节

开展精益运输的必要条件是尽可能使运输信息充分化。通过采用和借助当下先进的交通运输系统与物联网和 BIM 技术等相关信息化技术相结合，以实现预制构件运输状态的实时监测，便于用户和管理者及时获取构件信息，并作出相应的管理和决策。

6.2　装配式建筑精益建造精益运输的功能目标

装配式建筑精益建造的构件来自装配式预制工厂，如果预制混凝土构件在存储、运输、吊装等环节发生损坏将会很难补修，既耽误工期又造成经济损失，与精益建造的目的背道而驰。因此，为了实现装配式建筑精益建造，大型预制混凝土构件的精益运输显得尤为重要。

6.2.1　进度精益化管理

与现场施工技术相比，装配式建筑项目的施工构件由运输单位将预制好的构件从生产工厂运往施工现场。构件能否及时运输到施工现场将会对整个项目的进度有极大的影响。以下针对进度精益化管理展开叙述。

装配式建筑精益建造精益运输的准备工作主要包括：明确构件类型及数量、制定运输方案、设计并制作运输框架、清查构件及查看运输路线、确定运输时间。构件运输准备工作如图 6-3 所示。

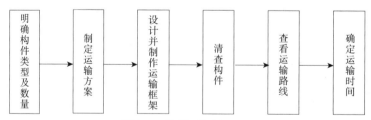

图 6-3　构件运输准备工作

1. 针对项目工期明确每一阶段所需构件类型和构件数量

为了保证项目的整体进度不受影响，及时、足够的构件显得尤为重要。

装配式建筑项目的施工进度在于项目现场与预制工厂之间的相互协调。整个项目所需要的预制构件主要有：预制基础、预制柱、预制梁、预制楼板、预制墙、预制楼梯。

在现场装配阶段，需要供应预制构件、施工材料，在施工过程中若出现所需资源的供应不及时将会增加个别工序的等待时间。

为避免以上问题的发生，我们要精确所需构件的数量以及时间。

运用斯维尔 BIM5D 软件，导入项目模型并进行关联。导入工程进度文件，在进度视图中查看每个工期将进行哪个项目的施工。得知项目工期施工方案后，确定施工材料的数量，利用 BIM 技术可以快速地汇总出构件数量。但在运输过程中难免出现构件损坏的情况，为避免因构件损坏而导致构件不足，项目无法顺利开展的情况，可根据不同构件的运输损坏率适当增加数量。

施工的流程控制也与构件运输息息相关。目前，看板管理和拉动式生产模式是精益建造实现施工现场流程控制的最主要手段。

拉动式生产模式，就是针对施工过程中的各个工序，每一个工序上所需要的构件数量由与该工序相邻的下一个工序所需要的构件的数量决定，某一个工序的需求决定了与之相邻的上一个工序的生产，层层递进，决定了最终的生产数量。

而看板管理通过类似卡片等其他传递工具在施工工序内或是施工工序之间进行信息、物料的流动指示，起到了工序之间信息传递的作用，施工过程中不同的相邻构件被其联系在一起。这样，施工项目通过"看板"的方式，逐步分解到每一个施工工序，相应工序的人员通过看板就可以知道某一工序所需要的各个构件数，将其反馈给预制工厂，不影响施工进度。通过这种信息的传递，从而达到了精益的目的。拉动式生产与看板的关系如图 6-4 所示。

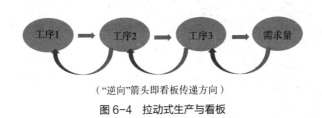

（"逆向"箭头即看板传递方向）

图 6-4　拉动式生产与看板

2. 针对项目制定合理的运输方案

从预制工厂到施工现场的路线繁多，为保证构件及时运达现场，一条合理的运输路线显得尤为重要。

运输路线的制定应按照客户指定的地点及货物的规格、数量和重量制定特定的路线，确保运输条件与实际情况相符。

3. 清查构件

确定好运输所需的构件、顺利生产、制定好合理的运输路线之后，应清查构件的型号、质量和数量，有无加盖合格印和出厂合格证书等。

4. 查看运输路线

制定合理的运输路线之后，仍需要在运输之前对路线进行勘查，避免因道路情况变化而导致无法顺利运输。对于运输过程中可能经过的桥梁、桥洞、电缆、车道的承载力、限高、宽度、弯度和坡度，沿途上空有无障碍物等实地考察并记录，以确保原先制定的运输路线可行。

5. 确定运输时间

根据运输路线的距离、运输工具的速度，大致估算每次运输所需的时间。项目施工现场在下一工期开始之前反馈构件在项目现场所需时间，预制工厂根据客户反馈的时间，再加上运输所需的时间去制定精确的运输计划，以确保构件运达时间能满足客户需求，保证项目工期顺利进行。

6.2.2 成本精益化管理

运输成本管理是指根据运输计划过程中发生的各种耗费进行计算、调节和监督的过程，同时也是一个发现薄弱环节、挖掘内部潜在力，寻求一切可能途径来降低成本的过程。

运输成本精益化管理按时间来进行划分。具体可以分为运输成本事前管理、事中管理和事后管理三个环节。

1. 事前管理

运输成本事前管理是指在构件运输活动或者提供运输作业前对影响运输成本的经济活动进行事先的规划、审核，确定目标运输成本。

不同的构件需要不同的运输工具和专用的运输架。

针对不同的构件设计并制作运输架：根据构件的重量和外形尺寸进行设计制作，且尽量考虑运输架的通用性以减少生产不必要的运输架，在一定程度上减少成本。

通常，构件的主要运输方式有"立式运输方案"和"平层叠放式运输方案"两种。

立式运输方案：在低盘平板车上安装好专用的运输架，预制墙板对称地倚靠或者是插放在运输架上面。对于预制的内墙板、外墙板和预制装配式外墙板（PCF）等类型的竖向预制构件一般多采用此方案进行运输。构件立装示意图如图6-5所示。

平层叠放式运输方案：将所要运输的预制构件一一对齐平放在运输车上，一件一件地对应往上叠放在一起进行运输。平层叠放式运输方式并没有使用到运输架进行固定，所以还须使用捆绑等定位手段确保构件在运输过程中不会发生滑移等现象。构件平装示意图如图6-6所示。

叠合板：标准是6层/叠，在不影响构件质

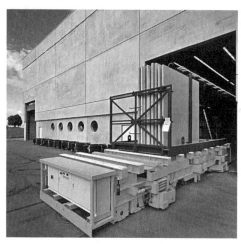

图6-5 构件立装示意图

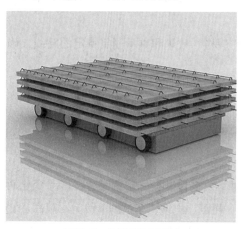

图6-6 构件平装示意图

量安全的前提下可达 8 层 / 叠，构件堆码时按照其尺寸的大小进行堆叠。

预应力板：堆码 8~10 层 / 叠。

叠合梁：2~3 层 / 叠（最上层的高度不能超过挡边的一层），考虑是否有加强筋向梁下端弯曲。

除此之外，对于一些较小型的构件和异形构件，一般情况下多采用散装的方式来进行运输。

2. 事中管理

运输成本事中管理是在运输成本形成的过程中进行的，随时将实际产生的运输成本与目标运输成本进行比对，及时发现差异并采取相应措施予以纠正，让运输成本最低化的目标得到有效的保证。

路况拥堵，通常的做法就是临时修改行驶路线，以保证能够最快速地到达目的地。但运输车与普通的小轿车不一样，城市里的限高、桥梁的限重将会对路线有一定的影响，导致其无法像普通的小轿车车主一样依靠市面上广泛使用的导航软件进行新路线规划。

但人的经验也只是基于过往的经历，经验也未必能保证次次有效。解决方案可以是在运输车上安装 GPS 定位，将运输车辆的位置时刻地反映到工厂总部，并通过后台大数据计算得出基于当前状况最佳的运输路线再传回运输车辆上。

3. 事后管理

运输成本事后管理是指在运输成本形成之后，对实际运输成本进行核算、分析和考核。它是运输成本的后馈管理。

有总结才会有进步。运输成本虽然已经在事前和事中进行了一定管理，但还不是足够的，进行事后的管理总结将能够进一步地降低运输成本。

每一次实际的运输成本与目标运输成本会存在偏差，所以我们事后需要将二者进行比较，确定此次运输成本是有所节约还是有所浪费。奖罚分明，有奖就有罚，对于造成浪费的需要对责任单位进行一定的惩罚，以此为鉴，后不再犯。

通过对运输成本的分析，可以为日后的运输管理提出积极改进意见和措施，将意见和措施整理起来，进一步去修订运输成本管理标准，改进各项运输成本管理制度，以实现精益化管理运输成本，达到降低运输成本的目的。

每一个责任单位的能力不同，对运输成本的控制也不同。即使是同一责任单位，在不同的时期其能力体现也是不同的。为此，对责任单位可考虑进行相应的考核。

4. 控制合理运输半径

运输半径与运输成本直接相关联。为实现精益运输，控制合理的运输半径也是十分重要的。

水平运费占构件的销售比例是合理运输半径的主要考核参数。通过对运输成本和预制构件市场价格的分析，可以较为准确地测算出运输成本占比与运输距离的关系，根据现有的国内平均或世界上其他发达国家的情况进行合理地反推。水平运费占构件的销售比例可由下式求得：

$$水平运费占构件的销售比例 = \frac{平均运费}{水平预制构件市场价格} \qquad (6-1)$$

预制构件合理运输距离分析见表 6-1。全国各地不同地区的经济水平不同，运费也不相同。此表参考北京燕通和北京榆构近几年的实际运费水平编制。

预制构件合理运输距离分析表

表 6-1

项目	近运距	中距离	较远距离	远距离	超远距离
运输距离（km）	30	60	90	120	150
运费（元/车）	1100	1500	1900	2300	2650
运费[元/（车·km）]	36.7	25	21.1	19.2	17.7
平均运量（m³/车）	9.5	9.5	9.5	9.5	9.5
平均运费（元/m²）	116	158	200	242	252
水平预制构件市场价格（元/m²）	3000	3000	3000	3000	3000
水平运费占构件销售价格比例（%）	3.87	5.27	6.67	8.07	8.40

运输距离对运输成本费用的影响极大，为实现成本精益化管理，需要进行合理运输半径测算。

根据国内外大量预制构件的运输数据，实际运输距离的平均值比直线距离长 20% 左右，因此，将合理运输距离的 80% 确定为构件合理运输半径较为合理。

合理运输半径为 100km 意味着，以预制构件生产厂为中心，以 100km 为半径的区域内的项目施工现场，其运输距离基本可以控制在 120km 以内，从经济性和节能环保的角度，处于合理范围。

5. 减少和避免二次搬运构件

二次搬运会产生二次搬运费用。为此，合理规划卸货区能够在一定程度上减少运输成本。

合理卸货区的规划。项目施工现场根据预制构件工厂反馈载有构件的运输车的立体几何信息，使用 Navisworks 软件结合现场情况进行动画模拟，以确保构件能够被顺利运输。再根据该构件所需吊装设备的实际位置以及吊装半径，综合计算出合理的卸货区。

综上所述，为了能够有效地进行运输成本管理，必须遵循以下五个原则：

（1）经济性原则；

（2）全面原则，主要包括以下三个方面：①全过程管理；②全方位管理；③全员管理；

（3）责任、权利、利润相结合原则；

（4）目标管理原则；

（5）重点管理原则。

6.2.3 质量精益化管理

质量是一个企业的生命，质量也是一个企业发展的根本保证。对于装配式建筑精益建造，预制构件的质量对整个项目的质量将有着极大的影响。

预制混凝土构件如果在运输发生损坏、变形将会很难补修，既耽误工期又造成经济损失。因此，大型预制混凝土构件的运输方式非常重要。

1. 预制构件码放精益化管理

预制构件的码放是利用起重器械（装卸构件用）将构件装卸到运输车上。

装卸前要求预制构件厂按照构件的编号，统一利用黑色签字笔在预制构件侧面及顶面醒目处做标识并标注装卸点。

对于不同的构件有不同的码放方案。常见的有"立式码放"和"平层叠放式码放"，除此之外，对于一些较小型的构件和异形构件，一般情况下多采用散装的方式来进行码放。其中，立式码放较为特殊。运输车根据构件类型设专用运输架或合理设置支撑点。不管是哪种码放方式，都需要借助外界的工具进行装卸，以保证在装卸的过程中不发生构件与构件之间碰撞。

2. 预制构件在运输车上的固定精益化管理

将构件码放到运输车上后不能立刻进行运输，还需将预制构件牢牢地固定在运输车上才能保证在运输过程中不发生碰撞破坏。

对于立式运输的构件，多依赖于专用运输架或设置合理的支撑点，且需有可靠的稳定构件措施，用钢丝带加紧固器绑牢，以防构件在运输时受损。

对于散装运输的构件，要保证构件与构件之间有一定的空隙，并在空隙之中填放木块以防止碰撞。

3. 对运输车进行规范精益化管理

待码放以及构件固定工作完成之后，便可进行构件的运输。构件通过运输车进行运输，运输过程的好坏将影响到构件的质量。车辆启动应慢、车速行驶均匀，严禁超速、猛拐和急刹车。

4. 装卸设备质量精益化管理

装卸设备的质量会影响到装卸过程的精度。为此，需要定期对装卸设备进行检修，提前发现问题，及时补救，以确保装卸顺利进行。

5. 运输架质量精益化管理

构件的专用运输架的质量对于构件能否稳固地码放在运输车上显得尤为重要。为了方便对运输架进行管理，将运输架植入 RFID 芯片进行身份识别，以便对构件的相关信息进行管理，就可以快速且精确地得知运输架进出工厂的数量。对运输架的质量进行统一管控，收集、统计运输架出现问题的情况以及原因，并形成数据库。将所收集的数据进行分析，判断运输架是否能继续正常工作，对修补之后可继续正常进行工作的运输架及时修补，对已无法正常进行工作的运输架及时更新，保证运输架能够满足运输需求。

6. 运输车辆质量精益化管理

运输车辆在整个运输过程中起着至关重要的作用，所以对运输车辆质量的精益化管理是极其重要的。

（1）出车前质量检查

发动机运转状态下，观察各仪表工作是否正常；后视镜是否到位；灯光信号装置是否完整无损、有效清晰；车辆GPS是否能够精确定位等。

其中，车辆GPS是否能够精确定位将直接影响到构件是否能顺利地按既定路线进行运输，并且也将影响到运输过程中遇到突发情况时的新路线规划。

运输架正确地安装在运输车上以及构件精确地固定都将能够在极大程度上避免运输过程中发生构件的碰撞、滑移等现象而造成构件的质量受损。

（2）行车途中质量检查

路途遥远且路况复杂，前期的检查再详尽也不能够完全避免意外的发生。在运输途中需要司机根据已有的经验对车辆的实际情况进行判断，例如方向盘是否灵活、可靠，符合标准；检查离合器踏板行程及分离情况，离合器踏板与换挡配合的情况等可能影响到车辆正常行驶的事项。

即使未出现上述情况，在行驶一段时间或一段距离后也需要停下车来进行休整和系统性的检查，避免因长时间运输而出现轮毂温度过高的问题。

（3）行车结束后质量检查

在每一次行车结束之后都需要进行一次全面的检查。主要包括以下项目：检查是否有泄漏情况；检查燃油、润滑油、制动液，按需补充；检查轮胎等。检查中如果发现有异常或故障，应及时修理、排除。

行车后的每一次检查并非无任何意义的，大多数的质量问题都是在行车结束之后检查出来的。行车后的质量管理与行车前的质量管理是相对的，这一期的行车后质量管理，是下一期的行车前质量管理。

6.2.4　安全精益化管理

"安全第一、预防为主、综合治理"是国家安全生产管理的方针政策。无论是在日常的生活还是工作之中，有关安全的问题都不容忽视。虽然安全问题一直在提，但还是难以彻底避免。为了进一步降低安全问题发生的频率，装配式建筑精益建造精益运输提出了安全精益化管理这一概念。

对于运输安全精益化管理，主要涉及运输构件、运输设备、操作人员这三个方面。

1. 运输构件分类

装配式建筑的种类可大致分为：砌块建筑、板材建筑、盒式建筑、骨架板材建筑和升板升层建筑等。不同的装配式建筑所需的装配式构件也不相同，区分好每一次运输的构件并使用合理的运输车辆是十分重要的，以避免安全事故的发生。

2. 运输设备要求

（1）租赁运输车辆使用之前需检查其相关证件。不仅如此，构件运输所需的设备还需具有合格证，工作性能良好，并履行进场报验手续。

（2）汇总每一类型构件单次运输的总质量与不同的运输车的载重能力，以进行相关匹配，保证运输车能够满足运输要求。

（3）运输车辆所有车灯处于有效工作状态。

（4）运输车辆进行夜间运输的情况也越来越常见，运输车辆四周布设反光条是非常必要的。

3. 操作人员要求

（1）运输设备操作人员必须持证上岗。

（2）防止疲劳驾驶，严禁酒后驾车。

（3）定期对操作人员进行培训，并在每一次培训后进行考核并记录成绩情况，考核通过的操作人员方可持证上岗。

（4）让运输车操作人员了解并掌握该作业项目的安全技术操作规程和注意事项，减少甚至避免因违章操作而导致事故的发生。

6.2.5　相关技术

装配式建筑精益建造精益运输，如何才能实现精益？

随着客户对信息化要求的不断提高，这对企业信息技术的要求也越来越高，利用信息技术成为当下的必要条件。为此，将 RFID 植入预制构件之中对其进行身份标识，以便对构件从生产、质检、出厂、工地接收、工地质检、装配、维护等整个生命周期的相关信息进行管理。利用 RFID 实现装配式精益建造精益运输，提出"RFID 预制件管理系统"方案，BIM+RFID，依靠先进的技术，减少不必要的消耗，增加企业收益，实现真正意义上的精益建造。

（1）对预制构件的全生命周期进行自动识别，自动记录预制构件在各个环节的时间、数量、规格等信息。当所生产的预制构件满足施工现场的需求时便可停止生产，实现运输前的精益化生产。

（2）实现信息的实时同步，综合管理平台可进行实时监控，根据实际情况进行方案的制定或者修改。

运输车辆出发之前，需要预先对运输路线进行规划。然而在实际情况中，运输需求信息是不断变化的，路线临时更改的情况也有可能出现。在装配式建筑精益运输环节中，可以利用 RFID 和 GPS 技术实时采集运输过程中建筑构件的状态和位置信息。

1）RFID

RFID 的双向通信为预制构件运输阶段的系统控制和信息传播提供了很大的灵活性。

2）运输车辆定位

在所有的运输车辆上安装 RFID 标签和 GPS 定位系统，通过信息系统中的数据库，将构件与运输车对应，通过 GPS 网络定位车辆，获得车辆的出发时间、车辆实时速度和实际位置。BIM+RFID 技术示意图如图 6-7 所示。

预制构件管理：BIM ＋ RFID

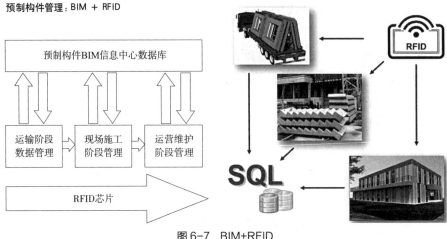

图 6-7　BIM+RFID

6.3　装配式建筑精益建造精益运输策略

6.3.1　编制运输计划

与传统现浇建筑相比，装配式建筑增加了构件生产、物流运输和装配安装环节。其中装配式建筑的大部分预制构件在预制工厂被集中统一生产，然后再运输到施工现场进行吊装和装配，并且装配式建筑项目所需的各类预制构件数量多、重量大且形状极不规则。因此构件生产企业和物流运输承包商需要将装配式建筑精益建造与 BIM 技术有效结合，以保证装配式构件物流运输的顺利进行。装配式构件的运输计划应主要考虑到以下三点因素，分别是运输路线的勘察和路况了解、运输车辆的选择、BIM+QRC+BDS 技术的辅助利用。预制构件的运输和吊装流程如图 6-8 所示。

1.运输路线的勘察和路况了解

预制构件从加工厂运输到施工现场之前，应该制定一个合理的运输方案，进而确定最优运输线路。在运输路线的勘察和确定中，应做到以下五点。第一点是在构件运输之前，应该对加工厂到施工现场的路线进行精确的勘察，对沿途可能经过的桥梁、隧道、桥洞、山脉做

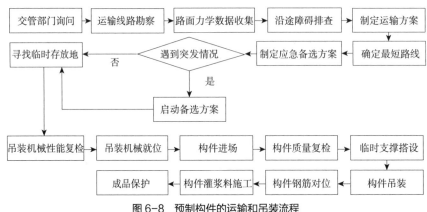

图 6-8　预制构件的运输和吊装流程

详细记录。二是对桥梁、隧道、桥洞、山脉等基础设施的最大承载力和其他力学数据进行总结，归纳其允许的通行高度、宽度、重度、坡度等，并对沿途是否有障碍物等做详细记载。三是坚决杜绝根据经验或者询问得来的数据制定运输方案，有必要去当地交管部门深入了解路况。四是关注沿途限高、限行规定、路况条件等，最好进行实际线路勘察，避免由于道路原因造成运输降效或者影响施工进度。五是运输线路应该达到最短距离，有必要仔细查看该地区道路规划图纸，确定最优运输线路。

2. 运输车辆的选择

在 PC 构件运输中选择不合理型号的运输车，甚至有些单位用中小型的货运车，经过简单绑扎就上路，这都是极度不负责任的表现。此外，施工现场场地坑洼不平，运输车在颠簸运行中也会发生构件倾覆。

解决此类问题，需要了解预制构件的物流运输方式和专用的 PC 构件运输车。如今，国外发达国家的物流运输主要采用甩挂运输方式。甩挂运输（Drop and Pull Transport）指的是一辆带有动力的机动车（主车）连续拖带两个以上承载装置（包括半挂车、全挂车甚至是火车底盘上的货箱），将挂车甩留在目的地后，再拖带其他装满货物的装置返回原地，或者驶向新的地点，以提高车辆运输的周转率和方便货主装货的运输方式。甩挂运输车和普通平板车对比如图 6-9 所示。

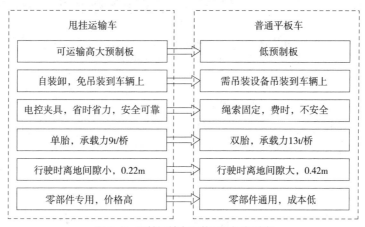

图 6-9　甩挂运输车和普通平板车对比

国外是根据预制构件自身尺寸和性能来量身定做托盘运输车，当构件重量超过一定限度时，可选液压悬架作为悬挂方案，如果构件易磕碰，也可采用空气悬架。此外，车上的负载固定装置也可调节构件的纵向倾角，可使其牢牢固定在所需位置。例如，德国 LanGendorf（朗根多夫）预制构件运输车就是运用的甩挂运输原理，其装卸原理图如图 6-10 所示。

我国的运输车的运输方式基本是以一车一挂为主。我国自主研发的 PC 构件运输车，对构件两侧的保护相对来说比较到位，由于其中间为预制构件装载区，并且钢架结构具有滑动功能，对于在运输道路上可能出现的构件滑落，或者场地坑洼不平造成的构件挤压损坏问题，都有较好地改进。国内外预制构件运输车辆的对比如图 6-11 所示。

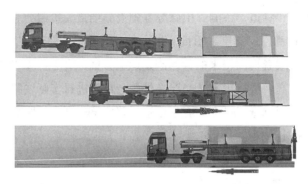

图 6-10 LanGendorf 预制构件运输车装卸原理图

（a）   （b）

图 6-11 国内外预制构件运输车辆的对比
（a）国外预制构件运输车；（b）国内平板运输车

3. BIM+QRC+BDS 技术的辅助利用

QRC 技术是近年来移动终端设备超级流行的编码方式，是特定几何图形按一定规则排布、用于记录数据信息的图形，具有信息容量大、编码范围广、成本低等特点。BDS 是我国自主研发的导航定位系统，可在全球范围内全天候、全天时为用户提供高精度、高可靠的定位和导航服务，BDS 定位技术避免了 GPS 在室内装配构件时无法提供精准定位的缺陷。

当预制构件生产完成时，物流运输模块即启动，对应的预制构件也将与 BIM 模型同步。运用 BIM+QRC+BDS 技术，通过可视化数据来实时跟踪运输车辆，最终转换为预制构件运输 3D 图形，解决了构件在运输阶段缺乏可追溯性的问题。这些实时信息可用于协调各利益相关者在规划、调度、执行和控制等过程中产生的决策和操作问题。在施工现场的入口处安装红外线感应装置，运输车辆进入施工现场后，可以第一时间感应到预制构件的信息，再根据构件的入库状态制定或调整施工计划。物流运输信息管理原理图如图 6-12 所示。

最后，在制定装配式构件的运输计划中，除了要考虑到以上三点之外，预制构件在运输过程中的稳定性和安全性也是不可忽视的一部分。构件装车及固定方式要合理设计，严格检查防倾覆措施，保证紧固，避免倾覆。在构件运输过程中也要对稳定构件的措施提出明确要求，确保构件在运输过程中的完好性。

预制构件装车　　　　　　　　运输信息管理

BDS 定位系统　　　　　　　　构件物流跟踪

图 6-12　物流运输信息管理

综上所述，构件生产企业和物流运输承包商应针对安装工地的构件需求实际制定运输计划，要适应构件的体积和形状来安排与之匹配的特种运输车辆，并根据途经道路的交通管制情况动态调整物流计划。

6.3.2　优化运输路线

装配式构件从工厂到工地，在这期间构件可能会受到各种影响。构件运输存放阶段的问题如图 6-13 所示。而且按照施工进度的不同需要用到不同的构件，在这期间需要精确的信息和及时的运输来避免工期延误。因此运输路线的优化选择十分重要。而运输路线的优化又可以分为构件从工厂到工地之间线路的优化和施工现场临时道路的优化。

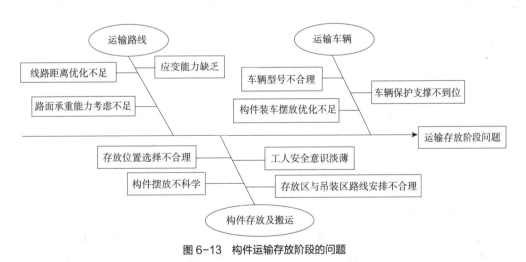

图 6-13　构件运输存放阶段的问题

1. 从工厂到工地之间的线路优化

装配式建筑在运输过程中可能会受到各种外界因素的影响从而影响构件的质量安全，导致施工进度放缓。如交通事故、天气等客观因素的影响，使得装配式建筑构件不能按预期到达指定的工作场所。并且装配式建筑构件运输道路环境较差，由于道路环境恶劣，路面崎岖造成车辆颠簸导致构件损坏的情况屡见不鲜，构件损坏将严重影响到装配式建筑构件的运输效率。

（1）建立装配式智能运输系统

为解决上面提到的问题，可以运用智能式运输系统来对装配式构件从工厂到工地之间的线路进行优化。装配式智能运输是指利用先进的信息通信技术，通过网络智能一体化，运用大数据平台和工地互通，能够做到及时、准确，尽可能地消除各种不利影响，从而提高工程效率。

装配式智能运输系统建立后，BIM 信息管理共享平台在接收汇总车载 GIS 上传的相关构件位移、运输线路和交通状态信息后，可即时对工地场外和场内线路实施优化调整。GPS 的物流配送监控系统通过对运输路线、运输时间的测算，测算出从生产厂家到施工现场的最优线路及备选线路，并测算出总时长，有效地指导运输车辆，降低运输成本。

（2）检查运输路线

因构件厂不一定靠近项目所在地，导致构件的运输路程较长，故在正式运输装配式构件之前，应事先对路线进行检查，详细了解几条预选路线的路况、运输限制等情况，从而对运输路线进行调整，确定最佳运输路线。

因此在运输车辆出发前，应该让路勘组织人、客服和物流供应商三方的工作人员进行道路情况的查验。从而确保运输过程中人员和构件的安全。

（3）改善构件运输时的道路情况

装配式构件运输时，应提前规划好相应的运输道路，并尽可能地避免外界因素的干扰。装配式构件运输时应选择平坦宽阔的道路，必要时可在现场确定道路具体情况，之后再运输。如果出现道路施工，可以选择更优的道路进行运输。运输中过桥时一定要保证最大车辆重量的上限，确保运输线路中路基的稳定。

（4）制定恶劣天气的防护措施

在对装配式构件运输路线进行优化时，不能忽略了恶劣天气条件对构件运输造成的影响。运输车上除驾驶员外，还应指派一名助手协助观察，应时刻注意两侧行人及障碍物影响，及时发现不良情况并采取处理措施。构件运输车在恶劣天气条件下行驶时，行驶速度应控制在 40km/h 内，密切注意运输车及前方道路情况，发现异常可及早采取相应措施。非紧急情况严禁高挡位急起急停，尽量避免突然加速、刹车，在经过弧度较大的弯道、交叉路口时，运输车必须减缓速度。

2. 施工现场临时道路的优化

目前，我国建筑工程现场临时道路大都使用一次性现浇混凝土，这导致的直接后果有：一是产生大量的建筑垃圾，造成资源的浪费；二是增加我国实现节能减排目标的难度。下面将逐一分析施工现场临时道路存在的问题，现场道路需要满足的要求和装配式水泥混凝土路面的使用。施工现场临时道路的情况如图 6-14 所示。

（1）施工现场临时道路存在的问题

施工现场临时道路具有通行车辆行驶速度不高、重载交通居多、工地施工环境较恶劣等特点。通过调查发现临时道路建设前期的处理情况较简单，常见处理方法是路基压实后加铺

图6-14　施工现场临时道路的情况

碎石或建筑垃圾，且路基压实不够充分，从而导致基层强度不足、表面平整度差和路基的不均匀沉降、稳定性差等问题；接缝设置较简单，荷载传递能力差，在温度变化的影响下路面板易产生断裂或拱胀等破坏；排水措施较差，部分道路存在晴天仍然路边积水的情况，致使水损害的情况较严重。总体看来，施工临时道路的施工大多随意，且并未按相关设计与施工规范进行建设。

（2）现场道路需要满足的要求

首先，施工现场的临时道路应充分考虑构件运输车辆的相关因素，满足运输构件的大型车辆的长度、宽度、转弯半径和荷载要求。同时现场运输道路和构件堆放场地应做到坚实平整，并具有相应的排水措施。运输车辆在进入施工现场后，构件进行卸放、吊装等的各种方位内不应有障碍物，并且需要拥有满足预制构件周转使用的场地。最后有条件的施工场地应设置环形场地，拥有进入、离开两个出入口，从而不影响其他运输车辆的进出。

（3）装配式水泥混凝土路面的使用（图6-15）

装配式道路是一种可以循环利用的道路，预制面板可以在工厂实现产业化的生产，相当于标准的产品，运到现场就可以直接进行安装，既方便，又快捷，提高了施工的效率。预制面板高标准的机械化程度，也减少了现场人员的配备，在用工成本和安全生产方面都有所帮助。

图6-15　装配式混凝土路面

装配式水泥混凝土路面是将预制好的小型水泥混凝土面板装配在基层上的路面，具有以下优点：板块生产质量易保证；施工进度快；可重复利用；易于拆换修理。并且采用装配式混凝土预制面板拼装成临时道路，不仅减少了产生的垃圾和污染，有效减少了建筑垃圾，还能避免出现粉尘、建筑污水、噪声等环境问题，有利于我国城市健康绿色发展。

我国装配式道路在施工现场的使用目前还存在着一些问题待解决。例如，预制面板规格相对较小，板与板之间无连接结构，承载能力相对较低，受到车辆刹车等问题影响容易造成面板错动；构件预制工艺相对简陋，造成施工技术规格偏差较大，周转率相对较低等问题。

6.3.3 预制构件运输

预制混凝土构件如果在存储、运输、吊装等环节发生损坏将会很难补修，既耽误工期又造成经济损失。因此，预制构件的运输过程十分重要，其中主要需要考虑到以下四点，分别是构件运输的准备工作、预制构件的运输方式、构件运输过程中的稳定性和安全性、构件临时存放区域的选择。

1. 构件运输的准备工作

（1）制定运输方案

此环节需要根据运输构件实际情况如配送构件的结构特点及重量，装卸车现场及运输道路的情况，施工单位或当地的起重机械和运输车辆的供应条件以及经济效益等因素综合考虑，最终选定运输方法、选择起重机械（装卸构件用）和运输车辆。

（2）设计并制作运输架

此环节需根据构件的重量和外形尺寸进行设计制作，且尽量考虑运输架的通用性，保证预制构件装车时不受到损害。常见的两类预制构件运输架如图6-16所示。

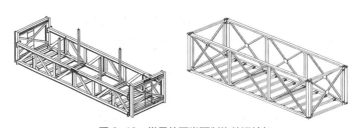

图6-16 常见的两类预制构件运输架

（3）验算构件强度

对钢筋混凝土屋架和钢筋混凝土柱子等构件，根据运输方案所确定的条件，验算构件在最不利截面处的抗裂度，避免在运输中出现裂缝。如有出现裂缝的可能，应进行加固处理。并且在起吊、移动过程中混凝土强度不得低于15MPa，在设计无明确要求时，柱、梁、板类构件强度应不低于设计强度的75%才能运输。

（4）对构件进行清查核对

预制构件出厂前应完成相关的质量验收，验收合格的预制构件才能进行运输。同时在运输前应按照清单仔细清查核对构件的型号、规格和数量，有无加盖合格印和出厂合格证书等。

（5）查看运输路线

此环节应组织有司机参加的有关人员查看道路情况，沿途上空有无障碍物，公路桥的允许负荷量，通过的涵洞净空尺寸等。如不能满足车辆顺利通行，应及时采取措施。此外，应注意沿途是否横穿铁道，如有应查清火车通过道口的时间，以免发生交通事故。

2. 预制构件的运输方式

常见的装配式预制构件有预制楼板、预制梁、预制柱、预制墙体等，不同的预制构件需要有不同的运输方式，以确保构件在运输过程中的安全性，从而不受到损害。下面将一一阐述预制柱、预制梁、预制楼板和预制墙体这些预制构件的运输方式。

（1）预制柱的运输方式

装配式预制柱通常在工厂内加工完毕后，再运输至现场进行装配，在现有技术中，对装配式预制柱的运输过程为：首先，通过钢丝绳对装配式预制柱进行捆绑，再通过塔式起重机将装配式预制柱移动至运输货车上。但装车和卸车都依赖于钢丝绳，若钢丝绳绑得太紧，则装配式预制柱在其自身重力之下，表面造成损伤，且钢丝绳耗损严重；若钢丝绳绑得太松，则因为装配式预制柱的表面较为光滑，则很容易在移动的过程中滑落，存在着巨大的安全隐患。诸如此类的问题在预制柱的运输中仍待解决。

图 6-17 载重汽车上设置平架运短柱
1—运架立柱；2—柱；3—垫木；4—运架

在现有的预制柱的运输中，长度在 6m 左右的钢筋混凝土柱可用一般载重汽车运输（图 6-17），较长的柱则用拖车运输。拖车运长柱时，柱的最低点至地面距离不宜小于 1m，柱的前端至驾驶室距离不宜小于 0.5m。柱在运输车上的支垫方法，一般用两点支承（图 6-18）。如柱较长，采用两点支承柱的抗弯能力不足时，应用"平衡梁"三点支承（图 6-19），或增设一个辅助垫点（图 6-20）。

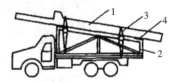

图 6-18 用拖车两点支承运长柱
1—柱子；2—捯链；3—钢丝绳；4—垫木

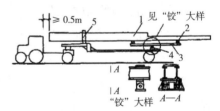

图 6-19 拖车上设置"平衡梁"三点支承运长柱
1—柱子；2—垫木；3—平衡梁；4—铰；5—支架（稳定柱子用）

（2）预制梁的运输方式

预制梁构件的质量、体积、长度相对较大，属于大件运输。此处我们主要讨论屋面梁的运输方式。屋面梁的长度一般为 6~15m。6m 长屋面梁可用载重汽车运输（图 6-21）。9m 长以上的屋面梁，一般都在拖车平板上搭设支架运输（图 6-22）。

（3）预制楼板的运输方式

预制楼板的运输通常采用立式运输方案和平层叠放式运输方案。对于内、外墙板和 PCF 板等竖向构件一

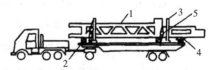

图 6-20 拖车上设置辅助垫点（擎点）运长柱
1—双肢柱；2—垫木；3—支架；4—辅助垫点；5—捆绑捯链和钢丝绳

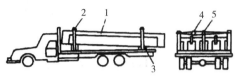

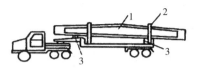

图 6-21　载重汽车运 6m 长屋面梁
1—屋面梁；2—运输立柱；3—垫木；4—捆绑钢丝和捯链；
5—50mm×100mm 方木

图 6-22　拖车运 9m 以上屋面梁
1—屋面梁；2—运送立柱；3—垫木

般多采用立式运输方案（图 6-23）。具体的运输方法为在低盘平板车上安装专用运输架，墙板对称靠放或者插放在运输架上。而对于叠合板、阳台板、装饰板等预制构件来说，这类水平构件多采用平层叠放式的运输方法（图 6-24）。在进行预制楼板的平层叠放式运输中，标准 6 层/叠，不影响质量安全可到 8 层/叠，堆放预制板时要按产品的尺寸大小进行堆叠。而对于预应力板，通常可到 8~10 层/叠。

图 6-23　预制楼板的立式运输

图 6-24　预制楼板的平层叠放式运输

（4）预制墙体的运输方式

对于装配化程度较低的墙体而言，其整面墙体通常由多块对接构成，因每块墙体的幅面均相对较小，且墙体的内外装修是在现场进行的，在运输过程中通常采用平放的方式，常规的运输车辆即可满足要求。但对于大幅面或整面预制墙体来说，因其体积大、幅面广，平放很容易影响墙体的内部结构。

为解决现有技术中存在的上述问题，下面介绍一种预制墙体运输车，其具有结构简单、控制容易、安全可靠的优点，可实现预制墙体的竖向运输。在实际应用中，将预制墙体竖向吊至台板上并使其处于侧挡板和支撑板之间，通过多个第一油缸驱动对应的支撑板向侧挡板一侧移动，即可将预制墙体的下半部挤压在侧挡板和多个支撑板之间，通过两个第二油缸驱动后挡板向前移动，实现了预制墙体的竖向运输，保证了其结构的稳定性，且具有吊装方便、控制容易的特点。预制墙体运输车示意图如图 6-25 所示。

3. 构件运输过程中的稳定性和安全性

在预制构件的运输中，构件的稳定性和安全性是不可忽略的重要因素。例如预制混凝土

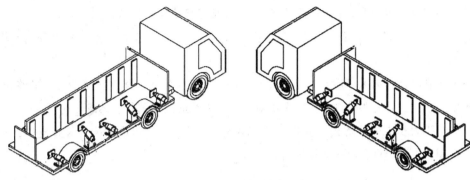

图 6-25　预制墙体运输车示意图

构件剪力墙、楼板等它们的长度与宽度远大于厚度，正立放置自身稳定性较差，因此应设置侧向护栏或其他固定措施的专用运输架对其进行运输，以适应运输时道路及施工现场场地不平整、颠簸情况下构件不发生倾覆损害的要求。

预制构件在装车的过程中，可采用以下方式来保证构件的稳定性和安全性。先将预制构件置于运输架上；降低运输车后部拖车高度并倒车使运输架嵌入车内；拖车提升至正常高度；再通过智能机械手臂对构件提供侧向支撑，从而使得构件运输过程中的稳定性和安全性得到了保障。

为了使预制构件从工厂到施工现场运输的安全进行，构件运输过程中还应该做到以下几点注意事项。

（1）对于超高、超宽、形状特殊的大型预制构件、薄壁构件、饰面反打构件、窗户预埋构件的运输和存放应制定专门的质量安全保证措施。

（2）运输时宜采取防护和成品保护措施，避免运输过程中的磕碰。

（3）外墙板应采用立式运输，外饰面层应朝外，梁、板、楼梯、阳台宜采用平层叠放式运输。

（4）采用靠放架立式运输时，构件与地面倾斜角度宜大于80°，构件应对称靠放，每侧不大于 2 层，构件层间上部采用木垫块隔离。

（5）采用插放架直立运输时，应采取措施防止构件倾倒，构件之间应设置隔离垫块。且应有可靠的稳定措施，用钢丝带加紧固器绑牢，以防构件在运输时受损。

（6）水平运输时，预制混凝土梁、柱构件叠放不宜超过 3 层，板类构件叠放不宜超过6 层。

4.构件临时存放区域的选择

构件运到施工现场之后，需要对构件进行合理的存放。但特殊情况下，当构件需要临时存放时，存放区域的选择极为重要。

（1）存放区域应该合理安排，其位置与施工区域、生活区域应该有效协调，尽量使构件在施工现场的运距达到最短，降低一切可能出现的危险因素。可以借助运筹学中的最短路径思想，采用矩阵法来确定构件存放区或者仓库的位置。

（2）构件重叠堆放时，构件之间的垫木或者其他垫块应该摆放在同一直线上，且其在堆放时，如遇刚性搁置点，应在中间塞入柔性垫片，以防止构件损坏。预制楼板等构件堆放层数应该不大于6层。

（3）在确定好存放区域后，一定要按照构件类型分类设置，让现场保持绝对平整和干燥，并且应该提前摆放好专用构件存放架，绝对禁止工人在此区间逗留、休息。

（4）施工人员必须具备相应资质，接受培训，为临时摆放区内的构件设置支撑，且定时检查其牢固度、稳定性，直至运往吊装区。

第7章 装配式建筑精益建造精益施工管理

7.1 装配式建筑精益建造精益施工管理理念

7.1.1 精益施工的内涵

精益施工，是一种"通过设计生产系统来最大限度地减少材料、时间和精力的浪费以产生最大可能价值的方式"。是指当工程正在进行的时候，在能够尽力做到实现效率最大化的同时，保证浪费与污染最小化。相比传统施工而言，精益施工可以在保证提高项目质量和效率的同时，降低施工对环境产生的影响。

精益施工的内涵来源于制造业的一种思想。归根结底，精益施工是制造业精益制造原理在工程建设领域的一种应用，它使用了一种在制造业中十分重要的概念，与此同时这个概念也就成为精益施工的内涵，即精益思想。

精益思想虽说作为精益施工的核心内涵，但它的起源却并不是精益施工所在的建筑行业，而是首先诞生于与建筑行业毫不相干的制造业，并且自诞生以来就在制造业中起到了很好的效果。精益思想要求企业能够找到最合适的方式给顾客提供企业能够产生的价值，要求明确每一项产品的价值流，使得产品在最早期的设计阶段与最终到达顾客面前这个过程流畅顺利，让顾客成为产品生产的拉动者，在生产中不断改进、精益求精、尽善尽美。回看历史，制造业由起始阶段的手工业，通过精益思想将传统手工业向着精益生产发展，将制造工序不断地拆分、优化流程、精进过程，转换为现在的流水线作业。精益施工的内涵也是精益思想，同样的道理，我们也可以借鉴精益制造的方法，应用精益思想，将注意力聚焦于施工环节，通过统一工具标准、统一工序标准、统一管理标准来实践精益施工。

建筑业与制造业有很大的不同，由于建筑项目中存在的不确定性和复杂性，其涵盖的不可控因素远远大于制造业，况且建筑业中是固定的产品由流动的人来生产，而制造业中是流动的产品由固定的人来生产，这使得建筑行业中的流程经常被打断，产生各种浪费并降低生产效率，所以精益施工不是简单地将精益生产的概念应用到建造中，而是根据精益生产的思想，结合施工的特点，对智慧施工过程进行改造，形成功能完整的精益施工系统。精益思想在建筑行业的应用困难重重，即使经过这么多年的发展，由精益思想领导的精益施工的应用在整个建筑行业中目前还处于不断试探摸索的阶段。不过目前在国外也已经有不少的建筑公司采用了精益思想进行施工，并且产生了很好的成效。

通过精益施工理论提倡者们十几年的不懈努力，精益施工的理论体系大厦构建日益完善，从精益施工被提出以来直至今天的这二十多年中，建筑行业的变化不可谓不大，近期在各种兴起的建筑信息化技术、智能建造的加持下，精益施工的实践经验和各种技术都有着长足的发展与提升。

7.1.2 精益施工的特点

精益施工是一种新型的对顾客实现价值最大化、浪费最小化的新型施工方式，其特点主要有以下几点：

1. 有助于提高建筑业的施工管理水平

精益施工可以从一线施工作业的建筑从业者开始，通过不断地进行知识方面的培养与思想建设，不断地帮助一线员工查找施工中可能存在的问题，并且帮助员工分析问题并提出解决问题的方法，进而不断地改进施工方式与施工管理水平。如果坚持不懈地以精益思想作为指导思想，辅之以企业、一线管理人员和一线建筑从业者的不断试错与改进，将可以使建筑业的施工管理提升到一个新的水平。精益施工中的模块化施工，可以如同制造业一般将建筑施工拆分为许多个环节，每个环节可以由特定的员工来进行，这样对症下药不但可以降低劳动强度，缩短施工现场的工期，而且并行施工法的实施，可以在很大程度上减少返工、复工等情况的发生。精益施工最重要的特点还体现在建筑业的施工管理水平的提升，只要长此以往，不断地将精益施工落实到实处，为一线从业人员长期不懈地进行知识层面的改造与思想建设，我国建筑行业施工管理水平在总体环境中将会产生质的改变。

2. 有利于加速提高建筑业施工人员素质

实现精益施工需要涉及施工阶段的每一个环节，并且需要每个企业中每一个系统、每一个部位、每一位员工的运作的配合。精益施工始终以精益思想为核心，要求一个施工案例中的所有一线人员和管理人员都要在保证将自己的本职工作做到最好的同时，还要在施工过程中将整个企业的责任作为己任，充分发挥团队合作的精神。推广精益施工过程中对一线施工人员的培训和对一线管理人员的培训都是提高他们文化素质和管理素质的非常不错的方式，在经历精益施工的精益实践培训后，企业员工的整体素质会有所提升。精益施工的推广需要始终以精益思想为核心，对一线员工和管理者进行思想建设和文化水平建设，让其整体素质在经历完整的一个精益施工的精益实践培训后可以有一个质的飞跃。能够显著地将整个企业的人员的平均素质拔高一个档次，向着未来大趋势所导向的高素质施工团队方向奋力发展。

3. 符合智能建造的行业未来趋势

智能建造是信息化、智能化与工程建造工程施工过程高度融合的创新建造方式，智能建造技术包括了BIM技术、物联网技术、人工智能技术等。智能建造的本质是基于物理信息技术实现智能工地，并且结合设计和管理实现动态配置从而对施工方式进行改造与升级的生产方式。智能建造在施工方面目前的主要发展趋势为施工过程中利用基于人工智能技术的机器人代替传统人工的方式进行监管，计算一线员工工作时间与休息时间的配比，并且根据这一配比作出调整，控制一线工作人员劳与逸相结合，形成最大化生产效率。精益施工的定位也恰恰如此，精益施工可以在工程正在进行的时候，使得整个系统能够尽力做到实现效率最大化的同时保证浪费与污染最小化。也就是说在把施工作为一种复杂的、动态的系统来对待的同时，对这一复杂动态系统的运行过程和步骤进行合理划分、优化，以减少施工错误的来源，使得大部分有序的工序完成效率得到提高。精益施工与智能建造的行业未来趋势是相辅相成，目的趋于一致的。在现今互联网＋的背景下，建筑信息化已经成为建筑业的大势所趋，未来的时代，以信息化技术完善精益建造精益施工方法，可以使得精益施工的效果更上一层楼。

4. 定向培养行业一线业务专精人才

由于一线的施工业务专精员工是企业的固定员工，参与的施工时间越长，经验就越丰富。根据零浪费、零故障、零缺陷和追求完美的精益思想进行精益施工，这些员工可以在无数的施工实践中对所遇到的质量问题发生情况进行总结，这样可以在以后其他工程的施工中规范其他的外包施工队伍，可以避免同样的错误多次发生并且精益求精。

通过精益施工的精益思想，在平时也可以让建筑业一线员工不断地学习新的施工技术、施工手法、施工工艺和施工措施，为员工未来参加新的项目施工做好充分且完善的准备。一线业务专精人才作为一个施工项目中决定工程工期的最重要要素，在项目施工中发挥的作用是相当重要的。尽管精益施工的前期准备和总体策划是精益施工较为重要的环节，但是精益施工对于企业的一线业务专精人才的培育也是不可忽视的一个重要部分，甚至可以说在相当多企业中会是处于企业战略核心部位的一个环节。只有足够多的一线业务专精人才，企业的施工水平才会有整体上升，企业的核心竞争力也才会因此而大大提升。

5. 有利于降低建筑企业经营成本

精益施工对企业的结构形式的调整，通过对建筑业企业组织形式、建筑业企业中采取的工作制度、建筑业企业的信息管理系统、建筑业企业的管理技术等方面进行归纳与汇总，寻找到最为经济、最为有效的用人方案以及建筑业企业最佳的运作方案，其中涵盖了建筑业企业设备运作情况、建筑业企业资金流动情况、建筑业企业追求利润最大化等与建筑业企业有关的关键环节。精益施工要求改变传统的组织结构，要将传统的组织结构逐渐向着"价值流"型组织结构慢慢转变。若成功转型，可以将企业传统组织结构中大部分的"无效"时间产出变为"有效"的时间产出，可以在大大降低企业运营成本的同时，提高企业的有效时间产出。

7.1.3　精益施工的指导流程

1. 精益施工现场的整理

精益施工现场的整理工作是指对精益施工项目现场物资和资源的总体整理，以及通过对现场资源、设备、工具、废物、材料等各类用品的整理，对于精益施工现场中不需要使用到的物品需要及时加以清理，例如各种建筑垃圾、建筑废弃物、个人用品等。通常来说，建筑工程的覆盖范围比较广泛，其中涵盖了地基与基础、主体结构、建筑装饰装修、建筑屋面、建筑给水、排水及采暖、建筑电气、智能建筑、建筑通风与空调、电梯等。在对精益施工现场进行整理时，可以适当地对建筑工程施工现场进行分区。首先根据各种区位的作用可以将建筑工程精益施工现场分为生活区、施工区、办公区与存放区等大区，并在不同的区域中将物体分为需要与不需要两大类别。为了保证这个过程的完整实施，可以为物品整理这一行动制定标准并且公布于精益施工现场，安排专人进行每日现场巡查，确保精益施工现场的有序性和效率性。对于精益施工现场的整理，是确保精益施工有序进行的重要前置条件。

2. 精益施工现场的整顿

在精益施工现场整理工作的基础上还应当进行现场整顿，即将工具、器材、设备、材料等按照其统一标准进行区别放置，通过定性与定量的方式对各种物料进行标注，以方便在精益施工中可以快速便捷地找到所需要的资源。这样可以在很大程度上节省施工过程中时间成本的投入，从而提高施工的整体效率，以实现精益施工的目的。

3. 精益施工现场的清扫

精益施工现场的清扫工作，在精益建造理论应用中也是十分重要的一环，是精益施工的关键环节之一，精益施工现场的清扫是在前两个精益施工现场筹备的基础上，维护施工现场环境的重要手段。现场清扫主要包含了两大方面的内容：一是施工现场的清扫工作，这一方面是为了确保施工现场的整洁。在对施工现场进行清扫的过程中需要注意的是要对施工现场的每一处进行详尽地检查，不能放过每一处可能存在质量问题或者安全隐患的区域。并且将可能存在安全隐患的危险区域标记出来以警示其他的施工人员，提醒他们注意安全，无论何时何地，施工现场的安全都是要放在第一位的。二是设备设施的清扫工作，这一方面内容是为了去除设备设施内的外部杂质，减少设备设施内的杂质对于设备设施的影响，确保设备设施的施工效率和施工质量，同时也保证施工的安全性，此外还能对设备进行养护。在完成以上两项清扫时，可以将对应区域安排指定的负责人负责，并且增设相对应的考核机制以提高清扫工作人员的工作主动性与工作积极性，使得精益施工的现场能够更加整洁、安全，让精益施工更加高效。

4. 精益施工现场的清洁

精益施工作为精益思想在建筑行业的应用，是对建筑行业的一大考验，在需要综合考虑诸多管理因素和限制条件的前提下，施工企业需要考虑如何为精益施工的现场实施扫除障碍，以确保精益施工的顺利进行，确保真正达成精益施工的高效率、节省时间与高质量的特点。精益施工现场的清洁作为精益施工的重要一部分，在现场的布置中起到举足轻重的作用，是继前三项工作之后的又一次对于现场环境的管理与控制，并对前三项工作的全部管理阶段与环节都进行有效的监督与管理，确保精益施工现场的整顿效果。精益施工现场的清洁可以在做到营造一个更好的施工环境的同时，确保一线员工的生命财产安全并增加一线员工的工作效率。

5. 精益施工现场的培训

在实施精益施工前，需要安排一线施工员工进行精益施工实践，这是实施精益施工前极为重要的一个环节，是精益思想在施工现场应用的前提，也是贯穿整个精益施工中的重要工作。其核心思想在于通过精益思想对一线施工人员进行精益施工技术培训与思想建设，让一线施工人员的整体施工技术与素质都能够不断地提升；同时也通过让一线施工人员参与精益施工实践，积累足够的精益施工经验。其中不仅仅是对于一线施工人员的培训，还包括了对于一线管理者的培训，只有现场所有人员的水平与素质都不断提高，以精益思想为核心的精益施工才能够顺利实施，而对于一线的管理者，应当制定不同于一线施工人员的培训方案。

6. 精益工业化施工

精益工业化施工是精益施工的核心部分，精益工业化施工对应不同的项目应当采取不同的施工方式、因地制宜，但总的来说，精益工业化施工的施工步骤大致如下：首先是项目工程的大量或者全部构件、配件、部品、房间或者整套住宅在工厂提前预制完成，通过车辆装载运送到精益施工项目现场。采取运送装配式建筑构配件可以减少不必要的等待时间，精益工业化施工将建筑构配件中拖长施工工期的活动转移到了装配式工厂，在提高项目现场施工效率的同时也加快企业的项目轮转效率。此外，这种施工手法还有利于技术集成，在装配式工厂中的建筑构配件制作可以提高产品的科技含量和功能质量，实现产品的增值，工厂化同时也能方便、稳定地实现建筑构配件的技术发展，对于未来的高科技含量智能化生态建筑施工有着重大意义。

在装配式构件、配件进场时应当考虑各部分建筑构件的进场顺序。需要根据施工流程与步骤规划项目需要的构件、配件与房间的进场时间先后，减少进场构件堆积在施工现场中的等待时间。除了合理的进场时间顺序以外，合理的空间排放顺序也是十分必要的。在装配式构件进场的时间确定之后需要对构件进场之后的空间摆放顺序进行一定的研究，在确保该项施工能够顺利进行的同时，减少该项建筑构件的摆放对其他并行施工项目的影响。尽可能地合理安排建筑构件进场时间与建筑构件在施工现场摆放的空间顺序，可以极大地减少施工时由于顺序原因造成的材料堆积与材料冗余所导致的施工效率降低的问题，同时提高施工现场的整洁程度与施工效率，也可以在施工返工时大大减少重新获取构件所需要的时间，提高返工效率。此外，这种精细的进场管理还可以降低用于建筑构配件等原材料的运输与库存，节约大量的运输费用与大面积的仓储用地，大大减少前置施工项目的压力。

构件经过合理的时间安排与空间排布在精益建筑施工现场摆放完毕后，再通过机械的辅助，运用机械化智慧装配手段将预制的建筑构件、配件、部品、房间或者整套住宅在项目施工现场重新组装。这种组装方式可以将原本任务固定人员流动的生产方式改变成了任务流动而人员固定的流水线作业方式，是精益思想在建筑施工在一线施工的一种体现。精益工业化施工对比传统施工，除了可以不断提高建筑构件的品质与质量，还可以最大化地减少现场作业所带来的原材料浪费，降低资源消耗，减少精益施工现场的环境污染，同时也是精益施工中绿色施工的一种体现，体现了精益思想和绿色理念，代表了施工技术的发展趋势，也是符合绿色精益施工模式需要的现场施工方式。

7. 精益施工现场技术施工

精益施工现场技术施工是在结合了精益思想与识别价值流等精益原则之后，对项目现场施工部分总结并进行施工优化、精简、集成后总结作出的现场技术施工。在精益施工现场对装配式构配件进行安装之前的准备工序，可以恰当地使用该项技术以优化施工流程。该项技术主要用于提高项目现场的施工效率与施工质量，并且减少施工浪费。合理地运用精益施工现场技术施工可以大幅度地减少施工所用的时间。精益施工现场技术施工是在装配式构配件譬如阳台、厨房、浴室、窗台、楼梯、隔墙、部分梁板等安装前后的一系列流程优化技术，在确保了正确安装装配式构配件的同时，可以提高安装的质量。

8. 现场室内精益施工

现场室内精益施工主要针对整个项目中部分没有通过装配式预制、需要现场浇筑的房间装修，分为技术交底、工序管理、样板引路、隐蔽验收几个步骤。首先是技术交底，将设计人员的意图传达给一线施工人员。然后是工序管理，工序管理是现场室内精益施工质量的重中之重，管理好现场室内精益施工的施工顺序可以在极大程度上提高室内精益施工的质量。接下来是样板引路，在每一道工序开始之前都必须要在项目施工现场厂房中制作精益施工样板，在样板制作完成之后经过企业施工现场的技术人员以及企业的设计人员审核合格后，才可以正式以该样板为模型将该技术投入施工现场大规模使用。最后是隐蔽验收，现场室内装修工程的隐蔽验收主要包括对电气安装、给水排水工程、通风及暖气工程、防水工程、天花吊顶等进行隐蔽性验收，这些隐蔽性工程管线通路或者龙骨骨架会埋藏在建筑的装饰层中，需要在最终封板前对其进行隐蔽验收。室内精益施工通常工期较紧，采用以上这种室内施工流程可以极大地在提高施工效率的同时保证施工质量。

9. 精益施工现场四节一环保技术

以精益思想为核心的精益施工过程中保证质量、安全的同时自然避免不了要通过科学管理和技术进步，最大限度地节约资源与减少对环境的负面影响。在精益施工现场中，首先可以通过设立巡视检查小组来对施工现场的临时用电线路与用电设备进行检查，同时拆除不需要的设备与电线线路。其次是施工现场要合理配置采暖、采光、风扇、暖气的数量与运转时间，做到无人无灯的环保和节约。

根据施工现场的条件确定临时作业场所的大小，在保证施工场地能够正常运转的情况下尽可能紧凑地布置施工场地以减少对土方的开挖，减少对周围环境的影响。在施工现场围墙材料的选取上可以选取较为环保的封闭轻钢预制装配式活动围挡，减少建筑垃圾的产生。合理规划并且安排施工现场的道路，确保各个区之间合理流通，减少道路占用土地，最后在临时设施的布置上应当注意合理规划，做到远近结合以减少临时建筑的大量搬迁与拆迁。精益化施工现场的四节一环保技术的设计还可以通过统筹施工现场以及周围的环境来考虑。

7.2 装配式建筑精益建造精益施工的功能目标

7.2.1 进度精益化管理

1. 施工进度精益化管理的内容及影响要素

施工的进度管理，要求管理者基于施工人员、施工器械、施工材料、施工方法和施工环境来综合考虑和调控施工项目的进度。装配式建筑的施工管理相对于传统现浇施工而言更为复杂，一方面其施工更依赖于大型的施工器械如塔式起重机等，施工对器械的依赖使得器械反过来对施工管理造成了更大的影响；另一方面由于装配式建筑的施工方法较传统现浇技术差异较大，其高精度的施工加大施工难度的同时也对施工人员提出了更高更严的要求。而装配式建筑的进度管理，要想达到精益化，就必须要从各个方面入手，全方位精益化才行。一般而言，影响装配式建筑施工进度的要素有：

（1）场地的布置

施工的场地，对于整个施工项目的影响非常大。装配式建筑的施工场地，虽然相对于传统现浇施工的场地而言会干净许多，但现场不仅要布置装配式构件堆放的场所，还要腾出很多空间供大型设备和车辆通行，其管理和布置的难度并没有得到降低。施工场地对施工有利的规划往往是基于各种依据的。基本的依据有：项目的原始材料包括总平面图、地形地貌图、区域规划图和工程勘察报告等；项目的建筑概况包括施工总进度计划、施工方案和施工资源需求计划等；各种材料、构件和设备的供应计划及货物的运输方式等；构件的堆放方案、临时性设备和建筑的规模等。有了这些明确的资料信息，我们才能做进一步的场地规划决策。

（2）道路的设置

施工场地的道路是用来通行运输构件的车辆及各类型装卸设施的，其布置的优劣将直接影响整个施工项目。所有工厂生产的装配式构件都需要经过运输才能抵达施工现场，好的施工道路能提高构件运输的效率，为整个项目施工效率的提高奠定基础。布置不够好的施工道路，可能无形之中增加运输车辆的运输路程，造成运输成本增加，还降低了施工的效率，这些影响及浪费均可积少成多，最终反映在成本和进度上。可见道路的设置对于整个项目而言是多么重要。因此，装配式建筑精益施工的进度精益化管理首先是要将施工的道路布置好。

（3）材料构件的堆放及位置

装配式建筑几乎都是用预制构件组成的，其预制构件的占比可以达到70%以上。由于工厂采用的是机械化生产，因此工厂生产构件的速度会比较快，施工现场可能就会一下子收到一大批的预制构件。而构件的装卸尤其是吊装操作，为了保护构件及现场工人的安全，往往都是需要缓慢小心地进行，这就导致从工厂运输来的这些构件无法在短时间内吊装完成，因此这些构件往往要被堆放在施工现场。

构件要堆放在现场，无法短时间内完成吊装是其一，其二是施工现场的管理人员需要对从工厂运输来的构件进行检查以及安排吊装顺序。预制构件往往是有差异的，不同的构件对应建筑不同的位置，不可调换。而且吊装设备像塔式起重机或吊装车，出于效率考虑构件往往是按堆进行吊装，如果同一堆的构件中有对应建筑不同部位且其对应的位置与上一构件所对应的位置相差较远的话，吊装设备就不得不多做一些额外的操作，吊装设备操作员同时也就得做一些额外的考虑，这样就同时加大了人员和设备两方面管理的难度。或者如果不同堆构件之间的距离过于狭小的话，会给构件堆放过程中的防护工作带来不小的困难，在吊装时为了不损坏周围堆的构件，操作人员还必须得更加小心。这些细节都会在无形之中降低施工效率，施工进度也将因此而被拖慢。故而，预制构件的堆放必须得有序有条理，这也是装配式建筑施工进度精益化管理的目标之一。

此外,构件堆放的位置也会影响到施工进度。首先是构件从工厂运来后的卸载点位置与构件堆放点距离的影响,构件从工厂运来后需要先进行卸载检查,再用起重机将其运至堆放点,为了提高效率,构件的堆放点不宜距离卸载点过远。而且施工现场为了提高构件运输效率,一般都设有多个出入口,协调好运输车辆出入口与其对应的构件运输路线,将更有利于协调构件卸载点和堆放点的关系。然后是构件堆放点与吊装设备之间距离的影响,离吊装设备越远的构件,越难做到精确吊装,吊装速度越慢,若在此情况下其所吊构件又是比较重比较复杂的话,出于精确度和构件保护的要求,其吊装的速度会进一步地降低,对应的施工速度就会变得相对缓慢。但由于施工场地较大,所有构件又必须被覆盖在吊装设备范围内才能进行吊装操作,所以一定会有构件是离吊装设备比较远的,这是不可避免的,我们只能够协调好构件堆放点和堆放构件与吊装设备间的关系,让重的构件尽量靠近吊装设备,尽量减少其对施工进度的影响。

(4)器械及设备

装配式建筑通过将大量的构件预制化,将其交由工厂生产,使建筑建造进一步工业化。由于预制构件的体形和质量都较大,通过简单有限的人力已经不能够完成对其的搬运和安装操作。事实上,装配式建筑的施工过程相当地依赖于大量大型的器械设备,其对施工进度的影响也是不小的。

首先是吊装设备。吊装设备一般有汽车式起重机和塔式起重机,汽车式起重机的灵活性较高。吊装设备作为构件吊装的唯一工具,其重要性不言而喻。不同型号的吊装设备具有不同的使用标准和要求,设备的选择不是毫无依据的,尤其是像吊车这类设备,是有明确的使用条件和使用标准的,其选择一般是要以所吊构件为基准的。所吊构件的质量、形状等会对吊装的设备及其相应器械提出不同限制要求,如果管理人员未能提前依据这些要求作出相应的调整,吊装操作便可能无法顺利进行,轻则降低吊装的速度和效率,重则可能导致施工事故,甚至还可能会危害他人的生命安全。吊装设备覆盖的范围较大,相应地,其与周边环境相互间的影响也不小,周边的环境像最近的建筑物各层的外伸挑板、露台、阳台、幕墙或其他影响物等,都会在一定程度上限制吊装设备的吊装活动。要使设备避开这些周围的影响物而又要尽量覆盖整个施工平面,往往仅靠单个塔式起重机是比较难实现的。为了完整覆盖施工平面,可能会需要多个塔式起重机同时进行作业,这样就产生了塔式起重机之间的相互影响。当同时使用多辆吊车进行吊装时,不同型号的吊车,由于其对应的起吊能力和范围不尽相同,其所对应的起吊构件也是不同的,这种情况下不仅要考虑施工场地的交通管理问题,像吊车进场的次序、进场的路线等,同时还要考虑车辆与构件间对应关系的管理问题。另外,吊装设备是由操作员操控的,其进行精确吊装操作的前提是其视野开阔无遮挡,若吊车司机的视野较差或构件前方有器物遮挡,造成视野盲区的话,势必会影响到施工的顺利进行。实际上只靠吊装设备操作员来进行精确操控是不太实际的,吊装是一个多工序多工种参与的复杂过程,若是脱离了沟通与合作,仅仅靠任何一方都是不可能顺利完成这个操作的。

其次是一些辅助的器械。吊装构件之前，需要提前对所需的工具器械等进行订制或准备，像支撑预制墙的斜撑杆、挂吊各类构件的各种吊钩等，都是吊装过程必不可少的，如果吊装时不能及时提供这些工具，吊装便可能滞后。另外吊装前要进行钢筋对位和位置尺寸的确定，钢筋需要与预制构件的孔位相匹配，构件要放置在规定的尺寸范围之内。这些对应关系一般是要通过一些测量工具比对图纸信息来确定和校正的，如果这些对应关系未能及时确认或因仪器问题导致确认出来的对应关系有误差，就不仅可能会导致精度不够的质量问题，还可能导致因对位操作难以达到精度要求所造成的安装缓慢问题，这是能影响到施工速度和效率的因素。

（5）作业管理

1）交叉作业

交叉作业是指在同一时间同一区域内进行不同作业的一种现象，是一种空间范围内的复杂作业模式。交叉作业涉及不同的工种及其不同的作业任务，其整体的作业难度会增大。在同一空间范围内，由于参与方较多，交叉作业是比较容易造成各参与方彼此间干扰的，这种干扰对各参与方的工作均会产生不小的影响，使施工速度相对变得缓慢，效率降低。这种作业需要明确的管理方案，如若没有有效的方案来进行管控，容易发生施工安全事故。业内对应地有相关的交叉作业的规定。由于交叉作业不易于管控且不利于施工效率的提高，一般都需要通过调控作业面、流水线等来减少交叉作业的现象。

2）人员的配置

装配式建筑施工对于施工人员的标准更高要求更严，《住房和城乡建设部办公厅关于行业标准〈装配式建筑专业人员职业标准（征求意见稿）〉公开征求意见的通知》中也对包括检查员、工艺员、信息管理员等不同工种作出了基本的职业要求。各工种的职业要求不尽相同，对应负责的部分是不同的，而一个工序、一个操作就可能需要多个工种进行配合才能完成。

2. 现有管理模式存在的问题分析

施工过程是一个多阶段、多工种、多工序、周期长的过程，人们趋向于关注局部而忽视整体，归根到底是管理层面的问题。施工过程的工序多，就容易引导人们更多地去关注每个工序本身；施工过程周期长，便不难导致管理人员对其布局规划的整体性下降。施工过程应该是被作为一个整体来看待，其最初的作业任务并不只是简单地规划一下构件搬运道路、构件堆放点位等，而是统筹规划全局，作出全面而细致的规划，大到施工的每个流程、区位安排，小到每个零部件的准备、摆放位置等，每个地方都要顾全。同时还要有一定的预见性，对可能发生、意料之外的事件做好充分的准备，准备好所有可能发生的意外的应对措施，只有这样，才能有效提高施工效率，完成进度计划。

3. 基于精益建造理论可实现的目标

施工进度的精益化管理，就是将施工过程每一个能影响到施工进度的因素都进行优化处理，改善其对进度的不良影响。基于上文所说几点影响因素，施工进度精益化管理对应可实现的目标有：

（1）根据构件本身的特征、构件的供给效率、构件的数量、构件运输的方式、项目场地本身的布局特征、所选择使用的吊装器械、所使用的吊装方式、施工人员的组织路线等对施工道路和运输路线进行精益化设置。

（2）根据构件本身的特征、构件的运输路线、起重机对运输车辆的影响、构件对应的楼栋、构件的使用顺序、吊装所需构件的优先级等对预制构件进行精益化的堆放顺序布置及堆放点位布置。

（3）根据构件运输信息、构件装卸位置及方式、构件吊挂方式、构件定位精度要求、构件支撑、构件边角保护、工人的分工管理布置等对所需要先后用到的器械设备等作出精细的布置和安排。

7.2.2 质量精益化管理

1. 质量精益化管理的内容及影响要素

装配式建筑绝大部分的构件都采用预制化生产，由于工厂机械化程度高，同一机器的制作标准大致是相同的，这相较于受现场各因素影响都较大的传统的现浇施工而言，其质量更容易把控和统一。在工厂生产的预制构件检测合格的情况下，装配式建筑的质量便较多地受现场施工的影响。其中主要的影响要素有：

（1）构件装卸堆放过程及其防护措施

构件从工厂运输来，要么是直接进行吊装，要么是先进行堆放后续再进行吊装。而构件往往是一批批送来，一般情况下构件都要进行堆放操作。构件运输车进入施工场地，施工道路的平整程度会影响构件运输的难度，道路越是不平整对构件的运输越不利，且可能对构件质量产生不良影响。构件装卸时，由于构件运动的幅度较大，且其体形和质量都较大，因而这一过程是比较有可能发生磕碰致使构件损坏的。一辆构件运输车往往装载有许多构件，在卸载时构件可能发生倾斜倾倒现象，当一辆车中装载有多种不同的倾斜摆放的构件时，其卸载时发生倾斜倒塌的可能性会更大，这不仅可能导致构件的损坏，还可能危及施工人员的生命安全。

此外构件的吊装需要时间，不可能一下子完成，构件堆放期间的防护工作对其质量的保障就变得很重要。出于施工进度和吊装顺序的要求，构件堆放要按照一定的顺序按堆摆放。不同堆的构件间的过道宽度要满足堆放要求，若构件间距过小的话，会对构件的起吊操作增加一定的困难，增加构件磕碰风险，同时，构件间距过小将不利于施工人员对构件的吊挂操作，增加施工难度，对施工的进度管理和质量管理均不利。另外非工作人员进入堆放区或工作人员在非作业时间进入堆放区都可能对构件安全造成威胁。

（2）构件的吊装

预制构件的吊装操作是构件安全和质量的影响因素之一。在吊装之前，工人需要先通过仪器测量并按照施工图纸信息精确调整预埋钢筋的角度、长度等，还要在地上画出构件的尺寸边界以进行构件下降时的定位。如果工人测量技术不达标或测量仪器有问题，就可能会导致画错定位线或调错钢筋，进而可能影响后续操作的质量。此外，工人还需提前根据所吊构件确定好起吊设备的型号及数量,以免出现起吊事故。构件的吊装首先需要将构件从堆放区内取出,将其吊挂到吊装设备之上,通过吊装设备的移动将构件移至预埋件的上方,再将其缓缓降下使其孔位与预埋件的钢筋相对应。此操作对构件进行了较大的位移,对构件安全的威胁是最大的。构件的吊挂操作,是通过钢丝绳与挂钩连接构件预制的挂点与吊装设备来完成的,挂点设置得不合理、挂钩型号不正确或钢丝绳滑脱等,都会导致构件掉落,增加成本延缓进度,还危害工人的生命安全。吊挂完成后,构件需移动较长的一段距离,在这期间,构件是由钢索连带着移动的,若是吊装设备移动过快,可能会导致构件出现晃动现象,构件会有脱落的可能。构件下降到目标点上方后,由工人协助完成构件孔位与钢筋的匹配,此过程中,构件的稳定性会产生很大影响,构件如果下降时晃动得比较厉害,将影响工人对其进行的对位操作,就可能会导致比较大的对位误差,降低施工质量。而且由于构件体形较大,其吊装过程受风力的影响其实也不小,大风情况下构件可能会倾斜,若强行对位则不仅加大了精确对位的困难,甚至还可能会导致构件的破坏。对位成功后需要安装能进行双向调节的斜支撑杆,以保证构件的垂直与稳定。

（3）构件的连接

构件对位后便可通过构件上的预留灌浆孔注入混凝土进行构件连接。构件的连接操作即是利用压力灌浆泵,将高强无收缩的浆料通过构件上预留的灌浆孔注入构件与钢筋的拼接缝隙当中,填实存在的孔位空隙的操作。由于浆料是通过预留孔注入的,构件与钢筋的拼接缝本就偏小,若其中还存有杂物,便可能导致浆料填充不够充实,拼接缝整体性不足,造成施工质量不达标。此外,灌浆说到底其实还是现浇混凝土,灌浆完成并不代表整个工序的结束,灌完浆料之后,在浆料凝结之前,除了冬期外每天都应该进行一定的养护工作,每天宜进行3~5次养护,养护时间不得少于7d。

（4）辅助器械

装配式建筑的施工过程需要借助不少的器械进行辅助,如临时支承架、斜撑杆、测量仪器等。一方面这些器械的性能本身会对施工质量产生些许影响,另一方面这些器械数量众多且使用也较频繁,这就使得对于器械设备的管理组织好坏进一步地会影响到施工的速度快慢及质量的好坏。因此组织管理好器械仪器对于施工质量的管控也是很有必要的。

（5）工人的技术

装配式建筑的现场施工虽然用到了大量的器械设备,但实际主导者其实仍然是施工的工人们。无论是构件的装卸过程,还是构件的起吊过程,抑或是构件的连接过程,都是需要人来进行设备或仪器操作,虽然器械设备的性能可能会对施工的质量产生一定的影响,但总的来说,占据主要影响的因素还是现场施工的工人们。工人的技术、经验、专业能力等对于施工质量的保证有巨大的影响,如构件对位操作不够熟练、测量技术不够好导致误差较大、临时支承体系偏差大等都会造成不同程度的质量问题。

2.现有管理模式存在的问题分析

现行的施工质量管理中,除去部分不属于施工阶段的质量问题外,大部分的施工质量问题都是施工过程中人为造成的。从事装配式建筑施工的人员并不是全都具有优良的专业素养，还有很多工人是刚从传统建筑施工模式中转型过来的。那些专业素养有限的工人尚不能理解和实施精益化的管理，对于整个施工项目而言，是一大管理难题。像构件安装的精度达不到要求，灌浆操作不够规范，甚至安装的顺序都出现错误等，反映出了目前施工人员技术不达标及管理层未能有效地组织管理施工人员的现状。

3. 基于精益建造理论可实现的目标分析

施工质量精益化管理，关键是要落实到各施工人员身上，即首先要对施工人员进行相关的培训、考核，只有其专业技能达标后才给予其施工的机会。此外施工时还需配置一定的技术监察员，监察每个工人的施工状况，把控每个细节。在此基础之上，再进一步地实现以下目标：

（1）根据构件本身的特征、卸载的方式、堆放的模式、堆放构件的数量、施工场地的区域划分等有针对性地对正在进行装卸和已堆放的构件进行防护工作。

（2）根据不同工序的位置、每个工序所需的工具包括种类和数量、所使用工具的时间和时长、所使用工具的循环使用周期、工具的使用人员等对器械仪器等进行精细的使用规划，使所有工具在被使用时功能发挥都恰到好处。

7.2.3　成本精益化管理

1. 成本精益化管理的内容及影响要素

装配式建筑将大量构件交由工厂生产，提高了原材料的利用率，减少了浪费，但现阶段我国的装配式技术还不成熟，市场的供应面比较小，造成了构件单价高昂的局面。同时，装配式建筑虽然有大量构件预制化，只有小部分是通过现浇来连接构件的，但要考虑到装配式建筑要求用作连接构件的混凝土强度要比构件本身的强度高，连接处的混凝土用量虽然不多，但其材料的价格也是相对比构件的原材料高。另外，由于装配式建筑的标准和要求都比较高，在预制构件配合大型器械设备能够减少对劳动力依赖的基础上，其施工费用仍然是比较高的。总体上而言，我国目前的装配式建筑的建造成本仍高于传统建筑的建造成本。其中影响施工方面成本的有如下几项：

（1）构件的管理

构件管理一方面是要减少必要的成本，另一方面是避免不必要的成本。构件的管理主要涉及运输车辆的运输路线、构件堆放管理、吊装操作等，其实其与进度精益化的管理大致相似，进度得以优化，相应的成本也会减少。构件在施工场地中经过了运输、卸载、堆放、吊装几个过程。运输路线方面，我们要综合考虑运输路线与堆放点、堆放点与项目建筑及吊装设备之间的关系，协调它们之间的距离以及便携性关系才能将构件在施工场地内的运输成本降到最低。构件堆放管理方面，主要是做好堆放构件的防护工作，防止构件损坏致使无谓的浪费和不必要成本的增加。吊装方面，是在基于已经协调好的构件堆放点、吊装设备位置及施工建筑位置的距离关系的基础上，进一步地去考虑吊装操作的效率以及吊装过程中构件的安全问题，减少吊机多余重复的运动路径，吊装依照"快升慢移慢降"的方式进行，维持构件运动过程中的稳定性，防止其出现损坏。

（2）施工管理

施工管理是基于施工项目全过程全方位进行综合分析，对项目施工的各个场景、工序所作出的细致规划，包括对场地、材料、人员的管理和规划，其作用范围覆盖施工的全方位全过程，所需的人力和物力都比较多。基于对项目全面分析的施工管理对整个项目的进度、质量、成本和安全都是有益的。

（3）工人的技术培训

由于装配式建筑的施工方式与以往传统现浇作业方式大不相同，施工人员对相关的技术和工序可能掌握得还不够，为了达到能够完成施工目标和达到施工精度要求的目的，一般是要对相关的施工人员进行专业技术培训的。对工人技术的培训可以提高施工的质量，同时能降低工人的失误率，避免不必要的成本增加。

2. 现有管理模式存在的问题分析

装配式建筑相对于传统建筑所增加的成本，一是市场供应不太足所导致的构件制作产生的高额费用，二是基于高精度要求下施工管理及施工过程所产生的费用。前者目前受制于市场，我们无法作优化，而后者大部分是可以由我们自己掌握的，成本的管控也要从这方面下手。目前我国的装配式建筑主要还是关注于探索一些前沿的技术，关于对施工项目全过程分析并作出相应的施工管理方式的则较少，因而目前的装配式建筑项目中，施工管理方面的成本占据了项目总成本的约7%，而这还不包含施工管理不力所导致的其他非必要成本。可见，加强基于项目全方位全过程下的项目分析并依此作出相应的施工管理方案是非常有必要的。

3. 基于精益建造理论可实现的目标分析

施工成本精益化管理主要也还是要先统筹全局，全面规划。在此基础上对应以下目标：

（1）根据项目建造点位置、周边交通环境、合理设置道路及出入口、构件堆放点和构件运输路线，通过缩短运输路径和提高装卸构件的效率来减少构件运输成本。

（2）根据构件形体特征、起吊顺序、构件动态起吊中构件及工人所占用的空间、项目地块的地基密实度等合理设置堆放点、构件的堆放顺序及序列、堆与堆之间的距离，通过构件堆位置及顺序的合理设置来降低构件损伤的可能，提供适宜的吊挂操作空间，缩减吊装设备的运动路径，提高吊装的效率，从多方面降低成本。

（3）根据构件体积自重大、较脆易损坏的性质，严格管控构件的运输、吊装等操作，严格监管工人的施工现场、严格把控工人的施工质量，通过全过程保障构件的安全、防止构件损坏和提高施工质量来避免和减少因构件损坏或质量不达标所造成的非必要成本。

7.2.4　安全精益化管理

1. 安全精益化管理的内容及装配式建筑施工安全影响要素

建筑施工安全不可忽视，装配式建筑施工安全的影响因素有：

（1）构件的装卸堆放

装配式建筑需要搬运和堆放大量的构件，其发生起重和坍塌事故的可能性是比较大的。预制构件体形和自重均比较大，而运输车辆一般装载有多块预制件，在卸载时若是操作不当，构件可能会有倾斜倾倒的风险。施工过程中需要运输大量的构件，若施工场地较为狭小，道路布置得不够宽敞，构件在运输时与周边环境的相互影响就会比较大。一方面运输车辆的活动范围受到限制，车辆需要小心行驶防止车辆或构件与周边物件磕碰进而损坏构件；另一方面狭窄的道路限制了施工人员的活动范围，施工人员需要谨慎避让运输车和大型的起重器械，以免出现碰撞刮伤或打击伤害。另外构件在堆放时，若是存放得不够规范，码放不够整齐，或是未将某些特殊的预制件放置在定制的架子上，则会可能发生倾倒事故。此外由于构件较多，场地上活动的大型设备也不少，堆放区地块若是较松散或未进行加固，也有可能发生坍塌事故。

（2）构件的吊装

构件吊装时被吊装设备吊升至高空，增加了事故发生的概率和发生事故的严重性。构件的吊装往往是只靠两个或多个预制吊钩进行吊装操作的，若是构件混凝土的强度不足，或者吊臂移动的速度过快，吊装过程中构件在自重影响下可能会发生破裂，构件从高处掉落会对下方周边的施工人员产生极大的安全威胁。此外构件在下降到预埋件上方后，若是吊装操作员存在视野盲区，或未能与下方管理人员及时沟通，构件的移动可能导致挤推到下方的施工人员，进而可能发生连续的事故伤害。另外，构件的安装尤其是楼板的安装，是需要搭设临时支承体系的，由于构件质量较大，如果支承体系的材料不足以支撑起整个楼板及其上面的各种荷载或者其本身质量存在问题的话，则会导致严重的坍塌事故。在后期，如果浇筑的楼板还未能达到要求的强度便将支撑体系拆除，同样很有可能发生严重的坍塌事故。

（3）用电安全

装配式建筑建造过程中的不少地方是要用到电的，像钢筋的焊接、拼接缝灌浆的制作搅拌、灌浆泵操作等，都要用到电。而施工现场的电路，多为临时布置的电路，其安全防护措施较少甚至可能是没有防护措施的。由于施工现场作业面多且复杂，涉及许多不同的工种，且不少的施工人员规范用电知识储备不足，设备的性能了解得还不够，缺乏防范意识，存在很大的安全隐患。

2. 现有管理模式存在的问题分析

装配式建筑的施工安全问题，主要有两大点：一是最初的管理者未能做到全局规划。管理者未能考虑到施工中各器械和各施工人员的动态布局，在规划施工场地之时未能从各车辆设备的运行路径，各工人施工的活动范围方面考虑，导致了施工场地本身的诸多问题，给安全管理带来了麻烦，增加了施工事故发生的概率。二是施工人员本身的操作不够规范。施工说到底其实就是一帮工人借助一堆大型设备去完成预制构件的运输、装卸、吊装、维护等操作，多数的施工事故其实都是由于施工者本身的操作不够规范导致的。

3. 基于精益建造理论可实现的目标分析

施工安全精益化管理，是要从整体和局部上下手。首先要管理者合理地分析规划施工的流程、工序和场地，优化整体布置进而能够降低每个流程发生事故的概率。然后从局部去进行精益化管理，具体有如下几项：

（1）根据行业的施工技术要求的规范、项目所运用的施工技术等对施工人员进行规范化培训并进行考核检验，通过规范工人的操作，统一操作的标准，来降低因不规范操作所致的事故发生的概率，从根本上减少安全事故的发生。

（2）根据施工项目的施工特征、所用到的施工技术、技术的应用难度等对施工人员进行安全教育，提高工人的防范意识并增加其安全知识，通过了解学习事故发生时的应对措施，来降低安全意外发生时对工人所造成的伤害。

（3）根据构件运输的时间、构件的到场时间、构件的运输路线、构件的堆放范围等对常见的易发生事故的场所如车辆通行道路、构件装卸区、堆放区等在不同的时间设置不同时长警戒线，减少工人、非施工人员进入危险区的机会。

7.3 装配式建筑精益建造施工管理策略

7.3.1 精益计划管理

与传统现浇建筑相比，装配式建筑增加了构件生产、物流运输和装配安装环节，生产方式的改变导致工程项目全生命周期各阶段工程管理的难度明显增大，衍生出工作流无法以最优路径连续推进的建造流程碎片化问题，导致组织沟通受阻、资源转化效率低下、成本控制不力等问题，影响装配式建筑的全面推广。

20 世纪 60 年代，美国系统工程专家霍尔（A.D.Hall）提出了一种三维空间结构的理论方法，旨在解决某些大型复杂项目规划、组织、协调等管理问题。霍尔三维结构理论将系统工程研究的对象根据不同阶段、所用逻辑方法和知识分为时间维、逻辑维和知识维。运用相关专业知识，为求解大型复杂项目提供了有效的分析工具。其结构主要由以下三个维度组成：

1. 时间维度

（1）规划设计阶段成本管理，精益成本管理思想在深化设计时提出以下两点方法：方法一是推行并行设计，在装配式建筑规划设计阶段，让各阶段相关主体派出技术人员共同参与。方法二是基于 BIM 的精细化管理，各专业协同作业。

（2）建造生产阶段成本管理，装配式预制构件在生产阶段运用以下精益成本管理方法：方法一是实行标准化生产，指的是搜集生产信息、确保原材料供应、根据构件信息库中的信息进行标准化量产。方法二是进行精益供应链管理，建立 BIM 原材料供应信息共享平台。

（3）仓储物流运输阶段成本管理，仓储运输阶段的成本管理主要通过实行准时制生产和加强构件运输保护来实现。实行准时制生产，主要是指合理规划预制构件的生产与完成时间，对一次性完成的产量进行把控，从而有效利用储存空间，降低库存成本。加强构件运输保护指的是预制构件在工厂完成生产后由物流运输至施工现场，对出场装车阶段、运输阶段进行严苛的质量把关，降低二次修复成本。

（4）施工装配阶段成本管理，基于精益管理方法对施工装配阶段的成本管理提出以下方法：方法一进行 5S 现场施工管理，这种方法对装配式建筑项目现场管理非常高效，通过将各方面信息进行整合进行同步把控，5S 现场管理方法在装配式建筑项目施工装配阶段的应用见表 7-1。方法二制定合理预制吊装计划，装配式预制构件运输至施工现场，应及时进行组装，否则会占用现场场地，增加现场储存成本。

5S 管理在装配式建筑现场的做法   表 7-1

名称	具体操作
整理（Sheri）	对现场相关物品进行整理分辨，清除现场的无关物品
整顿（Seition）	将物品放置至合理位置，方便寻找
清扫（Seiso）	对现场的灰尘和垃圾进行清扫，保证现场干净整洁整齐
清洁（Seiketsu）	继续彻底执行整理、整顿、清扫三个环节
素养（Shitsuke）	培养现场相关人员综合素质，改善员工精神面貌

2. 逻辑维度

逻辑维度指的是在时间维的每个阶段中所要执行的工作内容都应遵循的思维程序，也就是指精益管理思想进行成本管理的每个阶段应有的思维过程。运用系统工程思想解决工程项目问题时，逻辑维度一般可分为以下几个步骤，见表 7-2。

逻辑维度的步骤   表 7-2

步骤	具体操作
明确问题	主要是制定各个阶段的完成目标，进行时间计划安排，考虑可能出现的问题并准备好应对措施
确定目标	确定整体目标之后需要对目标进行细化，制定各个阶段的阶段性目标
方案综合	根据目标的特点，运用科学的方案比选方法进行选择，最终确定最优方案
系统分析	综合考虑不同方案的优缺点，然后深入分析各方案特有的优势，根据相应的指标对各方案的效益性和易完成性综合评判，并进行排序
方案比选	根据不同的目标及实际过程中存在的约束条件，选择出最优的方案
决策	在进行系统分析和众多方案的比选后，确定研究问题的最优实施方案
实施	使用最终确定的方案作为装配式建筑项目成本管理的各阶段实施方案

3. 知识维度

装配式建筑精益管理的知识维度主要包括项目知识、财务知识、法律知识和管理知识。项目知识指的是要熟悉配式建筑项目的设计、生产、运输及装配阶段的流程。财务知识指的是探讨装配式建筑项目各阶段的成本构成，分析影响成本的主要因素，从微观角度和宏观角度分析成本管理的内容，协调各参与主体的利益关系。法律知识指的是装配式建筑工程项目的生命周期中，从招标阶段到项目完工阶段，要规避各种法律风险。管理知识指的是要灵活运用精益管理理论，包括精益价值管理理论和精益管理特点。

7.3.2　精益质量管理

1. 质量管理理论研究

建筑工程生产的粗放化和管理的精准化使其"零缺陷"的质量目标始终达不到，由这种特性决定了质量控制和改进的过程是十分缓慢的。只有寻求科学合理的方法不断地对工程质量进行持续改进，才能不断满足日益增长的社会需求，提高工程企业的市场竞争力。精益生产理论和零缺陷理论是在质量控制的过程中，探索到的科学的管理理念和管理目标。

（1）精益生产理论

精益生产也称为精益制造，意为精良的、精细的制造，从而达到良好的收益或者是产出。精益生产是在生产过程中消除可能产生浪费的因素以及流程，加快流程，消存量，以达到零缺陷、零损耗的目标。

将精益生产的理念具体到实践操作中，以指导组织有序开展精益生产，其主要是将每一个实施步骤转化成各种各样的图表，并对每一个步骤配套相应的评价标准体系。有了这样完善的流程和评价体系，员工只需按照实施过程和评价体系进行操作，一步步实施，完成规范化和标准化生产。精益建造是将精益生产的理论应用到建筑业并加以改进的一种先进的管理思想，精益建造理论在工程项目管理中的应用主要体现在顾客需求管理、设计模式变革、减少变化提高绩效、标准化管理、过程绩效评价五个方面。

（2）零缺陷理论

零缺陷理论强调的不仅仅是对质量的严格把控，更重要的是以预防质量问题为主，其生产过程需要全员的积极参与，提高团队意识，并统一质量目标。在实际的生产过程中，将零缺陷理论与生产标准相结合是将零缺陷理论落实的重要内容，将生产流程中涉及的具体工序和岗位职责进行落实，并加强全员对全过程的质量管控，追求"零缺陷"的产品和过程。零缺陷理论落实到生产过程中就是各个阶段的零缺陷，其主要表现在以下几点：

1）零缺陷供应。零缺陷供应主要是在产品供应链上实现零缺陷，在供应阶段保证质量没有失误，它的基本指导思想是在控制前对质量有一个更牢固的基础。除了对原材料和零件有检验制度外，主要是从各个环节上对质量进行有效的控制，防止各个环节出现不合格的产品。更重要的是零缺陷供应的提出是为了保障双方达到共赢的目的。

2）零缺陷服务。零缺陷服务是本着"以人为本"的理念，对顾客进行全过程的服务，降低在服务过程中出现错误的概率，减少甚至消除顾客的不满意。

3）零缺陷决策。决策是生产的第一环节。零缺陷决策要求决策者重视决策过程的规范化和程序化，实现标准化决策。其次要在决策时，注重决策信息和数据的前伸和后延，并对此进行精心的策划。最后需要在决策中就对生产过程的质量进行严格的管控，制定相应的质量管控制度和程序，保证零缺陷决策的落地和实施。

零缺陷理论贯彻到质量管理阶段，对质量管理有了新的认识。其一是质量的合乎要求不需加入主观的意见，对产品质量和服务水平就是客观存在。其二是生产流程是不可逆的，因此控制生产质量问题，主要是预防，从前期源头发现和解决、改善问题，并对此进行检验分析，形成对质量问题的成功预防。其三是制定的工作标准必须对每个时间段和每个流程都有明确的规定，实现工作标准的零缺陷。最后则是对零缺陷质量的衡量，需以公司的标准来进行测量，不仅仅以金钱衡量。此外，零缺陷理论对质量的管理、保障和控制三者产生的效用以及三者之间的相互关联作了详细的描述。质量管理取决于决策层的关于质量的理念和态度，质量控制则是表明质量状况的基本方法，大部分依靠检验结果来说明，而质量保障是为了达到质量要求，根据产品和公司情况制定的一系列的程序和体系。如果决策层对质量的理念有偏差，则制定的质量保障体系就不完善，质量控制也就没法发挥效用，因此，零缺陷理论也是强调的全员自上而下的质量责任意识。

2. 精益建造与装配式建筑的契合点

精益建造与装配式建筑之间有相互支撑以及相互协同管理的关系，从质量控制方面来看，其包括了装配式建筑的建造方式和精益建造的理论体系与思想方法，两者共同组成基于精益建造理论的装配式建筑质量控制体系。

对于精益建造与装配式建筑而言，两者均对全生命周期管理给予高度的重视，前者强调以产品自身所表现出来的实际特点为出发点，在项目的整个生命周期内对一系列资源进行集中式应用，将资源的最大优势发挥出来，以此实现最大价值的创造；后者的构件需要在工厂的车间内进行生产，这要求进行一种从综合层面上考虑的全生命周期质量控制体系的构建，转变控制方式，由先前的单一维度控制向多维度过程化控制转变，在持续性的更新过程中完成对项目的高效以及合理管理任务。从目的上来看，精益建造与装配式建筑表现出明显的一致性，它们所强调的都是用最小的投入创造出最大的价值，最大限度地对浪费现象加以规避。对于精益建造而言，所有不能够增加价值的活动都可视作浪费，通过对建造流程进行管理，达到将非增值活动的消除目的，如果无法消除，则尽可能地降低这一现象的发生率，最终实现"零转换浪费、零库存、零浪费、零不良、零故障、零停滞以及零伤害"。而从装配式建筑层面来看，此类建筑能够对资源进行合理利用，同时，实现对大量劳动力的有效节约。

3. 基于精益建造理念指导的装配式建筑设计质量控制体系构建与实施

精益建造理论及其思想可以为装配式建筑的设计阶段提供一套精益建造管理模式，指导装配式建筑设计质量控制体系的构建，助力整个装配式建造精益管理的实现。在装配式建筑的设计环节，精益建造需要通过设计与施工一体化以及并行工程来实现其具体价值。

（1）设计与施工一体化

在传统的建筑项目中，项目的设计与施工两个环节之前欠缺有效的信息交流与共享，这导致整个项目的实施存在很多问题。以精益建造为指导的装配式建筑项目在对设计与施工环节进行整合之后，可以明显提升信息沟通上的便捷性以及信息传递上的灵活性与准确性，对设计与施工两个环节信息偏离的问题进行有效解决，各个相关方从项目设计之初便参与到具体的工作之中，不仅有利于各方之间相互信任感的增强，对于团队合作同样有积极意义。另外，设计方与施工方之间信息的自由交换，还有利于资源最优配置目标的实现。

团队合作、组织协同以及信息共享是装配式建筑设计与施工一体化的基础，整个建筑项目可以在 BIM 数据库的支持下实现无缝连接，进而对设计与施工进行有效整合。从人员配置方面来看，设计与施工之间的整合要求各个相关方相互配合，互帮互助，进行一个组织的共同打造；在技术层面，可以对并行工程的思想加以应用。恰恰是设计与施工一体化的实施，装配式建筑各参与方之间的沟通才会更加的便捷，这有利于他们及时发现与解决相应问题，从整个项目的初期阶段便一起参与决策的制定，有效地提升方案制定与实施的合理性。围绕业主、设计方以及施工方展开的共同设计以及共商施工方案框架应当发挥出 BIM 技术的核心作用，在收集与分析客户需求之时，及时利用 BIM 技术完成造型设计以及功能设计等任务，到了具体的设计环节，再进一步进行方案设计以及深化设计，最大限度地减少施工环节构件碰撞以及遗漏等现象的发生率。在材料的供应方面，则需将供应链管理、质量控制等工作做好，合理、有效地控制库存量，基于 BIM 技术的支持对整个装配式建筑项目全生命周期各个阶段的信息进行维系，保证信息传递的及时性以及准确性。

（2）并行工程

对并行工程的目的进行分析，即缩短产品或项目的设计与开发时间，尽可能地将其进程加快，通过对产品或项目全生命周期涉及的所有要素进行考虑，及时、有效地发现相关问题并采取有效措施加以解决，以此为设计与建造的一次成功提供可靠保障。要想实现并行工程，必须营造一个高度集成的环境，设计人员应和其他相关人员建立起密切的合作关系，组成并行团队，团队中的全部成员对相同的工作宗旨予以遵循，采用共同的工作方法，同时，共同承担起相应的责任。具体地，在这一团队之中，对业主、施工方、咨询人员、监理以及客户等都有涉及，他们有着差异化的知识结构以及群体利益，共同打造一个新的组织体系。从本质上来看，这一并行团队组织体系不同于传统的单一管理团队，可以对建筑项目设计初期阶段由于未对其他参与主体利益进行考虑而引发的后续工作环节相关问题予以避免。通过对并行团队组织体系的应用，可以在装配式建筑项目的实施前期将各个参与方之间所具有的关系梳理清楚，进行共同目标的制定，通过对共同决策方式的采用令整个装配式建筑项目的实施以及最终所取得的成果符合各个参与方的要求。并行团队内的成员一起进行项目设计、构件信息录入、生产流程制定、装配方法总结等一系列工作。

4. 质量管理基本方法

（1）排列图法

排列图是进行质量统计管理中广泛采用的方式之一。该方法分为四步：首先，根据实际情况统计存在的质量问题及各自频数；第二，将频数按照由大到小的次序对质量问题进行排序，从而得到质量问题累计频率曲线；第三，根据累计频率曲线的结果确定主要、一般、次要质量因素；第四，采取措施解决主要质量问题。

（2）鱼刺图法

鱼刺图法是质量管理中对导致质量问题的原因进行追溯采用的方式之一。该方法分为四步：第一步，根据实际情况确定要分析的质量问题，标注于鱼头处；第二步，按照一定分类方法对质量问题产生原因进行总体分类，即确定大骨；第三步，发动全员的智慧探寻造成某一方面质量问题的深层次原因，以小骨的形式画出来；第四步，根据上一步的结果，将重要质量因素筛选出来并进行标记，同时寻找解决重要质量因素的对策措施。

7.3.3　精益施工现场管理

1. 精益建造理论在建筑施工现场管理中的应用优势分析

精益建造理论在建筑施工现场管理中的应用，从理论方面分析具备较大的应用优势，且为建筑工程的施工发展，奠定了良好的理论基础。分析其理论实践中主要的应用优势为：确保施工现场的环保性，加强施工材料的应用效率，保障施工安全性，合理管控施工成本，确保工程进度的合理推进。针对上述精益建造理论在建筑施工现场管理中的应用优势，进行简要的分析研究。

（1）确保施工现场的环保性

建筑施工现场管理在落实中，环境污染问题是影响其稳定发展的主要因素之一。当前在实际发展中，因环境污染问题的出现，造成的工程停工、行政处罚等现象也较为多见。该类现象的出现严重影响了工程的施工进度，并且造成了较大的经济损失。分析精益建造理论在建筑施工现场管理中的应用，确保施工现场环保性则为主要的优势之一。精益环保性的优势，主要体现在理论实践应用中要求针对施工设备、施工现场、办公区、施工区进行清洁防护作业。以此保障工程施工中各施工区域，以及管理区域的环保合格性。

（2）加强施工材料的应用效率

传统建筑工程施工中施工物料的浪费率较大，施工物料的浪费直接体现的现象即为：施工成本上升，工程造价升高，对施工中的成本管控造成了较大的影响。精益建造理论在实践中，则有效地降低了物料浪费率。当前建筑施工现场管理中精益建造理论的应用，施工物料应用效率的提升，主要通过物料领用登记以及细节化管理的方式来实现，此外具体在落实中主要的举措之一为物料应用中的绩效管理制度。

（3）保障施工安全性

建筑行业发展中的施工安全性，是主要影响工程稳定发展的因素之一。当前精益建造理论在建筑施工现场管理中的应用优势之一则为保障施工安全性，在具体施工发展中，安全性的落实对于工程施工人员的生命安全保障，以及工程施工现场管理质量的提升，起到了重要作用。精益建造理论在建筑施工现场管理中的应用，主要通过严控安全流程、加强设备维护、标识危险区、规范物品存放的方式，进行安全管理的落实。

（4）合理管控施工成本

建筑行业在发展中的施工成本，是影响企业收益的主要因素之一。以建筑行业为例，施工现场管理质量则为主要影响施工成本的因素之一。良好的施工成本管理对于工程施工质量的提升，发挥了重要作用，主要通过合理的物料应用、合理的施工协调、合理的作业制度、合理的资金应用管控进行施工成本管控。通过制订各项作业程序及规范，达到资金应用效率的最大化，并发挥人员作业效率的最大化，最终实现了施工成本管控的目标。

（5）确保工程进度的合理推进

建筑施工发展中工程施工进度对于施工单位的稳定发展，业主单位的权益保障，以及购买人员的权益保障影响重大。分析当前精益建造理论在建筑施工现场管理中的应用，工程进度的管控是主要的优势之一。其工程进度合理推进的主要措施为：落实流程化管理、流水化作业、规范化施工、标准化执行。

2. 分析当前精益建造理论在建筑施工现场管理中的应用现状

当前精益建造理论在建筑施工现场管理中的应用现状主要问题表现为：理论体系与实际应用之间的冲突、管理模式与现行建筑施工现场管理存在冲突、精益建造理论的适用性问题、精益建造理论与施工现场管理实施主体的差异化问题。

我国的建筑工程项目在建设的过程中大多采取现场施工的方式，故而相关单位以及人员在实际操作的过程中往往会遇到较多的突发性、偶然性因素，进而导致施工建设难以有效地开展下去。为此，在实际的管理过程中，工作人员需要进一步优化管理作业的流程。

第8章　装配式建筑精益建造精益运维管理

8.1　装配式建筑精益建造精益运维管理理念

8.1.1　精益运维的含义

精益运维管理是建筑公司管理层为了实现绩效目标，通过对员工能力、观念、制度和流程的持续改进，对运维进行的变革和改进，来改善管理以及实现目标的一种管理模式。在运维阶段的管理中，应使用精益工具实时监控预制建筑构件及整个建筑的动态和数据，并提供详细的监控数据，完成施工阶段和运维阶段的平滑过渡。可见，精益运维的概念是基于互联网的动态管理信息技术，对预制建筑项目后期调整的运维数据和信息进行实时收集、记录、共享和反馈，并且通过数据管理的集成分析，可及时监控项目实时动态，规避项目后期运维风险。

在精益施工理论的指导下，建设项目实现了从设计到施工的高效运行，运维阶段基于BIM技术进行管理和控制，实现了严格的精益运维。在管理运维阶段，要充分利用设计阶段建立的模型进行管理控制，此外基于BIM模型还可以直观地了解建筑周边空间的剩余情况，确保空间的最佳利用。

精益建造、精益运维旨在降低施工过程中的不确定性，提高工作效率，消除不必要的行为，避免信息流的中断，并确保施工所需的各种资源直接送到现场运行每个项目，以确保团队的正常工作。精益建设始终如一地强调主动控制过程，并为规划系统建立评估指标，以确保工作流程的可靠性和项目结果的可预测性。精益技术侧重于项目的整体优化，而传统的项目管理方法侧重于微观层面的工作和改进任务，以至于忽视了宏观层面的项目整体绩效。

从精益建造来看，长期计划是有局限性的，因为项目的实施过程会受到很多因素的影响，这使得精益技术很难在建设开始之前的长期计划中正确实施。短期计划和检查用于确保任务按时完成，任务数量有效减少。与关注自身利益相比，更重要的是员工要相互配合，共同努力实现项目的总体目标。

然而，精益建筑技术不会取代类似于关键路径方法的通用规划工具。其中，关键路径方法是一种战略层面的工具，而精益技术处于战术层面，它在使用新技术来提高时间表的总体框架内的短期任务的稳定性。精益建设要求工作内容具有相关性的专业人员一起工作，以确保工作流程的连续和平衡，它更关注近期的工作，因此，与关键路径方法的通用规划工具相比，精益建筑技术能更有效地控制项目过程，成为实现连续生产的关键路径方法。精益建筑技术实际上考虑的是什么需要做，什么不应该做，才能有效解决什么可以做的问题。而末位计划者系统可以做到这一点。传统的项目管理适用于影响因素较少且相对简单的项目，而精益构建更适用于管理更复杂和不确定的项目。该项目需要在整个项目中不断学习，增加经验并将其应用到未来的项目中。

8.1.2　精益运维的特征

在精益运维阶段对已交付建筑产品的运行进行管理，主要利用 BIM 的远程可视化功能对产品进行监控，建立运维阶段 BIM 数据库，查看设计阶段、生产阶段的构件设备信息，通过比对当前信息和原始信息，发现偏差，修复构件和设备，并重新录入信息。同时，管理人员充分了解客户，将客户的户型、楼层、车位等信息录入 BIM 数据库，方便管控和服务，物业管理人员利用 BIM 的可视化功能分析小区的空间利用情况，合理规划富余的区域，如增加绿化面积、设立健身器材等，增加客户的满意度，实现建筑面积的最优化利用。其特征包括：

1. 专业化

精益运维阶段主要涉及楼宇信息管理。可在 BIM 技术的基础上进行可视化管理，BIM 使得相关部门能够更快速、准确地获取一系列基础工程数据，为施工企业制定方案提供高效有力的技术支持，合理精准的机械、人员、物资支持，减少仓储、资源、物流环节的浪费，并为实现消费控制和配额拣选提供强大的技术支持。

由于 BIM 的智能化应用，工程人员的组织结构、工作方式和工作内容都会发生变化：

（1）IPD 模式下的人员，各分部组织的人员不再是传统意义上对立的、分离的部分，而是一个团队协作的组织。

（2）由于工作效率的提高，其他工程师的数量会减少，专业的 BIM 技术人员的数量会增加，对员工的 BIM 培训强度也会增加。

（3）美国国家建筑科学研究院（National Institute of Building Science，NIBS）定义了国家 BIM 标准（National BIM Standards），旨在消除项目实施过程中因数据格式不一致而导致的大量额外工作。制定相关标准也是我国未来 BIM 发展的方向。

2. 自动化

运营和维护阶段具有海量的信息需求，包括设施的物理、法律和财务等方面，物理信息来源于交付和试运行阶段、设备和系统的操作参数、质量保证书、检查和维护、计划维护和清洁用的产品工具、备件等；法律信息，包括出租区划和建筑编号、安全和环境法规等；财务信息，包括出租和运营收入、折旧计划、运维成本。此外，因为运维阶段也产生了自己的信息，这些信息可以用来改善设施性能以及支持设施扩建，获取清理的决策。运维阶段产生的信息包括：运行水平满足程度、服务请求、维护计划、检验报告、工作清单、设备故障时间、运营成本、维护成本等；运行维护阶段的信息的使用者包括：业主、运营商、设施经理和物业经理、供应商和其他服务提供商等。另外还有一些在运营和维护阶段对设施造成影响的项目，例如住户增建、扩建、改建系统或设备更新的项目，每一个这样的项目，都有自己的生命周期信息需求和信息源，实施这些项目最大的挑战就是根据项目变化来更新整个设施的信息库。

BIM 的引入将可以实现在运维的过程甚至建筑的全过程中随时更新，修改删除设备建筑信息，同时实时地根据新的信息构建整个 BIM 信息关系网，人员可以从数据快速地得到设备的可视化状态效果，同时通过可视化的效果可以快速得到设备的或者建筑模型的相关信息。

3. 系统化

协同化管理利用 BIM 管理平台对整个建筑所有参与方、所有管理阶段的全部数据进行集成管理，使各方掌握的数据实时协同更新并全部追溯，实现数据全协同、管理可追溯的协同化管理模式。

系统化作为建筑工程的一项重点内容，在 BIM 技术中也有非常重要的体现。在建筑工程施工的过程中，每一个单位都在做着各种协调工作，相互合作，相互交流，合力让建筑工程可以顺利完成，而当出现问题时，需要通过协调来解决，这时就需要通过信息模拟，在建筑物建造前期对各个专业的碰撞问题进行专业的协调和一系列的模拟，生成相应的协调数据。

4. 智能化

建筑参数模型可以为业主提供建设项目中包括在施工阶段作出修改的所有信息系统的信息，并全部同步更新到建筑参数模型中，形成最终的 BIM 技术平台的竣工模型，该竣工模型作为各种设备管理的数据库，为系统的维护提供依据。

在模拟建筑物模型的时候，还可以模拟确切的一系列的实施活动，这一智能化特征，让工作者在设计建筑时更加具有方向感，能够直观、清楚地明白各种设计的缺陷，并通过演示各类特殊情况，对相应设计方案作出一些改变，让所设计出的建筑物更加具有科学性和实用性。

精益建造可同步提供有关建筑使用情况或性能、建筑引用时间以及建筑财务方面的信息。同时，BIM 可提供数字更新记录，并改善搬迁规划与管理，还促进了标准建筑模型对商业场地条件的适应。

装配式与精益建造相连接，实现了建筑物业管理与楼宇设备的实时监控相集成的智能化和可视化管理，能及时定位问题来源，结合运营阶段的环境影响和灾害破坏，针对结构损伤、材料劣化进行建筑结构安全性和耐久性分析与预测。

此外，BIM 还与其他运营和维护系统相连。智能运维系统中设备报警的自动定位功能非常重要，快速的设备定位解决方案提高了资产管理和报警管理的效率。BIM 智能运维系统开发了基于移动设备的理赔和保修功能，巡更人员和普通用户可以方便快捷地将遇到的任何问题报告给智能操作系统和 BIM 维护。

BIM 为传统运维管理中的应急计划提供了可视化、高效的管理。智能 BIM 运维系统具有直接计划加载和模拟演示功能：应急预案导入 BIM 智能运维系统后，系统将会执行可视化模拟到计划演示，为检查和调整计划提供依据。智能 BIM 运维系统还提供规划功能，帮助管理人员直接在三维可视化界面上展示和模拟突发事件，将数据连接分析，实现故障自动定位，提升问题管理能力；将管道流量分析技术引入智能 BIM 系统，可以方便直观地查看整个排水管的水流方向，评估每个水阀问题影响的面积和土壤；同样，可以做一个反向推导，当某些地区的供水出现问题时，快速推断出哪些阀门可能有问题，或者哪些阀门可以控制异常情况，并清楚地显示这些阀门的位置，这些都对维修和运维人员非常有用。

5. 标准化

精益思想的主要目标是最大限度地满足客户的需求，重点是消除浪费和缩短工期。这是现代建筑管理改革的新方向。用精益建筑理论来指导装配式建筑可以改善并带来更大的效益，为建筑行业的发展树立了一个标杆。

缺乏标准化是建筑行业效率低下的主要原因之一。精益生产方法在制造业中的应用非常成功，不仅实现了零部件的标准化，还实现了生产线和生产流程的标准化，将精益生产方式的标准化移植到建筑行业。精益建筑理论的标准化主要包括建筑构件标准化和建筑技术标准化；构件标准化是指柱、梁、板、楼梯、门窗等建筑构件的生产和质量符合设计标准，这可以通过购买预制组件来实现。施工过程标准化是指项目施工过程中的每一道工序都有明确、科学、合理的操作标准，使施工人员在施工过程中有建设性的方法可以遵循，避免依赖经验进行操作，建议项目管理人员在过程中进行质量控制，以规范工程质量。

提高建设项目的标准化程度，可以减少劳动生产的变化，降低不确定性，有利于现场管理人员控制施工过程，降低成本，缩短工期。要实现建设项目的标准化，最重要的是制定全面、规范的工作流程文件，并确保正确实施。标准化的工作流程文件是一份操作手册，描述了每个流程的标准、操作步骤和细节，并最大限度地减少浪费，它包括每个工作项目的工作方法、时间和关键问题，这类文件是公司层面的，并不专门为特定项目提供建议或服务，而是通用的一般项目的指南，可以通过建立标准化操作来控制项目管理中的这些重复活动，以实现过程改进。

8.1.3　精益运维的要求

全项目生命周期的集成不仅是项目实施阶段的集成，更重要的是可以结合后续的运维管理，真正实现集成价值。中国建筑业的精益运维管理逐渐深入，而且这个速度也在加快，随着运维管理与施工过程的融合，建筑项目需要 BIM 信息管理工具的支持和推广，同时维护管理也是有利于 BIM 应用的一个因素。这一过程背后的驱动力来自建筑设备的用户，特别是在建筑所有权和非住宅房地产方面。

如果运维管理信息和技术没有及时整合，会导致各技术分部缺乏互通性，建筑生命周期缩短和高维护成本增加。在运营阶段，通过在相关设计程序中使用高质量的施工信息，业主和运营商可以降低因缺乏互操作性而导致的成本。随着 BIM 在设计领域的普及，业主或运营商将越来越习惯并渴望在设施管理中使用这种类型的建筑信息，因为在建筑设计中使用 BIM 的好处已被广泛认可。建筑师也在积极将基于技术图纸的流程转变为基于模型的流程。使用来自建筑模型的信息进行设施管理也可以获得相同的好处并延长建筑的使用寿命。生命周期管理过程中的通信改进了面向基于模型的过程的设施管理。

由上述可知精益运维要求有以下几个方面：

（1）减少变化。这个要求有两层意思，一是减少重要产品特性的变化；二是减少生产流程中的意外变化。

（2）增加灵活性。这里的灵活性与工作站的能力和容量有关。灵活性可以缩短周期时间并简化生产系统。在施工过程中的"多才多艺"的工作团队是增加灵活性的一个例子，这可以减少交接的次数，缩短周期增加灵活性。

（3）标准化管理。工作的标准化可以带来一定的优势。通过标准化管理，可以降低偶然性、错误发生的概率和产品特性的可变性，也可以防止工人完全凭经验工作，提高他们工作质量的稳定性。

（4）减少周期时间。由于可变性会延长周期时间，因此可以将此要求视为减少变化的驱动力。在建设项目中，缩短周期时间应重点关注项目建设周期、施工阶段和物料运输。

（5）持续改进。通过持续改进，可以降低变化的可能性，逐步提高技术水平。

（6）可视化管理。可视化管理与标准化管理紧密相连。生产方法的可视化可以清楚地表明施工标准有利于标准化管理的实施，而生产过程中的可视化可以促进工人对过程改进方法、状态和条件的感知。

（7）明确项目的整体需求。这是一个特别强调价值生产概念的要求，生产清晰的价值必须考虑到项目的整体需求。

（8）信息交流。该要求强调项目的所有部分共享信息，避免"信息孤岛"。

（9）验证和确认。在创造价值方面，这个原则来源于系统工程，强调仅仅明确需求是不够的，所有的设计和产品都应该经过详细的测试和验证，以满足客户的需求。

（10）联合决定。考虑所有可能性的要求来自丰田生产系统。通过扩大决策权的范围，我们可以思考并拥有更大的知识库，通过考虑更多的原则，增加找到最佳方法的机会。

（11）建立伙伴关系。与所有项目参与者建立健康和谐的伙伴关系，建立信任和共识，促进交流与合作。

8.2　装配式建筑精益建造精益运维实施制约因素

8.2.1　企业重视程度

1. 企业项目管理因素

越来越多的工程项目要求投标人在招标阶段具备 BIM 团队的规模、服务配置以及相应的 BIM 系统标准。在项目管理过程中，承包商必须具备相应的操作能力、技术水平和管理经验。但是，在当前项目管理层面实施 BIM 的过程中，出现了以下情况：在投标中盲目满足文件的 BIM 要求；没有 BIM 的实施标准或实施计划；招标过程中临时组建了团队并创建了 BIM 部门，导致临时团队无法进行项目落实；由于缺乏 BIM 标准，模型质量低，操作能力和技术水平不理想；BIM 技术只停留在办公室，并没有在项目管理中实施等。

BIM 不仅是一种工具，更是一种管理方法。在建筑项目中使用 BIM 技术的根本目标是更好地管理项目。BIM 技术只有锚定在项目管理中才能有生存和发展的空间，否则会浪费大量的资源。BIM 技术必须与项目管理紧密结合，BIM 必须成为建筑行业工程师手中的工具，凭借其强大的演示功能，逐步取代传统工具，真正发挥在项目管理中的作用。

2. 企业组织结构因素

企业组织结构是影响精益建造实施的一个重要因素，因此需要对传统的组织结构进行适当的调整：即精益建造的管理要求公司项目经理拥有更大的决策权，并使公司的组织结构扁平化。

一般情况下，如果公司的内部业务活动得到最高管理层的支持，实施可能会比较顺利，否则可能会有困难和阻力。高级管理人员的知识选择，可以体现公司对活动的重视程度，决定活动是否能更容易实施。中层管理人员在公司中扮演着承上启下、承前启后和上情下达的角色。该人群的角色是高层管理人员和员工之间的纽带。因此，中层管理者的能力是决定一项活动最终效果的关键，项目团队是精益施工管理的真正执行者。他们的能力水平将直接决定精益运维能否完美执行。因此，以下因素可以被认为是影响精益建造、精益运维实施的因素：

（1）企业高管的支持。这是指企业高层管理人员是否支持精益建造的实施。

（2）公司中层管理人员的能力。中层管理人员在公司中发挥着承上启下的作用，决定实施精益建设时的公司层面。

（3）项目团队实施精益运维。对项目团队相关技能要求较高。如果项目团队的技能水平中等，公司将难以实施精益运维管理。

3. 企业文化因素

企业文化主要包括企业价值观、企业精神、企业形象和企业制度。它的功能是引导、遏制、鼓励、团结等。它由心灵、文化、制度文化、物质文化等要素构成，目前我国建筑企业整体仍处于粗放型商业模式，管理组织冗杂、技术成果少、工作效率低等问题由来已久。大多数建筑公司不太关注内部和外部各方的满意度，矛盾的关系可能导致摩擦的出现。在各方博弈的过程中，由于各方的不信任和对自身利益的追求，不断产生浪费，与精益建设的理念背道而驰。此外，运营建设的实施需要一些机构和人员的精简，这会带来部分人员的抵触。企业文化可以看作是影响精益建设和企业文化实施的一个因素，它必须是包容和谐的，在所有工作中都包含持续改进和卓越的价值理念，这将推动精益运维的实施。

8.2.2 成本因素

纵观建筑市场，"重开源（营销），轻节流（成本）"的短时观念，导致目前一些施工企业的成本管理水平整体相对落后。

任何一项新的决策的实施，都需要资金的支持，实施精益建造也是如此。建筑行业竞争力非常激烈，建筑企业常要尽量压缩各种开支，因此在项目利润空间低、企业财务有压力的情况下，企业很难愿意安排资金来进行企业培训，采购相关培训资料和设备。

从公司本身的角度来看，如果公司必须在现有系统的框架内自主开发一个运维服务的平台，与相对成熟的企业相比，小企业在部门层面作出较大的整改难度更大。从运维平台来看，初期投资比较大，需要比较大的财力、人力、物力。由于对精益运维的运行认识不足，加之BIM技术的相关应用，需要增加软件采购和相关硬件升级的成本，并聘请行业专家，组建专业团队，这也是很多企业在建筑行业还没有为应用BIM成立专门机构，没有相关团队的原因。特别是在很多中小企业中，由于BIM技术的推广应用还处于起步阶段，使用BIM的项目较少，没有成立应用机构，也没有相关专业技术人员，而且，因为BIM专家较少，招聘成本较高，使得越来越多的企业不愿在BIM技术上花钱，这些因素导致BIM应用推广缓慢。

任何企业只有在充分了解精益运维的应用价值后，才能使用相关技术。由于使用BIM技术产生的模型和相应的BIM技术人员在经济上的重要性，如果一些公司想使用BIM技术，他们只能聘请BIM建模人员，而聘请专家和信息需要额外的费用。同时，设计师和外包BIM建模人员的分离组织，产生了装配式建筑精益运维成功推广的障碍，导致其应用推广困难。

8.2.3 运维管理人员技术水平及待遇

1. 运维管理人员技术水平

在精益运营中，不仅要培养各层级管理人员的管理能力，改善管理人员的招聘和培训机制也尤为重要。同时，也应该要积极动员一线技术人员进行精益运营，比如落实一线员工坚持按标准化流程进行作业的要求等。只有通过科学的目标设置，有效地衡量精益运营的执行效果和持续的绩效对话，才能保障精益运营与维护管理的高效推进。目前我国精益运维管理人员方面还存在许多问题：

（1）精益运维专业人才匮乏。

由于BIM技术在我国还不够成熟，加上整个行业普遍对信息化不够重视，其自身对信息技术的需求又比较旺盛，使得建筑业信息化人才供不应求。虽然信息化人才数量近几年来有所增加，但是与电信、石化等行业比较起来仍然存在较大的差距。目前大部分公司BIM平台应用仍仅仅用在前端可视化的方面，平台利用率不高，基于BIM的平台仍有待开发和扩展。而在很多中小企业当中，甚至还没有专业的信息化人员，没有专业的技术人员，导致许多企业无法满足建筑工程对信息化技术的要求，也使得信息化建设速度的延缓，形成恶性循环。

（2）人才队伍结构不合理，投入机制及配套政策措施不足。

目前十分缺乏既懂技术和管理又善经营的复合型人才，同时一线操作人员老龄化严重，高技能、实用型人才严重短缺，建筑行业对新进年轻劳务人员缺乏吸引力，人才培养机制与行业发展需求不相适应，缺乏人才评价、激励保障等配套政策措施。

（3）人员培训力度逐步加大，但尚未建立科学完善的装配化建筑教育培训体系。

近年来，各省不断加大对从业人员的教育培训力度，装配式建筑推广过程中原有的技能岗位和专业要求发生很大变化，技术工人的技术需求重点由现场操作转为车间操作，同时工地的施工方式和工序也产生了巨大变化，当前的培训计划实施不到位、缺乏针对性，亟需建立针对装配式建筑发展的人才培养和教育体系。

员工是企业所有活动中的最忠实行动者，他们的能力和执行力直接决定某项活动的最终执行效果，对于员工而言，衡量他们执行力的准则就是按时、保质保量地完成实际工作的能力，包括执行任务的意愿，承担任务的能力和完成任务的程度。

通过企业的培训，员工可以掌握精益建造的理论知识和操作技能，并在实际工作中加以运用，在收获成效等方面感觉自己的工作绩效水平得到明显提高后，员工才会愿意主动把精益建造运用在自己的工作中。又如前文所说，员工的工作通常很忙，按照现在的工作方式，需要加班加点才能完成。如果在工作中进行精益建造的实施，一旦效果不尽如人意，则会适得其反，打击人们对精益建造实施的积极性。由此可以认为，员工精益建造理论知识水平、BIM 技术掌握程度、对精益建造、精益运维和相关技术的学习能力、对精益建造的认可程度等，会影响他们在实施精益建造过程中的积极性和工作效率，进而影响精益建造的实施。同时在实施新的管理模式的过程中，员工的执行力会对实施效果产生较大的影响。

精益运维人才培养的基本目标是让精益运维相关人员掌握基本的 BIM 软件技能和理论知识，能够理解相关的重要概念，并能够通过使用一些建模软件将建筑设施管理、改造和拆除过程中产生的各种数据信息转换成可辅助这些工程活动开展的信息模型，并从信息模型中生成输出其他有关的图形、文档等。但是，对于更高层次、更加深入的精益建造、精益运维应用，仅仅掌握上述这些技能和理论是不够的，因为精益运维的真正价值在于工程项目全生命周期的信息可视化存储、交互，以及对未来信息的模拟仿真。BIM 技术的应用应贯穿工程项目的整个阶段，涉及多个应用领域、多种工作内容。因此，更高层次的装配式建筑精益运维人才应该至少具备两种能力，包括建筑工程专业能力（如设施设备维护管理能力、既有建筑改造设计能力等）和 BIM 技能（如建筑信息建模、基于建筑信息模型的工程应用点实现等）。而更高层次的人才还应该具备管理协同能力，能够对建筑中精益运维过程进行有效的管理，协调各个专业人员共同推进工作。在建筑业信息化高速发展的时代背景下，围绕着住房和城乡建设部的颁布的《建筑业信息化发展纲要》，我国的 BIM 人才培养机制也在逐步建立，具体体现在两个方面：一方面是许多知名的规划设计单位、建筑施工企业和房地产开发商已经开始参照《建筑业信息化发展纲要》，在自己的项目中采纳 BIM 技术，招纳和培训相关人才，建立企业自身的专业技术团队，构建企业内部基于建筑信息技术的协同工作平台，尝试利用相关技术改变工程建设各个阶段的工作流程、方式等；同时各类行业协会也适时地推出了 BIM 相关的职业资格认证，例如，由中华人民共和国人力资源和社会保障部与中国图学学会共同推出的"全国 BIM 技能等级考试"。由此可知，当前我国的专业人才教育已经起步。但因为起步时间还很短，所以也面临着各种各样的问题，如培养模式不健全、系统性的教材缺乏、人才目标不明确等。

学校在培养装配式建筑精益运维人才时，首先应建立相应的人才培养机制，设立系统性的课程，采用理论与实践相结合的教育方式进行建筑工程精益运维人才培养。各类高校应紧跟市场导向，培养精益建造型人才、应用型人才，积极开设精益建造相关课程，培养和锻炼学生的专业技术能力，以期为既有建筑工程行业输送大量合格的专业人才。对于建筑工程企业培养精益建造人才方面而言，精益运维人才主要应具备以下三个方面的能力：第一，BIM软件操作能力，即建筑工程从业人员必须掌握一种或几种相关软件的操作；第二，建筑信息建模能力，即利用软件根据既有建筑工程不同阶段、不同任务的应用需求建立相应用途的模型的能力；第三，建筑信息模型应用能力，指能够使用已有的模型对建筑工程项目不同阶段的各种任务进行分析、模拟、优化的能力。在具体实施方面，既有建筑工程相关企业可积极与高校或专业协会组织建立合作，为企业人员接受建筑工程BIM理论与实际操作知识提供渠道，重视精益建造技术在建筑全生命周期中应用的宣传和推广，提升感知价值，提高建筑工程专业人员学习和应用的积极性，从而建立起企业内部建筑工程精益建造、精益运维人才培养体系。

2. 运维管理人员待遇

在建筑公司，管理人员根据自己的目标层次分解目标，借鉴自己的知识和经验，分配给自己部门的员工，员工根据自己的任务和目标管理工作。在很大程度上，评估将基于员工绩效结果和分解目标，最终确定员工绩效。这种方法会无形中强化员工的结果导向倾向，忽略对过程的关注。现有的绩效考核体系无法激励员工在实际工作中进行精益建造。员工的任务非常艰巨，一旦不能按时完成任务，公司将扣除相应的奖金，甚至影响员工的职业发展。建设项目之外的环境经常变化，管理人员要求员工按计划完成工作。这些因素都会导致员工在项目期间缺乏经营门店的积极性。在此基础上，我们可以认为绩效体系的设计是影响精益建设实施的一个因素。

8.2.4 节能环保意识

运营维护阶段是建筑的全生命周期中的第四个阶段，也是占据全生命周期时间最长的阶段。建筑的运营、维护和拆除在消耗了大量的资源的同时，也产生了大量的建筑垃圾。目前大多项目只注重眼前的成本而忽略长远的发展，节能环保意识普遍较低，经常会忽略运维阶段的节能环保，从而导致大量的能源浪费。实施精益运维需要注重全局优化，以价值工程为优化基础，保证施工目标均衡。从项目的策划、设计、施工、运营直到建筑物拆除，追求的是全生命周期范围内的建筑收益最大化，是一种全局的优化，这种优化不仅仅是总成本的最低，还包括社会效益和环境效益，如最小化建筑对自然环境的负面影响或破坏程度，最大化环保效益、社会示范效益和绿色施工。虽然可能导致施工成本增大，但从长远来看，能使国家或相关地区的整体效益增加。总体来讲，绿色施工的效益、综合效益一定是增加的，不过这种增加也是有条件的，建设过程中有各种各样的进度、费用、环保等要求，因此需要以价值工程为优化基础，保证施工目标均衡。

为实现精益建造、精益运维，可在全生命周期内最大限度地利用被动式节能设计与可再生能源。不同于传统的建筑，绿色建筑是针对建筑的全生命周期范围，从项目的策划、设计、施工、运营指导、建筑物拆除的全过程保护环境，与自然和谐相处。节约资源能源被视为最为关键的问题，这就需要尽量使用可再生的能源，做到一次投入，全生命周期受益，例如将光能、风能、地热等合理利用。

此外，基于节能环保意识下的精益运维需要重视创新，开发新技术、新材料、新器械的应用。绿色建筑是一个技术的集成体，在实施过程中，会遇到诸如规划选址、能源优化、污水处理、可再生能源的利用、管线的优化、采光设计、系统建模与仿真优化等的技术问题。相对于传统建筑，绿色节能建筑在技术难度、施工复杂度以及风险把控上都存在很大的挑战，这就需要建筑师和各个专业的工程师共同合作，利用多种先进技术、新材料及新器械，以可持续发展为原则，追求高效能、低能耗，将同等单位的资源在同样的客观条件下，发挥出更大的效能。国内外实践中应用较好的技术方法有采光技术、水资源回收利用等技术，这些新技术的应用可以提高施工效率，解决传统施工无法企及的问题，因此，绿色施工管理不仅需要观念上的转变，还需要施工工艺和新材料、新设施等的推广应用，在产生好的经济效益的同时，还能够降低施工对环境的污染，创造较好的社会效益和环保效益。

精益施工强调在施工管理中杜绝浪费，而绿色施工则注重施工阶段的节能环保，防止污染，实现价值最大化。因此，两者都有相同的目标，即通过节约资源和减少浪费来提高经济和环境效益。其次，要真正实现绿色施工，一方面需要应用绿色材料和绿色建筑技术，另一方面需要学习和运用精益施工的先进管理理念。捕捉整个建筑生产价值链的绿色建筑目标，最大限度地减少资源浪费，确保绿色建筑管理目标的实现。"绿色"思维在精益施工管理中加入环保要求，在整个供应链中寻求资源消耗最小、浪费少、环境污染少，不仅能为建筑行业带来更大的经济效益，还能带来巨大的环境和社会效益。

8.2.5　社会重视程度

（1）可供参考依据少，依旧按照以往熟悉的方式进行

鉴于目前的竞争压力，多数建筑企业希望在项目实施中引入一种更加有效的管理方法，提高工程项目的效益。但对于经营建造，项目不是特别多，可供企业参考的依据较少，因此人们往往还是按照以往自己熟悉的方式进行企业管理和项目管理。

（2）精益运维供应链上各个参与方协作程度欠缺

建筑企业的精益供应链管理是从供应链的层面各个参与方进行协作，使得项目现场所需的信息和材料能够及时地供应，是最大限度地降低成本和提高价值的一种动态管理模式，它的基本目标是简化供应链、减少变化和提高透明度。建筑企业供应链管理的参与方主要包括设计方、分包商、业主、供应商，目前在供应链方面存在着一些客观情况，给供应链管理增加了难度。在整个建设过程中，问题发生最多的就是各参与方的相互衔接点，他们直接影响了建设产品的质量、工期和费用，现场的一些管理人员对合同管理的理解和把握的随意性较

大，全凭个人感觉和社会关系来处理合同管理事宜。

（3）各参与方信息沟通与分享不及时

传统建设项目中，由于各参与方信息交流不畅通，产生信息不对称的现象，导致浪费的发生。当前一些建筑企业内部实现了信息化，但是由于信息化组织松散、信息孤立和信息断层的问题，导致了信息化建设的困难和管理环节的薄弱，并产生了信息孤立和信息断层的现象，严重影响了信息化的进程。

（4）标准体系不健全及基础资源匮乏

虽然 BIM 技术在装配式建筑工程中已推广到所有参与方（包括业主、设计、施工、监理等），并应用到开发建设所有阶段（包括设计、招标、构件加工、施工等），给装配式建筑工程带来了不同程度的综合效益，但是仍然存在各方相对独立、各阶段模型无法传递的问题，制约着 BIM 模型成为集成所有信息并贯穿工程始终的管理手段。如此，各参与方需在不同阶段和不同应用点上分别建立 BIM 模型，这不仅带来资源的多重浪费，而且会使不同 BIM 模型集成的信息无法同步关联，达不到协同管理的需求。

8.2.6　政府推进力度

在社会主义市场经济中，政府的职能是为市场主体服务，主要发挥两个重要作用：一是维护市场经济中每一个权利人的合法权益，二是维护公共利益，在维护公共利益时，政府有权纠正企业的违规行为，强制企业在生产和经营过程中不能只考虑自身利益而忽视或损害他人利益。

1. 颁布精益建造、精益运维的有关政策

目前，低碳建筑正逐渐成为建筑行业的发展趋势。低碳建筑的核心是在建筑的整个生命周期减少不同化石燃料的使用，实现低碳建筑，降低能耗。为了减少或避免在建筑生产过程中产生废物，货物的增值活动非常重要，因此有必要在建筑项目中推广 BIM 技术的应用，尊重建筑、政府政策，尤其是在实施的初始阶段，可以激发积极性。目前，运营和建设的概念还比较新，相关主管部门虽有提及，但并未发布正式文件呼吁业界将其变为现实。

对于 BIM 技术的建设部门，已经出台文件大力推动 BIM 技术在建筑行业的应用，对不同类型的工程对 BIM 技术的应用提出了不同的具体要求。在政府的支持和推动下，BIM 技术在设计和建筑机构中应用、设计和施工阶段的业务应用进展迅速。因此，政府关于开发建设和BIM 技术的政策可以被视为影响精益建设实施的一个因素。

2. BIM 标准和指南的规范化

政府在建筑信息化方面的投资较低，不能有效满足建筑信息化应用需求，阻碍了 BIM技术的推广应用。由于我国 BIM 标准体系尚未完善，不同的软件开发商对 BIM 有不同的理解和表达，导致不同专业、不同阶段存在多种 BIM 应用软件，而各软件兼容性较差、数据交互困难，限制了 BIM 模型在大规模交流中的使用，制约了 BIM 在我国的发展和应用。

8.3　装配式建筑精益建造精益运维推进策略

8.3.1　搭建专业化的运维管理团队

目前，大部分建设工程项目的管理者依照以往的思路对新的更高建设标准的项目进行管理，导致管理难度越来越大，目标控制越来越难以实现。所以需要加大对这类新项目管理模式的宣传和培训，让大部分项目管理人员，特别是设计研发、工程管理、造价咨询人员能够熟练运用和掌握 BIM 相关软件，使得基于 BIM 技术的精益建造管理模式被认同。

1. 企业员工方面

企业中属于决策层的高管们是否能就实施基于 BIM 的精益建造达成一致，对企业作出决策至关重要，其管理层中的重要一环，他们在公司起到承上启下、承前启后的作用。他们的能力在对公司有关决策的传递和执行过程中起到中流砥柱的作用，建议建造要求信息在每个环节之间能够高度共享，信息共享是准时化技术、供应链管理、在线交流等的基础。

当项目经理不熟悉 BIM 时，让其正确评估设计和建模合同的范围、数量或时间的过程十分具有挑战性。即使我们推荐习得相关技能，但并不强求项目经理学习。但如果已经制定了BIM 相关流程说明，描述了项目经理所需的 BIM 能力和主要职责，项目经理则必须了解这些，并且他们在项目中十分重要。如果项目经理不熟悉 BIM，则基于设计学科的建模负责人应在整个项目过程中协助项目经理，此人需要参与涉及建模以及与项目经理密切合作的会议，还需要协助项目经理在项目开始时定义建模合同和建模实践，防止不同模型之间冲突。另外，时间安排冲突是项目中的常见问题，它的严重程度很大程度上取决于项目类型，如果项目经理认为不可能完成，则必须对日程表的内容进行更改。因此，项目经理如果在项目中使用BIM，就必须熟悉 BIM，否则将会延误项目进度。

企业在考虑实施基于 BIM 的精益建造、精益运维管理模式时，必须首先评估公司员工对其的认可。认可度高，说明员工认同实施精益建设的理念和效果。一旦公司实施基于 BIM 的精益施工管理，将获得员工的支持以减少阻力。其次，需要了解公司员工对精益施工管理知识的掌握程度和 BIM 软件的操作水平。如果员工对精益建筑理论了解不多，应该采用适当的方法将相关知识传授给员工；如果员工 BIM 技术水平较低，不熟悉 BIM 软件操作，可以接受职业培训。如同在实际工作中一样，并非所有员工都需要精通 BIM 技术，因此可以从市场上引进相关的人才。最后，还要考虑员工的学习能力和执行能力，这与员工的文化水平、工作能力和纪律有关。如果公司员工具有较高的综合文化水平、较强的工作能力和纪律性，则公司可以有效、持续地推动基于 BIM 的精益建造、精益运维管理模式的实施。

综上所述，如果企业正在考虑实施基于 BIM 的精益建造管理模式，则需要树立以人为本的思维方式，承担员工对 BIM 的记忆、建设和推广工作，以提高两者的认可度，并为员工组织相应培训，加强 BIM 的操作技能，为实施在 BIM 基础上调整的施工管理模式奠定基础。此外，要提高员工的综合素质，提高他们的文化水平和执行能力，并在日常管理中，要不断突出纪律，降低实施管理的难度。

2. 行业环境方面

行业的环境因素包括四个方面：同类企业实施精益建设、供应链压力、行业竞争压力以及系数在行业中的应用。由于当前激烈的行业竞争，极大地催生了企业的生存和发展压力。如果有一种新的商业模式可以减少浪费、降低成本、改进管理流程、增加收入和提高员工素质，那么在公司进行相同规模的活动时，实施精益建设的数量、程度和效率是企业应考虑的重要信息，这些信息将对业务决策产生重要影响。在建筑行业的应用情况也是一个需要考虑的因素。当 BIM 在行业中流行时，缺乏应用 BIM 技术能力的公司在竞争中将处于明显劣势。供应链作为具有更先进思维和管理水平的供应商，愿意实施基于 BIM 的精益管理，或已经在自己的公司实施了基于 BIM 的精益管理，也将倡导和敦促企业共同完成供应链升级。

简而言之，企业若要实施基于 BIM 的精益管理模式，首先要进行调研，统计相似地区、相似模式、业务边界相似的企业，实施精益管理编号，收集相关信息，并分析它们在企业中的实施深度和效果，让企业了解精益和精益在同类企业中的实施情况，进而了解当今行业 BIM 技术的应用和发展趋势，判断需求和整体应用 BIM 技术在公司项目管理中的应用。最后，对于业务供应链，如果业务合作伙伴正在向业务施加压力以实施基于 BIM 的精益施工管理，他们需要采取积极措施，让公司尽快有合适的时间，尽快提高供应链管理效率。

3. 团队执行方面

（1）团队建设

1）组织架构。在第一时间明确必须的角色是：精益运维总协调人、精益运维项目经理、精益运维技术总负责人、各专业精益运维负责人、精益运维建模人员、精益运维信息管理专员。

2）能力培养。通过学习和培训来完成初期团队 BIM 能力的培养。

（2）项目试点

1）开展项目试点。在初步完成团队组建和标准制定后，寻找一个合适的项目开展试点工作，从开始的项目策划、项目实施直至项目结束，进行全程跟踪，积累精益运维经验。

2）项目经验复盘。在项目完全结束后，对项目整个过程中的经验和教训进行总结归纳，优化后续的项目实施，以及企业的精益运维标准。

精益建造、精益运维的精髓在于系统的方式，包括共享和同步。在这样一个理想的组织机构内，由 BIM 团队带来、产生和维护 BIM 数据库，其他各利益集团共享数据，并随之产生新的数据，新的数据再次共享，不同利益集团各取所需，充分发挥 BIM 应用的巨大优势，形成以施工单位为主导的理想 BIM 团队组织架构。

8.3.2 建立健全相关建设法规

BIM 技术在我国的应用和推广取得了不错的效果，但其体系标准并不完善。随着信息技术的不断发展，以精益建造为指导思想，以 BIM 技术为手段，将交互协调应用在工程项目管理活动中将会是建筑业以后发展的必经之路，建立健全国家统一的 BIM 技术标准就显得尤为重要。

1. 业主支持与政策发展

政府和业主因素包括三个方面：业主对精益建造的知识程度、政府关于精益建造和 BIM 应用的政策、业主对 BIM 技术的应用要求。如果业主对精益建造持积极态度，则会支持承包商在项目管理中实施精益建造，并为其提供组织协调等方面的帮助，这会大大有利于承包商的工作的开展；而如果业主对 BIM 技术的应用提出明确要求，则是对承包商设置了硬性规定，承包商必须满足这一规定。政府主管部门对精益建造和 BIM 技术应用的政策，会在行业内起到宏观调控的作用，如政府主管部门出台规定，鼓励实施精益建造，并对实施精益建造管理的项目提供一定的政策优惠，则会大大推动精益建造在行业内的实施。

对于建筑企业来说，政府主管部门和企业业主都是自己的领导者，二者的决定和规定对建筑企业工作的开展有着重要的影响。企业若有在项目中实施基于 BIM 的精益建造管理模型的意向，应先跟业主方进行沟通，争取与业主方达成一致，获得业主的支持，同时关注政府部门的相关政策，如利好政策，则积极借助政策的扶持，推进基于 BIM 的精益建造管理的实施。

2. 制定 BIM 标准

（1）制定 BIM 实施策略。BIM 技术实施方案多种多样，并且不同的实施方案对人员配置和建模标准均有不同的要求，因此需提前制定企业自身或特定项目的 BIM 应用目标，设定好应用的阶段以及应用点，并以此来制定相应的 BIM 实施策略。

（2）统一 BIM 建模标准。应根据项目积累以及经验借鉴制定适合企业自身的 BIM 建模标准，其中已包含建模标准、构建标准。应用标准的建模标准包含模型拆分、命名规范、视图样板模型精度；信息精度的内容构建标准应包含构建精度、参数设置、图例表达的内容、应用标准，应根据企业需求制定不同应用阶段以及应用点的技术。

（3）制定标准工作流程。应根据企业需求及应用点制定标准的工作流程，例如：先确定项目组织架构，再制定项目 BIM 实施策略及 BIM 标准的内容。

3. 将精益运维纳入国家推动经济结构转型和节能减排重点工作中

当前我国建筑能耗占城市总能耗的 30% 左右，如何落实建设领域的节能减排任务，对于完成我们国家节能减排目标，履行关于应对气候变化的相关承诺，实现建筑业可持续发展，推动经济结构转型具有十分重要的意义，而装配式建筑的节能减排效益明显，应当大力推进装配式建筑作为国家推进节能减排和应对气候变化工作的重要抓手。

建议结合《国家新型城镇化规划》《节能减排低碳行动方案》《大气污染防治行动计划实施细则》等，把装配式建筑发展放到推动经济结构转型和实现节能减排降碳约束性目标的战略背景下，充分挖掘其对促进经济社会创新发展、推动建设行业节能减排和治理大气污染等方面的贡献。

4. 以限制性政策建立倒逼机制，实现行业转型发展

（1）提高《中华人民共和国环境保护税法》中关于建筑施工、噪声、固体废物、大气污

染物等应税污染物的征收标准，定义装配式建筑的污染物排放标准作为相关污染物排放的基准线。

（2）参考我国香港地区经验，征收建筑垃圾处置费。我国香港地区 2005 年开始征收建筑废物处置费，传统的建筑模式下产生的建筑垃圾要远远大于使用预制构件所产生的建筑垃圾，所以在建筑废物处置费提出后，众多的建筑承建商纷纷使用预制构件，有效地倒逼了开发商走资源节约、环境友好的道路，推动了香港地区建筑工业化的发展，因此建议加强对国内建筑垃圾的运输和处置管理，并通过征收建筑垃圾处置费，从根源上减少建筑垃圾的排放。

（3）参考北京市的征收施工工地扬尘排污费。北京市于 2015 年开始征收建设工程施工工地扬尘排污费，该费用征收后，统一纳入北京市财政。排污费专项资金管理主要用于重点扬尘污染源的治理、扬尘防治、污染源监管等方面。施工工地扬尘排污费由建设单位缴纳，弥补治理成本的原则，制定实施差别化收费政策。

（4）加大装配式建筑综合效益的宣传。目前大多数装配式建筑接受度不高，对装配式建筑产品的全生命周期价值认识不深，建议加大宣传力度，加强培训交流，增强社会认知度，不仅让各级领导、专业人员、企业家的行业人员了解装配式建筑的优势，还要逐步让普通居民认知，形成消费者导向机制，倒逼开发企业采用装配式建造方式。

同时，由于装配式建筑综合效益明显优于传统现浇建筑，特别是从社会效益和环境效益等综合方面看起来具有优势，以装配式建造方式建设的项目质量、安全性能都有显著提高，二者不应简单地片面进行成本价格对比，应更多宣传综合性价比，使得开发商不得不走向资源节约、环境友好的道路。

8.3.3 建立促进市场精益运维发展的协调奖励机制

为了鼓励项目参与方的积极性，政府可以出台相关激励政策或奖励机制来促使企业运用精益建造、精益运维技术。

我国 2020 年 8 月颁布的《住房和城乡建设部等部门关于加快新型建筑工业化发展的若干意见》（建标规〔2020〕8 号）中指出，要推广精益化施工，加快信息技术融合发展，创新组织管理模式，开展新型建筑工业化项目评价，加大政策扶持力度。完善绿色金融支持新型建筑工业化的政策环境，积极探索多元化绿色金融支持方式，对达到绿色建筑星级标准的新型建筑工业化项目给予绿色金融支持。用好国家绿色发展基金，在不新增隐性债务的前提下鼓励各地设立专项基金；另外，加大评奖评优政策支持，将城市新型建筑工业化发展水平纳入中国人居环境奖评选、国家生态园林城市评估指标体系，大力支持新型建筑工业化项目参与绿色建筑创新奖评选。

装配式建筑精益建造、精益运维发展初期，受成本、技术、人才等各方面因素影响，市场规模偏小，不能形成良性循环发展机制，因此特别需要政府从制度层面支持供给和需求的发展，加快企业转型创新步伐，促进技术成熟和规模推广。以下为完善经济政策与措施的建议。

1. 加大财政支持力度

（1）设立专项资金，开展装配式建筑研发和推广应用工作。

（2）明确统一的评价标准，对符合评价标准的建筑给予一定的财政补贴。

（3）完善装配式建筑定额，作为调整政府投资的装配式建筑项目投资预算额度的依据。

（4）装配式建筑可分期缴纳土地出让金（或返回部分土地出让金）。

（5）装配式建筑列入建筑节能专项资金扶持范围。

（6）对装配式建筑技术工人的培训和技能鉴定给予一定的财政补贴。

2. 实施税费减免

（1）相关企业发生的研发费用，按照相关规定，在计算企业所得税应纳税所得额时，应落实加计扣除政策。

（2）装配式住宅装修成本可按规定在税前扣除。

3. 加大金融扶持

（1）金融机构对装配式建筑项目的开发、贷款、利率、消费贷款利率可予以适当优惠。

（2）对于购买装配式住宅的购房者，可享受贷款额度优先放贷，降低首付比例等优惠。

4. 加强建设行业的扶持力度

（1）加大对正装配式建筑项目销售的扶持力度，在政策规定范围内，装配式建筑的构件生产投资可作为办理《商品房预售许可证》的依据，可提前办理预售，同时在商品房预售资金监管上给予支持。

（2）装配式建筑精益建造工程可参照重点工程报建流程，纳入行政审批绿色通道。

（3）优先安排装配式建筑项目的基础设施和公用设施配套工程。

第9章 装配式建筑精益建造全周期碳排放监测管理

9.1 装配式建筑全周期碳排放管理理论概述

9.1.1 装配式建筑的碳排放研究

在全球致力于碳足迹削减的时代背景与我国提出的"双碳"目标下，减排工作刻不容缓。建筑业是一个材料多元、资源消耗大、碳足迹密集的经济支柱产业，而循环经济在建筑领域的应用却尚处于起步阶段，将循环经济理论应用于建筑业，能提高建材的利用率，减少生命周期的碳足迹，对促进建筑业的可持续及创新发展也具有重要价值。此外，相较于较为传统的"材料再利用"模式，装配式建筑的工厂化特点，给循环经济理论在建筑领域的应用带来了更多的机会。因此，对装配式建筑进行针对性的碳足迹核算和分析，并探究装配式建筑与循环经济的契合性以及其潜在的环境效益，对建筑行业绿色减排和质量转型都具有重要且深远的作用。

本章对装配式建筑碳足迹和节能减排的相关研究进行了系统性的综述，主要从以下三个方面进行分析：装配式建筑碳足迹的研究角度；装配式建筑碳足迹的量化研究；减排的影响因素研究。

1. 装配式建筑碳足迹的研究角度

研究中对"装配式建筑"的理解和侧重点不同，则研究的目的和对象会有所差异。

（1）微观层面

主要从建筑的组成元素分析着手，分析各建筑成分的碳排性能，再将其应用在装配式建筑中，比较并分析该研究成分是否具有良好的环境性能和减排效益。研究通常选择预制构件作为切入点进行分析，来核算预制构件相关的碳足迹。

（2）中观层面

装配式建筑作为较新的建造形式，其研究以与传统单体建筑建造形式进行比较分析为主，可为装配式建筑的前期设计和低碳管理提供数据支持。

2. 装配式建筑碳足迹的量化研究

本节对相关研究的案例结果进行了统计整理，主要从核算范围和研究方法两个方面总结量化研究的现状：

（1）装配式建筑的各阶段研究。建筑的生命周期总体分为了物化阶段、使用阶段以及生命周期终止阶段，但根据研究目的和侧重点不同，每个阶段内的具体划分和分析范围存在差异。值得注意的是，大多数研究把回收阶段归到了生命周期终止阶段一并考虑。另外，与建筑碳足迹研究不同的是，因运行阶段与装配式建筑建造特异性的关联影响较弱，研究对物化阶段分析占比较大。

（2）研究分析方法

1）分析范围。以往研究多以生命周期各阶段的核算结果为导向，对装配式建筑的碳足迹进行评价和分析，这样的方法便于对重点阶段的把控，但可能会影响对具体减排影响因素的深入分析；同时，较少考虑到装配式建筑的集成化特性，缺乏针对性扩展。其次，多数研究没有考虑碳足迹产生的空间范围，也没有从建筑基地内外分析碳足迹的来源。另外，装配式建筑具有场外施工的特点，因此基地外空间范围还包括场外施工的预制工厂。

2）研究方法。虽然国内外量化碳足迹的方法各不相同，但基础框架通常基于成熟的生命周期评估（LCA）展开。根据清单分析方式的不同，主要分为基于过程分析法、投入产出分析法、混合生命周期评估法三类。不同的 LCA 方法需要根据研究对象、数据来源等条件选择。

3. 减排的影响因素研究

装配式建筑碳足迹的减排影响因素研究结合装配式建筑的施工技术和建造形式特点，选取装配率或预制率作为减排研究的变量，探究其对碳足迹的影响，但是对装配率和预制率的计算暂没有统一的界定，各地区之间的标准具有差异性。

9.1.2　生命周期评价理论

1. 生命周期评价理论的概述

生命周期评价（Life Cycle Assessment，LCA）是一个方法论框架，通过确定和量化能源与材料的使用以及向环境的排放情况来评估与产品、过程或活动相关的环境影响，并评估环境改善机会的可能性。20 世纪 90 年代，LCA 作为一种客观的方法已被应用于建筑领域，对建筑生命周期各过程进行评价和优化。

根据不同侧重点，生命周期评价理论延伸出了不同的环境评估理论。生命周期能源评估（Life Cycle Energy Assessment，LCEA）侧重评估建筑在其整个生命周期内作为资源投入的能源使用。生命周期碳排放评估（Life Cycle Carbon Emissions Assessment，$LCCO_2A$）以输出端的碳当量排放作为研究对象，评估建筑物整个生命周期产出的碳排放。

本教材立足的生命周期评价理论与 $LCCO_2A$ 的侧重点更为一致，旨在利用 LCA 理论研究建筑生命周期各阶段输出端的碳足迹情况。不同生命周期环境评价方法的侧重点与关系如图 9-1 所示。

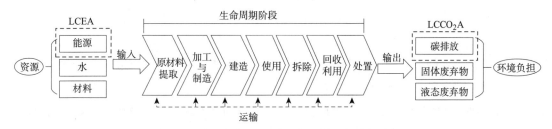

图 9-1　不同生命周期环境评价方法的侧重点与关系

2. 生命周期评价框架

目前生命周期评价的框架主要采用ISO的四步法，它是对国际环境毒理学和化学学会（SETAC）的四个评价部分的改进，包括定义目标和范围、生命周期清单分析、生命周期影响评价、生命周期结果解释分析，如图9-2所示。

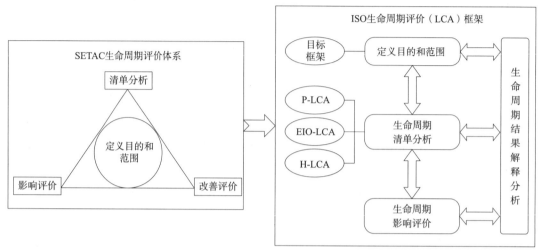

图9-2 LCA框架的使用步骤

（1）定义目标和范围

定义目标和范围，为后续的清单分析与影响评价建立系统边界、功能单元以及数据的输入与输出范围。

（2）生命周期清单（LCI）分析

清单分析主要收集和量化生命周期不同阶段涉及的物料和能量流等信息，整理研究系统的输入和输出数据的清单，以便后续计算和评估分析。

根据清单分析的数据来源和分析方式，LCA可以具体分为以下三种类型：过程—LCA（P-LCA）、经济投入/产出—LCA（EIO-LCA）、混合—LCA（H-LCA）。P-LCA从中微观层面出发，自下而上，将研究系统划分为一系列流程，对每一单元过程进行输入与输出的详细分析。EIO-LCA以宏观层面为主，采用经济投入–产出表作为基础数据，核算各行业部门的能源使用和排放情况，是一种经济统计的方法。H-LCA则结合二者的优势，对于上游较为复杂的产业采用经济投入与产出简化计算，而对于具体制造过程则采用过程方法分析环境影响，但容易因界限划分不清而导致重复计算。本研究采用基于过程的LCA（P-LCA）来核算和分析各阶段的碳足迹，探究其碳足迹及各微观因素的减排潜力。

建筑的清单分析较其他产品更为复杂，为了尽可能保障清单数据的可靠性和有效性，本研究搜集实际案例的工程量清单，选取必要工程量，并对数据来源和效度进行不确定性分析。

（3）生命周期影响评价（LCIA）

生命周期影响评价是将上一步骤的清单分析数据简化并转换为与环境更加相关的信息，以帮助理解研究系统的清单分析结果，从而更好地为决策者提供环境指标和参考信息。具体来讲，LCIA 阶段在前两步的基础上按不同的环境影响类型对清单数据进行分析；然后对每一种类型进行特征化处理；最后按不同贡献大小确定相应权重，归一为总体的环境影响，从而评价环境影响负担。

（4）生命周期结果解释分析

结果解释分析是对生命周期的整体性环境评估结果进行详细分析，可以对整个研究系统起到检查作用，为得出结论、建议和决策提供基础。

9.1.3　建筑碳足迹定义与测量方法

1. 碳足迹的概念

碳足迹概念源于 1996 年由哥伦比亚大学 Rees 和 Wackernagel 提出的"生态足迹"，是人类活动过程对自然造成环境影响的量度。将"生态足迹"具体化为"碳足迹"，表示人类活动过程中直接或间接产生的温室气体排放的量度。在分析测算过程中，根据不同的环境评价目的和研究范围，碳足迹有不同的定义，主流的观点分为三种：①化石燃料燃烧产生的 CO_2 排放量；②产品、活动或服务的生命周期中直接产生的 CO_2 和其他温室气体的等效 CO_2 排放量；③人类活动直接及间接引起的温室气体排放量的等效 CO_2 排放量对气候变化影响的度量。本教材基于第三种理解将建筑碳足迹定义为"建筑生命周期过程中直接或间接消耗能源和物料产生的温室气体排放量"。

建筑生命周期的碳足迹对应其生命周期能源，分为隐含碳足迹和运行碳足迹。隐含碳足迹是指建筑在原材料的生产加工运输、现场施工、维护更新以及生命周期末期拆除再处置过程中由物料、设备产生的碳足迹。隐含碳足迹贯穿建筑的整个生命周期，与前期建筑材料的生产采购、运输以及建筑建造、末期拆除阶段相关性较高，且产生的短期碳足迹更为显著。本教材基于此，侧重对隐含碳足迹进行评估。

2. 建筑碳足迹核算的方法

建筑碳足迹的核算难点是数据的获取和收集，目前国内尚未形成成熟的建筑碳足迹数据库。碳足迹核算的方法根据数据获取和来源形式主要有实测法与基于 LCA 理论的计算法，具体的使用步骤和优缺点整理见表 9-1。

建筑碳足迹的主要核算方法　　　　　　　　　　　　　　　　表 9-1

核算方法		核算要点	优点	缺点
监测法	实测法	采用有关部门规定和准许的测量仪器，用实测方法对生产过程物料消耗和环境排放进行监测，获取碳足迹相应指标	数据可靠，精度高	测量过程偶然因素多，难以控制；测量水平要求高，且与记录质量密切相关
基于 LCA 理论	排放系数法（由 IPCC[①] 提出，也称清单法）	基于 P-LCA 的核算方法，根据碳排放源的活动数据与其对应过程的碳足迹因子相乘进行量化的方法	方法简洁易懂，过程对应研究目标和范围可自行选定	碳足迹因子与计算时考虑的边界、时效、地区、工艺等因素相关，会对结果造成不同程度的影响

---

① IPCC：联合国政府间气候变化专门委员会，Intergovernmental Panel on Climate Change。

核算方法		核算要点	优点	缺点
基于LCA理论	物料平衡法	根据质量守恒定律，投入物质量等于产出物质量，对整个生产过程的碳足迹进行核算	能得到整个生产系统较全面的碳足迹数据	对全过程进行跟踪，工作量大、过程较为复杂
	投入产出分析法	基于EIO-LCA的核算方法，以投入产出表为主，考虑各部门之间的生产联系	可以获得整个生产链的碳足迹流动情况	数据资料较难获取，分析不够具体，通常以某一行业为主，对于微观问题存在局限性

本研究从中微观视角出发，选择排放系数法核算碳足迹，采用P-LCA方法评估碳足迹影响。将各阶段进行详细划分，再收集清单数据进行计算，清单数据除了工程量、相关物料清单外，还包括各类型碳足迹因子数据。基于P-LCA理论的排放系数法，受到数据收集和数据来源的影响较大，因此本教材会在之后的章节中定义清楚系统边界，以适应的原则选择碳足迹因子，并对数据等指标进行不确定性分析，以减少分析结果的误差。根据排放系数法的核算要点，其通用表达式如式（9-1）所示：

$$C = \sum_{i=1} Q_i \times E_i \qquad (9-1)$$

式中，C 为对应阶段的碳足迹总量；Q_i 为第 i 个过程的活动数据（比如能源、耗材等）；E_i 为 i 过程对应的碳足迹因子。

9.2 装配式建筑精益建造全周期碳排放核算框架

9.2.1 装配式建筑生命周期碳足迹核算目的

通过结合循环经济策略和装配式建造特点，对装配式建筑生命周期碳足迹进行核算，主要目的在于：

（1）建立循环经济视域下的装配式建筑生命周期碳足迹核算框架，引导在前期考虑减排节能设计方案，并为利益相关方提供决策参考；

（2）为探究循环经济策略在装配式建筑碳足迹的应用契合性以及减排潜力提供数据核算基础。

9.2.2 核算边界范围与功能单位

1. 碳足迹核算温室气体种类

温室效应是多种气体共同影响的结果，《京都议定书》规定了六种主要的温室气体，包括二氧化碳（CO_2）、甲烷（CH_4）、氧化亚氮（N_2O）、六氟化硫（SF_6）、氢氟碳化物（HFC_S）和全氟化碳（PFC_S）。

由于每种温室气体对气候变化的影响程度不同，因此在核算碳足迹影响时应将各类温室气体等效折算为当量值进行评估。二氧化碳的排放量最高，且是最为常见的温室气体，因此

IPCC 以二氧化碳当量作为温室气体排放的基准，将其他温室气体等效折算为二氧化碳当量表示，记为"CO_2e"，具体表达式如下：

$$Q_{CO_2e} = \sum_i m_i \times GWP_i \qquad (9-2)$$

式中，Q_{CO_2e} 为温室气体排放量等效折算的 CO_2e（kg）；m_i 为第 i 种温室气体的质量（kg）；GWP_i 为第 i 种气体的全球变暖潜势（指一种物质产生温室效应的潜能值）。

GWP 与时间长短有关，但一般碳足迹研究选取 100 年作为基准期（本教材亦是），另外 IPCC 清单指南将 CO_2 的 GWP 定为基准值 1，温室气体的 GWP 值见表 9-2。

温室气体对应的 GWP 值 表 9-2

温室气体	GWP 值（kgCO$_2$/kg）		
	20 年	50 年	100 年
CO_2	1	1	1
CH_4	72	25	7.6
N_2O	289	298	153
HFC_S	3830	1430	435
PFC_S	8630	12200	1820
SF_6	16300	22800	32600

不同温室气体对气候的影响程度差别很大，单独考虑 CO_2 不能准确反映温室效应带来的环境影响，因此需要根据实际情况和数据可获性对多种温室气体综合考虑。由于 CO_2、CH_4、N_2O 是化石燃料燃烧的主要排放物，而 HFC_S、PFC_S、SF_6 的排放量较低，因此本教材主要以 CO_2、CH_4、N_2O 作为装配式建筑碳足迹核算研究的气体范围。

2. 装配式建筑碳足迹核算的生命周期阶段划分

本教材的侧重点是构建符合装配式建筑建造特点以及契合循环经济应用策略的碳足迹框架，着重从装配式建筑本体出发，界定和划分装配式建筑碳足迹核算的系统边界和生命周期阶段。由于运行阶段可以通过低能耗设计和用户行为来降低碳足迹，而与装配式建筑的建造特点和循环经济应用策略没有必然联系，因此运行阶段不作为本研究的重点分析阶段。另外，随着城市化进程加快，一些未达到使用年限的房屋面临拆除，鉴于这类趋势，本教材假设考虑的建筑为暂未达到使用年限但也面临拆除风险的较新建筑，因此维护更新阶段的碳足迹不在分析范围内。

装配式建筑与传统建筑最大的差异在预制构件的生产加工和现场安装环节：部分构件的生产转移至专门的工厂，后运至现场直接装配。同时，拆除后的建筑元素除传统的建筑材料外，还可能有预制构件拆卸处理的材料，上述二者的建造过程差异如图 9-3 所示。因此，本教材将装配式建筑的生命周期分为物化阶段（A）、生命周期终止阶段（B）和下一循环阶段（C）。根据装配式建筑的设计标准化、生产工厂化的特点，将装配式建筑的物化阶段细分为建

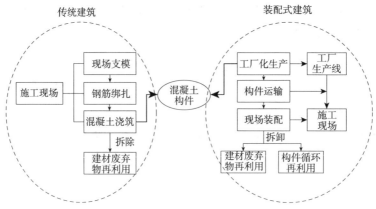

图 9-3 装配式建筑与传统建筑的建造过程差异

材生产与运输、工厂化生产、预制产部品运输、现场建造和装配四个阶段。

本教材将下一循环阶段单独列出，并且将其相关碳足迹影响初定归于本系统边界进行分析。构建的装配式建筑的生命周期如图 9-4 所示。

（1）建材生产与运输阶段

建材生产与运输阶段主要包括建材生产加工过程（A1）和建材运输过程（A2）。

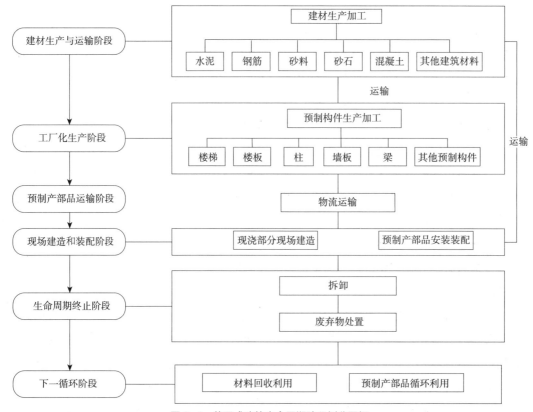

图 9-4 装配式建筑生命周期阶段划分图解

（2）工厂化生产阶段（A3）

装配式建筑与传统建筑最大的区别在于有部分批量化生产加工的建筑产部品，因此预制产部品的生产是管理要点和技术创新重点。

（3）预制产部品运输阶段（A4）

运输阶段主要指预制构件从工厂运输至施工现场的过程。

（4）现场建造和装配阶段

目前国内的装配式建筑以半预制为主，剩余部分仍采用现场施工的方式，因此现场建造和装配阶段包括现浇部分现场建造过程（A5）和预制产部品安装装配过程（A6）。

以上4个阶段涉及的6个过程均属于物化阶段范围，即从原材料开采到建筑物化建造形成阶段。

（5）生命周期终止阶段（B）

生命周期终止阶段是指建筑使用寿命结束时，拆除建筑物并处置建筑废弃物以进行循环再利用的过程，主要包括拆卸过程（B1）和废弃物处置过程（B2）。

（6）下一循环阶段（C）

下一循环阶段是建材元素再利用的过程。因此，再循环利用的环境效益和负担需要在多个建筑系统之间分配，并且装配式建筑在生命周期后期的再利用阶段更具优势，所以此阶段的碳足迹应该单独列出，以明晰过程的环境影响实际是如何进行的，从而获得更可靠的决策支持。分配的方法主要有三种：① 0 ：100，将下一循环阶段的所有影响归到原建筑系统中；② 100 ：0，将原材料生产的碳足迹归到原建筑系统，下一循环阶段的影响归到使用再循环或回收的新建筑系统中；③ 50 ：50，将可循环利用或可回收元素整个过程的影响均摊到原建筑和新建筑系统中。由于本研究探究的是装配式建筑本体的碳足迹特点以及与循环经济策略的适应性，并且环境影响主要由原系统产生，因此初始系统边界的初始选择是第一种分配方式。

建筑物拆除后的循环再利用可分为四种情形：①建筑主体结构的重新安置；②建筑产部品的循环再利用；③建材的再处理加工；④建材的回收利用。考虑到装配式建筑构件的特点，本教材主要从建材和预制产部品循环利用两个层面作为切入点，评估对碳足迹的影响，主要包括材料回收利用过程（C1）和预制产部品循环利用过程（C2）。

由于建材的回收加工需要消耗额外的能源，并且多数在回收利用后无法保持原有形态和价值。因此，传统回收建材可能无法准确估计未来使用情况，而预制产部品可直接进入后续项目循环，过程消耗少，是更优的策略选择。预制构件循环再利用的可行性主要与其可拆卸设计（Design for Deconstruction，DfD）有关，可拆卸设计主张采用绿色耐用材料、机械标准化节点、可解构结构，以达到最大的回收再利用效果。由于目前国内的可拆卸设计还不够成熟，因此本教材以假设不同连接节点的形式为切入点，分析预制构件循环再利用的碳足迹。

3. 装配式建筑生命周期碳足迹核算的系统边界

本研究从空间、时间、建筑本体三个维度划分装配式建筑碳足迹核算的系统边界，如图9-5所示。

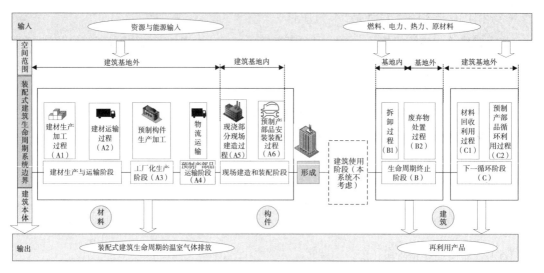

图 9-5 装配式建筑碳足迹核算的系统边界

（1）空间边界：主要考虑建筑内外基地和与建筑主体相关的建筑活动碳足迹。①建筑基地内：一部分是基地范围内由于设备燃烧燃料产生的碳足迹（直接碳足迹），以及设备与系统安装和运行过程中产生的碳足迹。另一部分是建筑基地内使用外购电力产生的碳足迹（间接碳足迹）。②装配式建筑基地外：包括建材、预制产部品的生产与运输产生的碳足迹，以及废弃物和回收再生组分在基地外运输、处理所产生的碳足迹（间接碳足迹）。需说明的是，本研究侧重的是与装配式建筑的实物构成和拆除直接相关的物料产生的碳足迹，因此人体呼吸、使用后添置的其他资产设备产生的碳足迹不在核算范围内。

（2）时间边界：涵盖装配式建筑生命周期的六个阶段。①建材生产与运输阶段：建材生产及运输消耗产生的碳足迹；②工厂化生产阶段：预制产部品在生产、加工、搬运过程产生的碳足迹；③预制产部品运输阶段：完成运输的各种交通工具所消耗燃料产生的碳足迹；④现场建造和装配阶段：现场制作及装配工作中建材及能源消耗产生的碳足迹；⑤生命周期终止阶段：包括拆除时的机械能耗、处置运输能耗产生的碳足迹；⑥下一循环阶段：回收加工所需能耗碳足迹及循环利用过程引起的碳足迹减量。

（3）建筑本体边界：从装配式建筑本体的角度，分为材料、构件、整体建筑三个层面，分析碳足迹的特点。

4. 功能单位

功能单位是对核算结果的量化描述，对结果可比性和一致性有重要影响。本教材以"$kgCO_2e/m^2$"为功能单位，即"每平方米建筑面积的二氧化碳当量"。此功能单位可以避免由于建筑类型、建筑规模不同及其余系统边界变量选择不同而导致的核算差异，使不同案例间的核算结果具有一致性和可比性。

9.2.3 碳足迹因子

选取碳足迹因子的优先级原则：①首先参考国内的数据库 [如 CLCD（中国生命周期基础

数据库）、碳足迹等] 或者权威机构测算数据；②若国内数据库数据时间久远，则参考国内最近相关研究的参考文献或者根据近年基础数据计算较新碳足迹因子；③若无国内数据，参考国外数据库 [如 ICE（Inventory of Carbon & Energy）] 或者国外研究文献中的参考值；④若无基础数据，则不采用，在核算过程中予以说明。

1. 主要能源碳足迹因子

（1）化石燃料燃烧

2006 年 IPCC 国家温室气体清单指南给出的基础数据时间久远，且为国家平均水平数据，缺乏一定的时效性和适应性。因此，本研究基于此数据，根据我国《省级温室气体清单编制指南》和《综合能耗计算通则》GB/T 2589—2020，修正并核算适合我国且更具时效性的能源碳足迹因子（E_e）。修正核算公式如下：

$$E_e = \left(C_c R_o \times \frac{44}{12} + 28 C_{CH_4} + 256 C_{N_{20}} \right) \cdot C_v \tag{9-3}$$

式中，C_c、R_o 分别为燃料的含碳量（kgC/TJ）和燃料的氧化率（%），数据来自《省级温室气体清单编制指南》；$C_c R_o \times \frac{44}{12}$ 为有效的 CO_2 排放因子；C_{CH_4}、$C_{N_{20}}$ 分别为 CH_4 和 N_2O 的缺省排放因子（kg/TJ），采用 IPCC 中的初始数据；C_v 为燃料的平均低位发热量（TJ/kg），数据来自《综合能耗计算通则》GB/T 2589—2020。

计算过程和结果见表 9-3。

主要化石燃料燃烧的碳足迹因子计算　　　　　　　　　　　表 9-3

能源种类	含碳量（kgC/TJ）	氧化率（%）	低位发热值（TJ/kg、m³）	有效 CO_2 排放因子（kgCO₂/TJ）	CH_4 排放因子（kgCH₄/TJ）	N_2O 排放因子（kgN₂O/TJ）	碳足迹因子（kgCO₂e/单位）
原煤	26370	0.98	0.000020934	1.98362629	1	1.5	1.99
洗精煤	25410	0.98	0.000026377	2.40839419	1	1.5	2.42
其他洗煤	25410	0.98	0.000010454	0.9545192	1	1.5	0.96
型煤	33560	0.9	0.000020908	2.31551918	1	1.5	2.32
焦炭	29420	0.93	0.00002847	2.85617303	1	1.5	2.87
煤矸石	25800	0.98	0.000008374	0.77633679	1	1.5	0.78
焦炉煤气	13580	0.99	0.000018003	0.88746509	1	0.1	0.89
转炉煤气	49600	0.99	0.00007945	14.3048136	1	0.1	14.31
高炉煤气	12200	0.99	0.000003768	0.16686965	1	0.1	0.17
原油	20080	0.98	0.000041868	3.02094925	3	0.6	3.03
汽油	18900	0.98	0.000043124	2.92872334	3	0.6	2.94
柴油	20200	0.98	0.000042705	3.09975666	3	0.6	3.11
燃料油	21100	0.98	0.000041868	3.17440385	3	0.6	3.18
天然气	15320	0.99	0.000038979	2.16768456	1	0.1	2.17

（2）电力生产

国家发展和改革委员会提供了 OM（电量边际）和 BM（容量边际）两种计算方式，用于中国清洁发展机制项目（CDM 项目）。电力碳排放因子 BM 存在一定的滞后性，而 OM 仅考虑了火力发电，未考虑 CH_4、N_2O 的影响和电网的线损插值，因此两种计算方式均不完全适用于本研究。本研究结合宋然平、张孝存等学者的电力碳足迹因子核算方法和近年的相关基础数据，在修正 OM 法系数的基础上，取 2018 年为基准年核算，得出终端用电碳足迹因子，计算思路如下：

1）在《中国能源统计年鉴》中获取各省区市的火力发电燃料消耗量，在表 9-3 查询相应的碳足迹因子，最终汇总为区域碳足迹总值（$C_{eo,i}$）；

2）在《中国电力年鉴》中获取各省区市（汇总为区域）的发电量和厂自用电率，扣除厂自用电量得到区域 i 的净上网电量（$EQ_{eo,i}$）；

3）计算区域供电碳足迹因子 $E''_{d,i}$（$kgCO_2e/kW \cdot h$）：

$$E''_{d,i} = \frac{C_{eo,i}}{EQ_{eo,i}} \qquad (9-4)$$

4）根据 2019 年《中国区域电网二氧化碳基准线排放因子 OM 计算说明》中的电网间交换情况，计算区域用电碳足迹因子 $E'_{d,i}$（$kgCO_2e/kW \cdot h$）：

$$E'_{d,i} = \frac{E''_{d,i} \cdot (EQ_{eo,i} - \sum_{j=1, j \neq i}^{n} EQ_{(出) ij}) + \sum_{j=1, j \neq i}^{n} E''_{d,i} \cdot EQ_{(进) ij}}{EQ_{eo,i} - \sum_{j=1, j \neq i}^{n} EQ_{(出) ij} + \sum_{j=1, j \neq i}^{n} EQ_{(进) ij}} \qquad (9-5)$$

式中，$EQ_{(出) ij}$ 为区域电网 i 向区域电网 j 出口的电量；$EQ_{(进) ij}$ 为区域电网 i 向区域电网 j 进口的电量。

5）计算区域电网的线损比率 $\lambda_{d,i}$：

$$\lambda_{d,i} = \frac{EQ_{损,i}}{(EQ_{损,i} + EQ_{终端,i})} \qquad (9-6)$$

式中，$EQ_{损,i}$ 为区域电网 i 的损失量；$EQ_{终端,i}$ 为区域电网 i 的终端消费量。

6）计算考虑线损的区域供电碳足迹因子 $E_{d,i}$：

$$E_{d,i} = \frac{E'_{d,i}}{1 - \lambda_{d,i}} \qquad (9-7)$$

本研究计算的我国 2018 年区域电网的用电碳足迹因子见表 9-4。

修正计算后的各区域碳足迹因子　　　　表 9-4

区域电网	覆盖范围	碳足迹值（万吨）	碳足迹值（万吨）	$EQ_{eo,i}$（亿 kW·h）		$E'_{d,i}$	$E_{d,i}$	线损比率	修正后的 $E_{d,i}$
华北	北京	81.59		394.00					
	天津	4387.70		549.45					
	河北	18955.57	127834.60	2456.66	14489.12	0.882	0.878	0.005	0.882
	山西	23467.99		2526.19					
	山东	37296.80		4543.61					
	内蒙古	43644.95		4019.20					

续表

区域电网	覆盖范围	碳足迹值（万吨）	碳足迹值（万吨）	$EQ_{eo,i}$（亿 kW·h）	$E'_{d,i}$	$E_{d,i}$	线损比率	修正后的 $E_{d,i}$
华东	上海	6096.15	83391.61	821.40	13042.786	0.639	0.621	0.089	0.682
	江苏	31881.59		4674.46					
	浙江	17937.86		3145.45					
	安徽	18285.88		2347.74					
	福建	9190.13		2053.75					
华中	河南	21897.52	40867.22	2523.25	10260.415	0.398	0.416	0.003	0.417
	湖北	6625.43		2489.89					
	湖南	5961.04		1253.17					
	四川	2788.13		3315.60					
	重庆	3595.11		678.51					
东北	辽宁	14159.90	30023.10	1643.60	3225.1554	0.931	0.931	0.002	0.933
	吉林	7652.84		709.79					
	黑龙江	8210.36		871.77					
西北	陕西	11624.30	53424.60	1472.79	7350.6112	0.727	0.727	0.029	0.749
	甘肃	6370.59		1237.46					
	青海	1429.52		572.20					
	宁夏	11405.95		1290.56					
	新疆	22594.24		2777.60					
南方	广东	23426.46	42373.74	4070.60	10140.969	0.418	0.418	0.002	0.419
	广西	4747.78		1229.17					
	云南	2405.93		2712.19					
	贵州	10149.12		1844.60					
	海南	1644.44		284.41					

注：由于数据统计不足，上述表格未包含江西省、西藏自治区、香港特别行政区、澳门特别行政区和台湾省等地区。

2. 建材碳足迹因子

本教材通过查询《建筑碳排放计算标准》GB/T 51366—2019（以下简称《计算标准》）附录D、近期国内文献研究、主要碳足迹数据库或者根据相应基础数据进行统计计算，确定建材碳足迹因子。

（1）建筑原材料

主要建筑原材料的碳足迹因子见表9-5。

主要建筑原材料的碳足迹因子　　　　　　　　　　　　　　表9-5

	材料名称	单位	碳足迹因子 kgCO₂e/单位	说明
建筑原材料	自来水	t	0.168	—
	砂	t	2.51	—
	碎石	t	2.18	《计算标准》（依据 CLCD）
	黏土	t	2.69	—
	石灰	t	1190	—
	粉煤灰	t	8.0~8.77，取 8.385	取文献研究平均值
	木材	m³	139~178，取 158.5	取文献研究平均值

（2）二次建材（非金属材料）

配合比以及材料容重取自 2020 年《四川省建设工程工程量清单计价定额》（房屋建筑与装饰工程），主要二次建材的碳足迹因子见表 9-6。

主要二次建材的碳足迹因子　　　　　　　　　　　　　　　　表 9-6

材料名称	类别	单位	碳足迹因子 kgCO$_2$e／单位	说明
水泥	硅酸盐水泥（PI）	t	939~958，取 948.5	文献推荐值，按《计算标准》取平均
	普通硅酸盐水泥（PO）	t	735（市场平均）	《计算标准》（依据 CLCD）
	矿渣硅酸盐水泥（PS）	t	503~744，取 623.5	文献推荐值，按平均值选取
	火山灰质硅酸盐（PP）	t	541~722，取 631.5	文献推荐值，按平均值选取
	粉煤灰硅酸盐水泥（PF）	t	541~724，取 632.5	文献推荐值，按平均值选取
	复合硅酸盐水泥（PC）	t	604~742，取 673	文献推荐值，按平均值选取
	石灰石硅酸盐水泥（PL）	t	880	依据文献计算值
混凝土	C20	m³	208.98	根据四川省定额消耗量和材料配合比计算
	C25	m³	247.46	
	C30	m³	277.82	
	C35	m³	314.77	
	C40	m³	348.04	
	C45	m³	390.16	
	C50	m³	431.57	
砂浆	砌筑砂浆 M2.5	m³	131.67	
	砌筑砂浆 M5	m³	141.34	
	砌筑砂浆 M7.5	m³	157.04	
	砌筑砂浆 M10	m³	169.73	
	抹灰水泥砂浆 1：2.5	m³	324.95	
	抹灰水泥砂浆 1：3	m³	271.80	

（3）金属材料

主要金属材料的碳足迹因子见表 9-7。

主要金属材料的碳足迹因子　　　　　　　　　　　　　　　　表 9-7

金属材料	材料名称	单位	碳足迹因子 kgCO$_2$e／单位	说明
钢材	热轧碳钢小型型钢	t	2310	《计算标准》（依据 CLCD）
	热轧碳钢中型型钢	t	2365	
	热轧碳钢大型型钢	t	2380	
	热轧碳钢钢筋	t	2340	
	热轧碳钢高线材	t	2375	
铝材	铝综合	t	15450	依据文献推荐值

（4）其他建材

部分其他建材的碳足迹因子见表 9-8。

部分其他建材的碳足迹因子　　　　表 9-8

墙体材料	材料名称	单位	碳足迹因子 kgCO₂e／单位	说明
砖与砌块	混凝土砖	m³	336	《计算标准》（依据 CLCD）
	蒸压粉煤灰砖	m³	341	
	黏土空心砖	m³	250	
	页岩实心砖	m³	292	
	页岩空心砖	m³	204	
	加气混凝土砌块	m³	270	依据文献推荐值
	普通混凝土砌块	m³	171	依据文献计算值
玻璃	平板玻璃	t	1130	《计算标准》（依据 CLCD）
	Low-E	t	2010	依据文献推荐值
	钢化玻璃	t	1790	依据文献推荐值
保温材料	普通聚苯乙烯（PS）	t	4620	《计算标准》（依据 CLCD）
	泡沫聚苯乙烯（EPS）	t	5640	碳阻迹（碳交易网 2019 数据）
	挤塑聚苯乙烯（XPS）	t	6120	依据文献推荐值
	岩棉板	t	2370	碳阻迹（碳交易网 2019 数据）
油漆涂料	油漆涂料	t	1400	文献平均值
防水卷材	SBS 改性沥青防水卷材	m²	1.85	文献平均值

3. 交通运输方式碳足迹因子

参考《计算标准》附录 E "建材运输碳排放因子"。其中，在公路运输时，若车辆不留于现场，则需考虑车辆后续空载返回时的油耗。相关研究表明，空载返回的油耗约为满载时的 2/3，用系数 1.67 修正相应碳足迹因子，见表 9-9。

交通运输方式碳足迹因子　　　　表 9-9

运输方式类别	碳足迹因子（kgCO₂e／t·km）	
	满载状态 E_{ys}	满载后空载返回（×1.67）
轻型汽油货车运输（载重 2t）	0.288	0.481
中型汽油货车运输（载重 8t）	0.103	0.173
重型汽油货车运输（载重 10t）	0.140	0.234
重型汽油货车运输（载重 18t）	0.096	0.160
轻型柴油货车运输（载重 2t）	0.246	0.411
中型柴油货车运输（载重 8t）	0.166	0.278

运输方式类别	碳足迹因子（kgCO$_2$e/t·km）	
	满载状态 E_{ys}	满载后空载返回（×1.67）
重型柴油货车运输（载重 10t）	0.177	0.296
重型柴油货车运输（载重 18t）	0.121	0.202
重型柴油货车运输（载重 30t）	0.073	0.121
重型柴油货车运输（载重 46t）	0.058	0.096
电力机车运输	0.011	暂不考虑，同满载
内燃机车运输	0.010	
铁路运输 – 中国市场平均	0.010	
液货船运输（载重 2000t）	0.018	
干散货船运输（载重 2500t）	0.015	
集装箱船运输（载重 200TEU）	0.012	

9.2.4 循环经济视域下装配式建筑生命周期碳足迹核算框架

构建循环经济视域下的装配式建筑生命周期碳足迹核算框架，碳足迹总量如下式所示：

$$C_{LC} = C_1 + C_2 + C_3 + C_4 + C_5 + C_6 \tag{9-8}$$

式中，C_{LC} 为碳足迹核算总量（kgCO$_2$e）；$C_1 \sim C_6$ 分别为建材生产与运输阶段、工厂化生产阶段、预制产部品运输阶段、现场建造和装配阶段、生命周期终止阶段、下一循环阶段的碳足迹核算值（kgCO$_2$e）。

最后转换为统一的功能单位进行结果分析：

$$C_{UX} = \frac{C_X}{A} \tag{9-9}$$

式中，C_{UX} 为单位面积上的 X 阶段碳足迹核算值（kgCO$_2$e/m^2）；C_X 为 X 阶段碳足迹核算值（kgCO$_2$e）；A 表示建筑面积（m^2）。

1. 建材生产与运输阶段碳足迹核算模型（A1、A2）

建材生产与运输阶段，以"建材"为研究对象，包括原材料开采、精炼、生产加工到建材出厂的过程，以及运输至工厂和施工现场消耗能源产生的碳足迹。

$$C_1 = C_{A1} + C_{A2} \tag{9-10}$$

式中，C_{A1} 为建材生产加工过程的碳足迹核算值；C_{A2} 为建材运输过程的碳足迹核算值。

（1）建材生产加工过程（A1）

1）核算公式

建材生产加工过程的碳足迹按式（9-11）核算：

$$C_{A1} = \sum_{i=1}^{n} Q_i \times E_{C,i} \tag{9-11}$$

式中，Q_i 为第 i 种主要建材的消耗量；$E_{C,i}$ 为第 i 种主要建材的碳足迹因子（kgCO_2e/ 建材单位）。

其中，周转材料的消耗量需要结合周转次数和损耗率按式（9-12）转换：

$$\overline{Q_{Z,i}} = Q_{Z,i} \times \frac{[1 + r_i \cdot (T_i - 1)]}{T_i} \tag{9-12}$$

式中，$\overline{Q_{Z,i}}$ 为第 i 种可周转材料的均摊消耗量；$Q_{Z,i}$ 为第 i 种可周转材料的消耗量；r_i 为第 i 种可周转材料的损耗率；T_i 为第 i 种可周转材料平均周转次数。

2）数据来源

① Q_i：来自装配式建筑项目工程量预算/竣工决算清单、建筑模型数据等；

② r_i 和 T_i：查询《全国统一建筑工程基础定额编制说明》的模板、支撑系统、零星卡具等的周转次数和损耗率，或根据项目施工组织设计说明中的数据计算。

（2）建材运输过程（A2）

1）核算公式

建材运输过程的碳足迹按式（9-13）核算：

$$C_{A2} = \sum_{i=1}^{n} Q_i \times D_i \times E_{ys,i} + \sum_{m=1}^{n} Q_m \times D_m \times E_{ys,m} \tag{9-13}$$

式中，Q_i 和 Q_m 分别为运输至预制工厂和现场的材料消耗量；D_i 和 Q_m 分别为运输至预制工厂和现场的材料的运输距离（km）；$E_{ys,i}$ 和 $E_{ys,m}$ 为运输方式对应的每单位运输距离的碳足迹因子（kgCO_2e/ 单位·km）。

2）数据来源

① Q_i：预制产部品供应商的供应工程量清单中的材料消耗量数据；

② D_i 与 D_m：根据施工组织设计和工程量预决算清单中的相关供应商地址信息与施工现场的位置，通过地图确定平均距离。

2. 工厂化生产阶段碳足迹核算模型（A3）

工厂化生产阶段是装配式建筑的独有阶段，将原先的现场施工任务转移到工厂，采用工业化、标准化的建造技术完成产部品的生产加工。工厂化生产阶段以预制产部品作为研究对象，包括生产制作以及场内运输过程的消耗能源碳足迹。

（1）核算公式

材料部分已统一归为第一阶段考虑，因此工厂化生产阶段主要考虑机械消耗产生的碳足迹，此部分与生产流水线和生产工艺以及预制产部品种类有关，核算公式如下：

$$C_2 = C_{sc} \times C_{cn} \tag{9-14}$$

式中，C_{sc} 为预制产部品生产制造过程的碳足迹核算值（kgCO_2e）；C_{cn} 为场内运输过程的碳足迹核算值（kgCO_2e）。

$$C_{sc} = \sum_{i=1}^{n} \frac{Q_{y,i}}{q_{y,i}} \times P_{s,i} \times E_e \tag{9-15}$$

式中，$Q_{y,i}$ 为第 i 种预制产部品的工程量；$q_{y,i}$ 为第 i 种预制产部品生产线每台班可生产的工程量；$P_{s,i}$ 为生产第 i 种预制产部品的台班功率（kW·h/台班）。

$$C_{cn} = \sum_{i=1}^{n} \left(Q_{y,i} \times T_{yi,j} \times R_{y,j} \right) \times E_j \tag{9-16}$$

式中，$Q_{y,i}$ 为第 i 种预制构件的工程量；$T_{yi,j}$ 为场内运输第 i 种预制产部品的第 j 种运输机械的台班消耗量（台班）；$R_{y,j}$ 为第 j 种运输机械单位台班的能源用量（能耗/台班）；E_j 为第 j 种运输机械的单位碳排放因子。

（2）数据来源

1）$Q_{y,i}$：预制产部品供应商提供的工程量清单；

2）$q_{y,i}$、$P_{s,i}$：预制构件工厂调研或其提供的平均经验数据；

3）$T_{yi,j}$：可参考国家/地方性房屋建筑与装饰工程消耗量定额与《装配式建筑工程消耗量定额（2016）》中对应项目的台班消耗，并结合实际预制产部品供应商提供的参数；

4）$R_{y,j}$：参考《计算标准》中的附录 C，当有生产经验数据时，可按经验数据确定。

3. 预制产部品运输阶段碳足迹核算模型（A4）

装配式建筑中的运输阶段类似于制造业中的商品流通，根据不同预制产部品的功能和规格制定适宜的装车和运输方案。本教材研究产部品制作完成后从工厂运输至现场堆放过程的碳足迹，可以细分为三个流程：①第一次垂直运输（装载）：由工厂吊装转至运输车辆的过程；②水平运输：将预制产部品从工厂运输至施工现场的过程；③第二次垂直运输（卸装）：将运输车辆中的预制产部品吊装至现场堆放点的过程。

（1）核算公式

$$C_3 = C_{cz1} + C_{sp} + C_{cz2} = C_{A4} \tag{9-17}$$

式中，C_3、C_{A4} 为运输阶段的碳足迹核算值（$kgCO_2e$）；C_{cz1} 和 C_{cz2} 为两次垂直运输过程的碳足迹核算值（$kgCO_2e$）；C_{sp} 为水平运输过程的碳足迹核算值（$kgCO_2e$）。

1）垂直运输过程

由于第一次和第二次垂直运输属于互逆过程，因此将两次垂直运输合并简化计算，核算公式如下：

$$C_{cz1} + C_{cz2} = 2 \times \sum_{i=1}^{n} \left(Q_{y,i} \times T_{yci,j} \times R_{yc,j} \right) \times E_j \tag{9-18}$$

式中，$Q_{y,i}$ 为第 i 种预制构件的消耗量；$T_{yci,j}$ 为垂直运输第 i 种预制产部品的第 j 种运输机械的台班消耗量（台班）；$R_{yc,j}$ 为第 j 种运输机械单位台班的能源用量（能耗/台班）。

2）水平运输过程

水平运输过程主要与运输车辆种类、工具耗能以及运输距离有关，具体核算公式如下：

$$C_{sp} = \sum_{i=1}^{n} QM_{y,i} \times D_{y,i} \times E_{ys,i} \tag{9-19}$$

式中，$QM_{y,i}$ 为运输第 i 种预制产部品的重量（t）；$D_{y,i}$ 为工厂到施工现场的运输距离（km）；$E_{ys,i}$ 为第 i 种预制产部品采用的运输方式对应的每单位运输距离的碳足迹因子（kgCO$_2$e/单位·km）。

（2）数据来源

1）$QM_{y,i}$：依据工程量清单中的消耗量乘以对应的容重得到重量；

2）$D_{y,i}$：通过某电子地图软件获取预制产部品供应商地点与施工现场之间的实际行车距离。

4. 现场建造和装配阶段碳足迹核算模型（A5、A6）

本研究针对的装配式建筑以"半预制"建造方式为主，即一部分构件仍以现场加工建造的方式进行，占比主要根据装配率而定。

$$C_4 = C_{A5} + C_{A6} \tag{9-20}$$

式中，C_{A5} 为现浇部分现场建造过程的碳足迹核算值；C_{A6} 为预制产部品安装装配过程的碳足迹核算值。

（1）现浇部分现场建造过程（A5）

现浇部分现场建造过程的碳足迹主要由施工设备耗能及临时设施运行耗能引起的：

$$C_{A5} = C_{sg} + C_{ls} \tag{9-21}$$

式中，C_{sg} 为现场施工设备的碳足迹核算值（kgCO$_2$e）；C_{ls} 为临时设施运行碳足迹核算值（kgCO$_2$e）。

1）现场施工的机械设备

由施工设备产生的碳足迹核算公式如下：

$$C_{sg} = \sum_k \sum_h Q_{s,h} \times EQ_{h,k} \times E_{e,k} \tag{9-22}$$

式中，$Q_{s,h}$ 为第 h 种施工机械的台班数据量；$EQ_{h,k}$ 为第 h 种施工机械单位台班对 k 能源的消耗量；$E_{e,k}$ 为 k 能源的碳足迹因子（kgCO$_2$e/kg）。

2）临时设施运行

临时设施能耗应根据施工组织设计和方案确定，总体包含办公及生活所需能耗，其碳足迹核算公式如下：

$$C_{ls} = \sum_{i=1}^{n} EQ_{ls,i} \times E_{e,i} \tag{9-23}$$

$$EQ_{ls} = EQ_{bg} + EQ_{sh} \tag{9-24}$$

$$EQ_{bg} = S_{bg} \times (f_{zm} \times T_{zm} + f_{gn} \times T_{gn} + f_{zl} \times T_{zl}) \tag{9-25}$$

$$EQ_{sh} = S_{sh} \times (f_{zm} \times T_{zm} + f_{gn} \times T_{gn} + f_{zl} \times T_{zl}) \tag{9-26}$$

式中，$EQ_{ls,i}$ 为临时设施对 i 能源的消耗量；$E_{e,i}$ 为 i 能源的碳足迹因子；EQ_{ls} 为临时设施消耗的总能耗；EQ_{bg} 为办公区消耗的总能耗；EQ_{sh} 为生活区消耗的总能耗；S_{bg}、S_{sh} 为办公区、生活区的用房面积（m^2）；f_{zm}、f_{gn}、f_{zl} 为每平方米办公 / 生活区的照明、供暖和制冷的能耗系数；T_{zm}、T_{gn}、T_{zl} 为每平方米办公 / 生活区的照明、供暖和制冷的时间。

3）数据来源

① S_{bg}、S_{sh}：可参考临时设施和施工平面图；若无明确规定，可参考《计算标准》中的指标，见表 9-10。

临时设施能耗计算参考指标　　　　　　　　　　表 9-10

临时设施	指标计算方法	参考指标（m^2 / 人）
办公室	按管理人员人数	3~4
宿舍	按高峰年（季）平均职工人数	2.5~3.5
食堂	按高峰年平均职工人数	0.5~0.8
厕所	按高峰年平均职工人数	0.02~0.07
其他合计	按高峰年平均职工人数	0.5~0.6

② f_{zm}、f_{gn}、f_{zl}：可参考《计算标准》中的能耗系数。

③ T_{zm}、T_{gn}、T_{zl}：可根据工期和季节估算。

（2）预制产部品安装装配过程（A6）

1）核算公式

此过程采用专业设备现场安装预制产部品，形成预定功能的建筑模块或者建筑体。装配过程具体包括吊装和装配连接两个部分。

①吊装：将堆放在施工现场的预制产部品吊装至指定位置，碳足迹主要由吊装机械的能源消耗产生的。

②装配连接：预制产部品之间需要依靠连接技术进行装配，连接方式主要分为干式连接和湿式连接。干式连接的碳足迹主要由机械设备耗电产生。由于湿式连接中使用的材料消耗相比生产阶段的碳足迹影响较小，因此本研究不考虑湿式连接的碳足迹。

$$C_{A6} = C_{dz} + C_{zp} \qquad (9-27)$$

$$C_{dz} = \left(\sum_{i=1}^{n} P_i \times T_i \times E_e \right) \times N_i \qquad (9-28)$$

$$C_{zp} = \left(\sum_{i=1}^{n} R_{gs,j} \times E_j \times T_{gs,j} \right) \times Q_{gs,i} \qquad (9-29)$$

式中，C_{dz} 和 C_{zp} 分别为吊装过程和装配过程的碳足迹核算值（$kgCO_2e$）；P_i 为吊装预制产部品 i 的吊装机械的额定功率（kW）；T_i 为平均吊装一个预制产部品 i 的时间（h）；N_i 为预制产部品 i 的数量（个）；$Q_{gs,i}$ 为待装配预制构件 i 的工程量；$T_{gs,j}$ 为预制构件 i 对应的连接方式下第 j 种机械的台班消耗量（台班）；$R_{gs,j}$ 为对第 j 种施工机械单位台班的能源用量（能耗 / 台班）。

2）数据来源

① P_i、T_i：参考施工组织设计方案的机械性能参数表和吊装装配专项方案的吊装时间，或者现场调研；

② $Q_{gs,i}$、N_i：参考施工组织设计方案的装配式工程安装专项方案。

5. 生命周期终止阶段碳足迹核算模型（B）

生命周期终止阶段主要包含拆卸过程和废弃物处置过程。

$$C_5 = C_{B1} + C_{B2} \tag{9-30}$$

式中，C_{B1} 为拆卸过程的碳足迹核算值；C_{B2} 为废弃物处置过程的碳足迹核算值。

（1）拆卸过程（B1）

根据装配式建筑前期设计及连接方式，拆卸方式可分为破坏性拆卸、部分破坏性拆卸和非破坏性拆卸。前期没有考虑可拆卸设计和采用湿式连接的装配式建筑在拆卸过程中被破坏性拆卸为建材；而采用可拆卸设计或者是干式连接的装配式建筑可拆卸为零部件、构件、组件等产品。但是在前期设计阶段难以预测建筑拆卸的实际过程，而拆卸过程可视为施工装配过程的"逆过程"。因此结合此情形和文献研究，将拆卸过程的碳足迹简化为按现场施工装配碳足迹的 90% 计算：

$$C_{B1} = \left(C_{sg} + C_{A6} \right) \times 90\% \tag{9-31}$$

（2）废弃物处置过程（B2）

1）核算公式

废弃物处置过程主要是将拆卸后的建筑废弃物运输至指定的填埋厂、循环利用地及其他运输地点进行处理，其碳足迹按下式计算：

$$C_{B2} = D_t \times Q_f \times E_{ys} \tag{9-32}$$

式中，D_t 为建筑基地离处置地的平均运输距离（km）；Q_f 为拆除建筑的废弃物产生量（kg）；E_{ys} 为运输工具的碳足迹因子（$kgCO_2e/kg \cdot km$）。

2）数据来源

① D_t：参考施工组织设计方案的数据，若没有具体实际规划数据，可根据文献相关研究，取 30km；

② Q_f：根据《建筑废弃物减排技术规范》SJG 21—2011 的产生量指标或估算的建筑废物产生量，视情况扣除循环回收用量。

6. 下一循环阶段碳足迹核算模型（C）

下一循环阶段主要包括材料回收利用过程（C1）和预制产部品循环利用过程（C2），其核算公式如下：

$$C_6 = C_{C1} + C_{C2} \tag{9-33}$$

式中，C_{C1} 为材料回收利用过程的碳足迹核算值；C_{C2} 为预制产部品循环利用过程的碳足迹核算值。

（1）材料回收利用过程（C1）

1）核算公式

假设其回收加工后被一次利用（即包含了回收后材料的物化过程碳足迹的节约），其产生的碳足迹如下：

$$C_{C1} = \sum_{i=1}^{n} (Q_{hs,i} \times \alpha_i \times F_{hs,i}) - \sum_{i=1}^{n} (Q_{hs,i} \times \alpha_i \times E_{c,i}) \tag{9-34}$$

式中，$Q_{hs,i}$ 为可回收材料 i 的数量；α_i 为可回收材料 i 的回收系数；$F_{hs,i}$ 为回收 1t 废弃物耗费资源的碳足迹（$kgCO_2e/t$）；$E_{c,i}$ 为可回收材料 i 的碳足迹因子。

2）数据来源

① α_i：本教材涉及的主要可回收材料及其回收比例见表 9-11。其中钢筋实际回收水平只有 50%~60%，本教材取 60%。

主要可回收材料及其回收比例　　　　　　表 9-11

材料种类	混凝土	砖和砌块	钢筋	铁	铝	玻璃	木材
回收比例	55%	55%	60%	90%	85%	10%	40%

② $F_{hs,i}$：单位建筑废弃物回收加工资源消耗量见表 9-12，乘相应碳足迹因子即可得到 $F_{hs,i}$。

单位建筑废弃物回收加工资源消耗量　　　　　　表 9-12

资源种类	原油	原煤
消耗量（kg/t）	3.391	0.394

（2）预制产部品循环利用过程（C2）

预制产部品的循环利用会对碳足迹起到减量作用，核算范围包括拆卸吊装、转运至下一建筑系统、循环使用三个过程，具体的核算公式如下：

$$C_{C2} = C_{xh,1} + C_{xh,2} - C_{xh,3} \tag{9-35}$$

$$C_{xh,1} = \sum_{i=1}^{n} (Q_{xh,i} \times \beta_{xh} \times T_{yci,j} \times R_{yc,j}) \times E_j \tag{9-36}$$

$$C_{xh,2} = \sum_{i=1}^{n} Q_{xh,i} \times \beta_{xh} \times D_{xh,i} \times E_{ys,i} \tag{9-37}$$

$$C_{xh,3} = \sum_{i=1}^{n} [(Q_{xh,i} \times E_{c,i}) + C_2 + C_{sp}] \times \beta_{xh} \tag{9-38}$$

式中，$C_{xh,1}$ 为构件吊装过程的碳足迹核算值；$C_{xh,2}$ 为预制产部品转运的碳足迹核算值；$C_{xh,3}$ 为预制产部品再利用的碳足迹减量值（包含建材及构件生产、运输的节约）；β_{xh} 为预制产部品的循环再利用比例；$Q_{xh,i}$ 为可循环再利用预制产部品 i 的数量；$D_{xh,i}$ 为将可循环再利用预制产部品 i 运至下一循环利用点的平均距离。

数据来源：

① β_{xh}：参考设计方案，结合已有文献的统计数据和实际项目预制产部品数量进行不同比例的假设设置；

② $D_{xh,i}$：参考施工组织设计方案或者绿色建筑设计方案，根据实际情况和研究案例结合情景分析法进行设置。

9.3 装配式建筑精益建造全周期碳排放核算案例分析

9.3.1 案例概述

本案例是位于四川省成都市高新区的某养老设施机构项目，由一栋老年认知症护理中心和两栋养老院构成，均为装配式建筑。为便于收集数据以及深入评价分析装配式建筑的碳足迹影响，选取其中一栋养老院（西区养老院）作为案例分析对象。该建筑是装配整体式混凝土框架结构，包含局部地下室 1 层，地上 6 层，总高度为 22.2m，总建筑面积为 6764.1m²。

该建筑采用的预制构件包括预制柱、预制梁、预制叠合板、ALC 预制墙板，装配率为 59.3%，预制率为 47.7%，见表 9-13。

装配式建筑案例应用预制构件的基本情况　　　　　　　　表 9-13

预制构件类型	构件使用部位	构件数量（个）	构件体积（m³）
预制柱	2 层以上	98	91.39
预制梁	2 层以上	364	325.21
预制叠合板	2 层以上	603	224.8
ALC 预制墙板	内隔墙	5245	622.27

案例数据主要来自三个方面：一是相关单位的建筑图纸、工程量清单、现场机械使用概况等；二是实地调研预制工厂，包括预制构件的制作工序、生产线机械消耗、运输方式等；三是施工管理人员访谈。

9.3.2 装配式建筑实例的生命周期碳足迹量化计算

1. 建材生产与运输阶段碳足迹

由于建材种类繁多，现有的碳足迹因子不能完全覆盖所有的建材，因此，本教材只对工程量、成本造价占总体 80% 以上的建材进行碳足迹核算。

（1）建材生产加工过程

主要建材的消耗量来自于承包单位的工程量清单，由于材料类别复杂，对不同现浇和预制材料进行了归纳分类，具体的计算过程和结果分别见表9-14、表9-15。

1）用于现浇工程的建材生产加工过程碳足迹（表9-14）

建材生产加工（现浇）过程碳足迹　　　　　表9-14

类别	材料	单位	消耗量	碳足迹因子（单位/kgCO₂e）	碳足迹（kgCO₂e）
原材料	水	t	2885.04	0.17	484.69
	碎石	t	504.21	2.18	1099.17
	砂	t	173.60	2.51	435.74
	木材	m³	47.09	644.00	30328.04
水泥	水泥（32.5）	t	55.56	604.00	32259.64
	水泥（42.5）	t	33.84	702.00	23755.68
砂浆	干混地面砂浆（M15）	m³	150.60	426.34	64207.09
	干混地面砂浆（M20）	m³	7.22	503.30	3634.06
	干混抹灰砂浆（M5）	m³	182.84	271.15	49578.40
	干混抹灰砂浆（M15）	m³	167.06	426.34	71225.69
	干混抹灰砂浆（M20）	m³	28.38	503.30	14283.07
	干混砌筑砂浆（M5）	m³	181.00	141.34	25582.97
	干混砌筑砂浆（M7.5）	m³	5.03	157.04	789.61
	聚合物水泥防水砂浆	m³	5.34	367.03	1958.64
	抗裂砂浆（按抹灰M10）	m³	5.34	367.03	1958.64
混凝土	C10	m³	14.50	135.30	1962.39
	C15	m³	238.13	166.55	39660.55
	C20	m³	274.47	208.98	57358.11
	C25	m³	277.33	247.46	68627.59
	C30	m³	1487.50	277.82	413258.08
	C35	m³	219.47	314.77	69082.57
	C40	m³	74.29	348.04	25855.89
	轻集料混凝土	m³	336.57	260.92	87818.11
	P6防水混凝土	m³	198.54	231.92	46044.93
钢材	小型型钢	t	10.92	2310.00	25229.82
	中型型钢	t	4.55	2365.00	10765.48
	线材	t	9.74	2375.00	23132.50
	钢筋	t	205.61	2340.00	481122.60
	钢管	t	6.48	3150.00	20412.00
其他金属	铁制品	t	9.89	1920.00	18994.56
	铝合金	t	2.88	15450.00	44547.15

类别	材料	单位	消耗量	碳足迹因子（单位 /kgCO$_2$e）	碳足迹（kgCO$_2$e）
		现浇材料部分			
砖与砌块	厚壁型烧结空心砖	m^3	352.47	250.00	88117.50
	页岩多孔砖	m^3	422.59	215.00	90856.85
	页岩空心砖	m^3	36.17	204.00	7379.09
	页岩实心砖	m^3	106.74	292.00	31168.08
	碎砖	m^3	227.32	295.00	67058.52
保温	聚苯乙烯保温	t	10.63	4620.00	49130.56
防水	SBS 改性沥青防水卷材	m^2	513.02	1.85	949.09
	自粘聚酯胎改性沥青防水卷材	m^2	1194.52	1.85	2209.87
窗	铝合金断热桥窗	m^2	813.41	194.00	157801.35
	铝合金断热桥门联窗	m^2	148.02	194.00	28715.30
玻璃	钢化玻璃	t	11.02	1790.00	19725.80
	Low-E 玻璃	t	15.82	2010.00	31798.20
油漆涂料	涂料	t	13.42	3550.00	47630.35
	油漆	t	6.27	3550.00	22258.50

总碳足迹值：2400252.52 kgCO$_2$e，单位碳足迹：354.85kgCO$_2$e/m^2

现浇建材生产阶段主要建材产生的碳足迹比例，如图 9-6 所示。

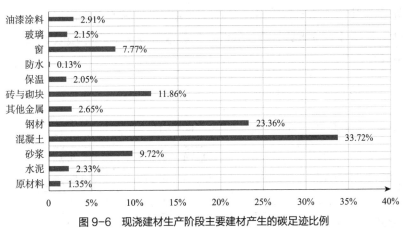

图 9-6 现浇建材生产阶段主要建材产生的碳足迹比例

在未考虑材料回收的情况下，本案例现浇工程所需建材在生产阶段产生的碳足迹中，混凝土（33.71%）、钢材（23.35%）和砖与砌块（11.85%）三种建材产生的碳足迹最大，这与建材在建筑中的使用比例有很大关联。大宗材料的碳足迹一直以来是节能减排考虑的重点，因此对于这类材料，需要结合材料自身特点，在保障结构安全的前提下，尽可能优化原材料的使用比例，提高环境性能。

2）用于预制工程的建材生产加工过程碳足迹

如表 9-15 所示，混凝土和钢筋的碳足迹较大，钢模板的碳足迹贡献最小。其中预制柱的钢模板使用面积为 120.76m²，预制梁钢模板使用面积为 76.99m²，预制叠合板钢模使用面积为 25.5m²。

建材生产加工（预制）过程碳足迹　　　　表 9-15

预制生产材料部分					
预制构件类型	材料	单位	消耗量	碳足迹因子（单位 /kgCO₂e）	碳足迹（kgCO₂e）
预制柱	混凝土 C35	m³	30.45	314.77	9584.75
	混凝土 C45	m³	60.94	390.16	23776.35
	钢筋	t	13.71	2340.00	32077.89
预制梁	混凝土 C30	m³	325.21	277.82	90349.84
	钢筋	t	48.78	2340.00	114148.71
预制叠合板	混凝土 C30	m³	224.80	277.82	62453.94
	钢筋	t	33.72	2340.00	78904.80
ALC 预制墙板	蒸汽加压混凝土	m³	622.27	166.03	103312.58
钢模板	钢模板	t	0.16	2310.00	360.99
总碳足迹值：514969.84kgCO₂e，单位碳足迹：76.13kgCO₂e/m²					

（2）建材运输过程

建材运距来自某电子地图软件中建材供应商至施工现场或预制构件厂的运输路线距离。运输方式均为公路运输，按满载计算，卸载后空载返回，因此对碳足迹因子做了往返情况的修正，见表 9-16。

建材运输过程的碳足迹计算结果　　　　表 9-16

过程	材料	重量（t）	运距（km）	运输方式	碳足迹因子（kgCO₂e/t·km）	碳足迹（kgCO₂e）
建材运输（到施工现场）	碎石	504.21	43	柴油货车（重型 10t）	0.27	5865.56
	砂	173.60	43	柴油货车（重型 10t）	0.27	2019.56
	木材	28.26	20	柴油货车（重型 18t）	0.22	121.74
	水泥	89.40	10	柴油货车（重型 30t）	0.13	116.45
	砂浆	1465.63	16	柴油货车（重型 18t）	0.22	5051.83
	混凝土	7328.37	18	柴油货车（重型 18t）	0.22	28417.51
	钢筋	205.61	424	柴油货车（重型 30t）	0.13	11355.78
	其他钢材	31.69	424	柴油货车（重型 30t）	0.13	1750.47
	其他金属	12.78	14	柴油货车（重型 18t）	0.22	38.53

过程	材料	重量（t）	运距（km）	运输方式	碳足迹因子（$kgCO_2e$/t·km）	碳足迹（$kgCO_2e$）
建材运输（到施工现场）	砖	2063.91	33	柴油货车（重型10t）	0.27	18426.23
	保温	10.63	35	柴油货车（重型10t）	0.27	100.70
	防水	25.30	13	柴油货车（重型10t）	0.27	88.98
	窗	13.76	50	柴油货车（重型18t）	0.22	148.22
	玻璃	26.84	17	柴油货车（重型30t）	0.13	59.44
	涂料	13.42	24	柴油货车（重型10t）	0.27	87.12
	油漆	6.27	14	柴油货车（重型10t）	0.27	23.75
建材运输（到预制现场）	混凝土	1539.36	54	柴油货车（重型18t）	0.22	17907.71
	钢筋	96.21	416	柴油货车（重型30t）	0.13	5213.44
	蒸汽加压混凝土	311.13	16	柴油货车（重型30t）	0.13	648.45

建材运至施工现场所产生的碳足迹为 73671.87$kgCO_2e$，建材运至预制构件厂所产生的碳足迹为 23769.60$kgCO_2e$，运输碳足迹总值为 97441.47$kgCO_2e$，单位碳足迹为 14.41$kgCO_2e/m^2$。

2. 工厂化生产阶段碳足迹

本案例使用的预制构件包括预制柱、预制梁、预制叠合板和 ALC 预制墙板。具体工艺流程为：清扫模台—安装模板—安装预埋件—安装绑扎钢筋—浇筑混凝土—振动—拉毛—养护，其中浇筑混凝土、振捣和场内流转为自动化操作，安装模具、放置预埋件、绑扎钢筋仍需要人工操作。ALC 预制墙板为轻质墙板，用专业模具加工完成。

不同预制构件生产效率和机械功率的数据来自实地调研。预制柱和预制梁在单位台班内，一般可以生产 30 件；预制叠合板在单位台班内，可生产 50 件；ALC 预制墙板，年产量可达近 30 万 m^2。另外，预制构件在工厂养护后，需运输至厂内指定分区位置，等待运输车辆转运，因此场内转运也会产生碳足迹。运输碳足迹计算过程和结果见表 9-17。

工厂化生产阶段碳足迹的计算过程和结果　　　　表 9-17

过程	预制构件类型	生产方式	总台班消耗量（台班）	单位台班消耗（kW·h/台班）	碳足迹因子（$kgCO_2e$/kW·h）	碳足迹（$kgCO_2e$）
预制构件生产	预制柱	半自动生产线	3.27	288	0.432	406.43
	预制梁	半自动生产线	12.27	288	0.432	1526.17
	预制叠合板	半自动生产线	4.50	608	0.432	1180.90
	ALC 预制墙板	自动化生产线	3.83	640	0.432	1058.59
场内运输	预制柱	平板拖车组	4.20	45.39	3.11	593.44
	预制梁	平板拖车组	14.96	45.39	3.11	2111.75
	预制叠合板	平板拖车组	10.34	45.39	3.11	1459.74
	ALC 预制墙板	载重汽车 8t	19.29	35.49	3.11	2129.14

总碳足迹值：10466.15$kgCO_2e$，单位碳足迹：1.55$kgCO_2e/m^2$

其中，生产预制构件的碳足迹值为4172.08kgCO$_2$e，场内运输过程的碳足迹值6294.07kgCO$_2$e/m^2，工厂化生产阶段的碳足迹值为10466.15kgCO$_2$e，单位碳足迹1.55kgCO$_2$e/m^2。

3. 预制产部品运输阶段碳足迹

（1）垂直运输

垂直运输包括吊装至车辆和吊装卸载至现场两个过程，结合2019版《房屋建筑与装饰工程消耗量》计算，其中机械台班消耗定额中包含了吊装和卸载两个部分，具体的计算过程见表9-18，垂直运输过程的碳足迹值为9615.25kgCO$_2$e。

预制构件垂直运输的碳足迹 表9-18

过程	预制构件类型	运输机械	总台班消耗量（台班）	单位台班消耗（kW·h/台班）	碳足迹因子（kgCO$_2$e/kg）	碳足迹（kgCO$_2$e）
垂直运输	预制柱	汽车式起重机30t	6.85	42.14	3.11	898.29
	预制梁	汽车式起重机30t	24.39	42.14	3.11	3196.54
	预制叠合板	汽车式起重机30t	16.86	42.14	3.11	2209.59
	ALC预制墙板	汽车式起重机12t	34.85	30.55	3.11	3310.83

（2）水平运输

预制柱、预制梁和预制叠合板的生产供应商为同一家，但与案例工程不在同一城市，运距稍远，计算过程见表9-19。

预制构件水平运输的碳足迹 表9-19

过程	预制构件类型	重量（t）	运输方式	运距（km）	碳足迹因子（kgCO$_2$e/t·km）	碳足迹（kgCO$_2$e）
水平运输	预制柱	233.04	柴油货车（重型30t）	75	0.13	2276.73
	预制梁	829.29	柴油货车（重型30t）	75	0.13	8101.70
	预制叠合板	573.24	柴油货车（重型30t）	75	0.13	5600.27
	ALC预制墙板	311.13	柴油货车（重型10t）	24	0.22	1608.66

水平运输过程的碳足迹值为17587.36kgCO$_2$e，本案例装配式建筑的构件运输阶段碳足迹总值为27202.61kgCO$_2$e，单位碳足迹为4.02kgCO$_2$e/m^2。

4. 现场建造和装配阶段碳足迹

（1）现浇部分现场建造过程

现浇部分现场建造主要碳足迹源于施工设备，由于本案例未完成全部施工，无法监测机械设备实际能耗使用情况，因此结合2019版《房屋建筑与装饰工程消耗量》和《四川省建设工程工程量清单计价定额》，通过消耗量结算各分项工程台班量，具体计算见表9-20。

现场施工阶段的碳足迹计算与结果 表 9-20

序号	施工机械	总台班消耗量（台班）	单位台班消耗（kW·h/台班）或（kg/台班）	碳足迹因子（kgCO₂e/kg）或 kgCO₂e/kW·h	碳足迹（kgCO₂e）
1	履带式推土机 75kW	17.52	56.50	3.11	3078.09
2	履带式单斗液压挖掘机 1.5m³	8.86	93.00	3.11	2563.39
3	电动夯实机 250N·m	184.22	16.60	0.43	1321.08
4	外运柴油	1593.70	1.00	3.11	4956.41
5	电动空气压缩机 10m³/min	8.26	403.20	0.43	1438.22
6	混凝土湿喷机 5m³/h	8.66	15.40	0.43	57.61
7	灰浆搅拌机 200L	23.37	8.61	0.43	86.94
8	电动灌浆机	21.53	32.00	0.43	297.68
9	工程地质液压钻机	65.63	30.80	3.11	6286.60
10	干混砂浆罐式搅拌机	93.30	28.51	0.43	1149.17
11	电	957.93	1.00	0.43	413.83
12	混凝土抹平机	10.48	23.14	0.43	104.74
13	钢筋调直机 40mm	18.25	41.60	0.43	327.98
14	钢筋切断机 40mm	19.50	32.10	0.43	270.41
15	钢筋弯曲机 40mm	39.94	12.80	0.43	220.85
16	直流弧焊机 32kVA	47.97	136.00	0.43	2818.62
17	对焊机 75kVA	8.68	122.00	0.43	457.32
18	电焊条烘干箱 45×35×45cm	4.79	6.70	0.43	13.88
19	汽车式起重机 20t	11.56	38.41	3.11	1381.15
20	交流弧焊机 32kVA	88.92	96.53	0.43	3708.05
21	汽车式起重机 8t	8.60	28.43	3.11	760.64
22	交流弧焊机 21kVA	5.06	60.27	0.43	131.73
23	金属面抛光机	21.36	16.00	0.43	147.61
24	管子切断机 150mm	32.20	12.90	0.43	179.44
25	氩弧焊机 500A	13.49	70.70	0.43	411.89
26	双锥反转出料混凝土搅拌机 200L	1.12	55.40	0.43	26.80
27	载重汽车 6t	23.23	33.24	3.11	2401.10
28	木工圆锯机 500mm	5.25	24.00	0.43	54.41
29	电动单筒快速卷扬机 5kN	203.97	32.90	0.43	2898.92
30	塔式起重机 QTP125（6513）	149.95	280.00	0.43	18137.75
31	汽车式起重机 40t	5.00	48.52	3.11	754.49
32	载重汽车 8t	8.00	35.49	3.11	882.99
33	载重汽车 15t	4.00	56.74	3.11	705.85
34	平板拖车组 40t	3.00	45.39	3.11	423.49
35	混凝土输送泵 90m³/h	15.85	450.00	0.43	3082.15

总计：61951.28kgCO₂e

现场施工部分碳足迹值为 61951.28kgCO$_2$e，单位碳足迹为 9.16kgCO$_2$e/m^2，主要分部分项工程的碳足迹占比如图 9-7 所示。

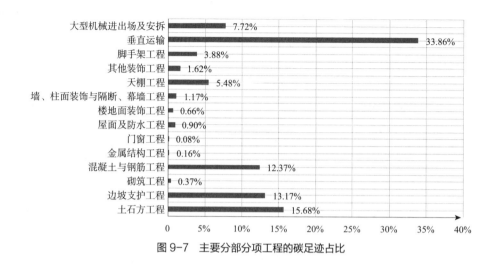

图 9-7　主要分部分项工程的碳足迹占比

如图 9-7 所示，措施项目碳足迹值较大，此外，实体分项工程中，因土石方工程（15.68%）和边坡支护工程（13.17%）所用机械的功率和能耗较大，而混凝土与钢筋工程（12.37%）体量大，并且泵送过程机械消耗大，产生的碳足迹相应较多。

另外，现场施工周期较长，需要临时设施保障现场工作正常运转，主要包括办公区、宿舍、食堂、卫生间等相关场所消耗资源而产生的碳足迹。根据施工组织设计方案，拟定施工工期约 600d，而案例的装配式建筑工期约为 11 个月，其中临时设施的供暖时间为 11 月 15 日至次年 2 月 10 日（87d），每日 8h；供冷时间为 6 月 15 日至 8 月 31 日（77d），每日 7h。办公区 4 台空调，宿舍 10 台空调，每台空调的功率为 1.2kW，具体计算见表 9-21。

现场临时设施的碳足迹　　　　　　　　　　　　　　　表 9-21

临时设施	面积 (m^2)	照明能耗系数 (kW/m^2)	照明时间 (h)	供暖能耗系数 (kW)	供暖时间 (h)	制冷能耗系数 (kW)	制冷时间 (h)	总耗电 (kW·h)
办公区	80	0.018	2776	4.8	696	4.8	539	9925.44
宿舍	150	0.006	1635	12	696	12	539	16291.50
食堂	90	0.013	3470	—	—	—	—	4059.90
卫生间	10	0.006	1388	—	—	—	—	83.28

总耗电：30360.12kW·h，碳足迹：13115.57kgCO$_2$e

（2）预制产部品安装装配过程

预制产部品安装装配过程包括吊装和安装两个步骤。吊装使用塔式起重机和专用吊具完成，起吊时间根据施工单位以往工作经验而定。具体计算见表 9-22，碳足迹值为 4979.52kgCO$_2$e。

预制构件装配过程的碳足迹

表 9-22

过程	预制构件类型	数量 （个）	吊装时间 （h）	吊装机械功率 （kW）	碳足迹因子 （kgCO₂e/kW·h）	碳足迹 （kgCO₂e）
吊装至指定 位置	预制柱	98	0.2	35	0.432	296.35
	预制梁	368	0.25	35	0.432	1391.04
	预制叠合板	603	0.2	35	0.432	1823.47
	ALC 预制墙板	486（3 块一起 吊装）	0.2	35	0.432	1468.66

对于安装装配过程，本教材暂不考虑湿式连接而产生的少量浇筑材料。因此案例中，预制柱、预制梁和预制叠合板采用的是套筒灌浆湿式连接，只有 ALC 预制墙板采用管卡干式连接，具体计算见表 9-23，此过程碳足迹较小，为 699.12kgCO₂e。

ALC 预制墙板管卡干式装配的碳足迹

表 9-23

过程	预制构件类型	机械	总台班	单位台班消耗 （kW·h/ 台班）	碳足迹因子 （kgCO₂e/kW·h）	碳足迹 （kgCO₂e）
安装装 配过程	预制柱	初始设计：套筒灌浆 湿式连接				
	预制梁					
	预制叠合板					
	ALC 预制 墙板	板材切割机	53.81	17.6	0.432	409.15
		冲击钻	18.88	4	0.432	32.63
		扩孔钻	12.59	6	0.432	32.63
		交流弧焊机 40kV·A	393	132.23	0.432	224.71

因此，案例现场施工阶段碳足迹总值为 5678.64kgCO₂e，单位碳足迹为 0.84kgCO₂e/m²。

5. 生命周期终止阶段碳足迹

（1）拆卸过程

拆卸过程是施工装配的近似逆过程，根据比例按式（9-31）计算，本过程的碳足迹总值为 60867.84kgCO₂e，单位碳足迹约为 9.00kgCO₂e/m²。

（2）废弃物处置过程

假设案例装配式建筑在使用一定年限后因土地需要面临拆除，拆除后各建材废弃物产生量见表 9-24。

拆除后的建材废弃物产生量

表 9-24

类别	混凝土	砖和砌块	砂浆	金属	玻璃	木材	其他材料
拆除量（t）	9178.86	2063.91	1465.63	347.2	26.84	28.26	856.39

一部分废弃物用于回收利用，考虑二级环境污染，本案例的剩余废弃物运输至附近的建筑垃圾消纳场处理，具体计算见表9-25。案例整个生命周期终止阶段的碳足迹值为109999.18kgCO₂e，单位碳足迹为16.26kgCO₂e/m²。

建材转运至消纳场的运输过程碳足迹 表 9-25

材料类别	拆除重量（t）	回收比例	剩余填埋量（t）	运距（km）	碳足迹因子（kgCO₂e/kg）	碳足迹（kgCO₂e）
混凝土	9178.86	0.55	4130.49	30	0.22	26694.93
砖和砌块	2063.91	0.55	1000.37	30	0.22	6465.31
砂浆	1465.63	—	1465.63	30	0.22	9472.19
钢筋	333.51	0.6	133.40	30	0.22	862.18
铁	9.89	0.9	0.99	30	0.22	6.39
铝	3.78	0.85	0.57	30	0.22	3.66
玻璃	26.84	0.1	24.16	30	0.22	156.12
木材	28.26	0.4	28.11	30	0.22	181.66
其他	856.39	—	818.35	30	0.22	5288.90

总碳足迹值：49131.34kgCO₂e，单位碳足迹：7.26kgCO₂e/m²

6. 下一循环阶段碳足迹

（1）材料回收利用过程

建材废弃物再利用还需经过二次加工，即加工每吨建材废弃物所耗资源计算见表9-26，碳足迹值为70883.92kgCO₂e，单位碳足迹为10.48kgCO₂e/m²。

建材废弃物回收利用产生的碳足迹 表 9-26

材料类别	回收重量（t）	加工耗原油（kg）	碳足迹因子（kgCO₂e/kg）	加工耗原煤（kg）	碳足迹因子（kgCO₂e/kg）	碳足迹（kgCO₂e）
混凝土	5048.37	17119.04	3.03	1989.06	1.99	55828.91
砖和砌块	1135.15	3849.30	3.03	447.25	1.99	12553.40
钢筋	200.11	678.56	3.03	78.84	1.99	2212.94
铁	8.90	30.19	3.03	3.51	1.99	98.46
铝	3.21	10.90	3.03	1.27	1.99	35.53
玻璃	2.68	9.10	3.03	1.06	1.99	29.68
木材	11.3	38.33	3.03	4.45	1.99	124.99

（2）预制产部品循环利用过程

由于水泥、涂料等经过长时间使用后，难以独立拆除和二次循环利用，因此本案例考虑的可回收的建材只包括：

1）废弃混凝土：低级处理的混凝土可直接作为道路基层，高级处理后的混凝土可作为再生骨料，大大节约了砂石开采过程的消耗。

2）废旧砖和砌块：经粉碎后可作为再生骨料。

3）废弃钢材：分选清理后再回炉形成炉料，再根据不同要求，选用不同的方式进行回收处理。

4）废弃玻璃：废旧玻璃形成装饰类再生骨料，或作为集料掺入玻璃沥青混凝土中。本案例仅考虑回收工艺较为简单的装饰再生玻璃骨料。

5）废弃木材：废旧木材质轻、易加工，可经过多种技术手段加工利用成不同用途的再生建材。本案例考虑的再利用方式为生产人造木板材。

循环利用阶段碳足迹具体计算见表 9-27，总减碳量为 436731.99kgCO$_2$e。

主要建材循环利用产生的碳减量 表 9-27

材料类别	回收重量 （t）	对应单位 消耗量	回收再利用方式	回收后的材料 种类	碳足迹因子 （kgCO$_2$e／单位）	碳足迹 （kgCO$_2$e）
混凝土	5048.37	2103.49m^3	再生混凝土的各种原材料	再生骨料	13.00	27345.36
砖和砌块	1135.15	667.74m^3	粉碎作为再生骨料	再生骨料	13.00	8680.57
钢筋	200.11	200.11t	废旧钢材回收为优质炉料	粗钢（转炉碳钢）	1900.00	380203.68
铁	8.90	8.90t	废旧铁制品回收为优质炉料	炼钢生铁	1700.00	15136.29
铝	3.21	3.21t	废旧铝材重新融化提炼	再生铝	730.00	2345.49
玻璃	2.68	2.68t	废旧玻璃与砖、陶瓷结合为装饰材料	装饰再生骨料	13.00	34.89
木材	11.30	18.84m^3	废旧木材作为木塑复合材料的原材料，或者粉碎后加工成人造板	人造板的材料（木材）	158.50	2985.71

节约的总碳足迹值：436731.99kgCO$_2$e，单位碳足迹：64.57kgCO$_2$e/m^2

各建材回收利用的减碳量比例，如图 9-8 所示。

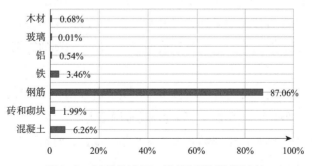

图 9-8 主要材料在下一循环阶段的碳减量占比

钢筋回收利用的减碳量最大（87.06%），但其生产阶段碳足迹占比也较大，因此，建材的碳足迹贡献应该结合全生命周期进行分析，不能单纯减少或增加建材的用量，应集成其潜在减排特点作出应对策略。

因本研究主要分析与装配式建筑本体直接有关的环境影响，本案例的计算将下一循环阶段所有的碳足迹影响全归到了原装配式建筑中。最终下一循环阶段的碳足迹值为 –365848.07kgCO$_2$e，单位碳足迹减少值为 54.09kgCO$_2$e/m^2。

7. 案例装配式建筑生命周期碳足迹

在前文建立的循环经济视域下装配式建筑生命周期碳足迹核算框架下，案例生命周期碳足迹总值为 2875229.19kgCO$_2$e，单位碳足迹为 425.07kgCO$_2$e/m^2，各阶段的碳足迹见表 9-28。

案例装配式建筑生命周期碳足迹核算结果　　　　　　　　表 9-28

子过程	碳足迹值（kgCO$_2$e）	单位碳足迹（kgCO$_2$e/m^2）	子阶段
A1 建材生产加工过程	2915222.36	430.98	物化阶段：462.90kgCO$_2$e/m^2
A2 建材运输过程	97441.47	14.41	
A3 工厂化生产阶段	10466.15	1.55	
A4 预制产品部品运输阶段	27202.61	4.02	
A5 现浇部分现场建造过程	75066.85	11.10	
A6 预制产品部品安装装配过程	5678.64	0.84	
B1 拆卸过程	60867.84	9.00	生命周期终止阶段：16.26kgCO$_2$e/m^2
B2 废弃物处置过程	49131.34	7.26	
C 下一循环阶段	–365848.07	–54.09	下一循环阶段：–54.09kgCO$_2$e/m^2

9.3.3　计算结果验证

将本案例分析的碳足迹核算结果与国内其他研究进行交叉比较验证，由于以往研究主要集中于物化或者运行单一阶段，相似案例不足，因此本教材将各阶段分开进行比较验证。另外，多数研究没有单独列出循环阶段，而是将其归到生命周期终止阶段，因此在比较时，也将本研究的两个阶段进行合并分析。

近年来国内装配式建筑生命周期碳足迹的研究见表 9-29，通过比较可以发现：

（1）物化阶段：由于各建筑的设计和建材使用不同，各建筑物化阶段差异较大。由于系统边界存在一定差异性，并且调整了往返运输因子，与同为成都的案例相比，本研究案例碳足迹相对偏大。

（2）生命周期终止阶段：此阶段的研究多以比例或者预测公式估算，使用的基础数据不同，导致了结果差异，但计算思路类似，因此浮动范围不大。

（3）下一循环阶段：结果范围浮动较大，这与不同地区、时期以及不同建筑前期建材使用情况和具体的回收比例有关。

其他类似研究的碳足迹核算结果（kgCO₂e/m²）　表 9-29

文献	时间（年）	位置	物化阶段	生命周期终止阶段	下一循环阶段
官永健	2019	珠海	484.58	—	—
马彩云	2019	福建	464.97	—	—
Malindu	2019	成都	447.48	—	—
李金潞	2019	西安	392.59	22.86	−133.75
汤煜	2017	沈阳	320.70	15.65	−7.75
王玉（钢结构）	2011	上海	606.43	19.00	—
本案例	2020	成都	463.44	16.59	−54.32

综上分析，考虑不同地区、时间、技术、参数、系统边界以及建筑异质性的特点，不同建筑使用不同核算框架的计算结果均会存在差异，但有一定的基本界限和浮动范围。

本研究案例的核算结果与其他案例的研究相差不大，且在可控范围，因此所建立的循环经济视域下装配式建筑生命周期碳足迹的核算框架具有合理性。

9.4　装配式建筑精益建造全周期减碳策略

9.4.1　前期设计阶段

设计阶段直接产生的碳足迹很少，但前期决策直接影响到装配式建筑整个生命周期的碳足迹。具体建议如下：

1. 优化设计方案

首先，对于结构设计，在满足结构安全的前提下可提高预制墙板的占比。因轻质墙板的生产线流程简单，整体刚度高，并且轻质混凝土的碳足迹因子明显小于砖类材料，减碳效果极好。

其次，应加强个性化的设计。提高设计标准化程度，可以提高模具的使用效率，降低生产线的机械使用能耗。但完全标准化的设计，会在一定程度上限制房屋改造的灵活性和居住功能的多样性。所以设计时应注重标准化与个性化之间的协调。

2. 综合考虑装配率与拆卸率设计

对于减排效果来讲，装配率并不是越高越好，而是存在碳足迹较低的最佳装配方案。在设计阶段引入拆卸率的理念，将可拆卸回收指标与装配率相对应，明确拆卸率指标，可从物料源头上达到节材减碳的目的。

9.4.2　物化阶段

物化阶段持续时间不长，但短时间集中产生的碳足迹数量显著。同时，现有建筑能耗评价及研究更多集中在运行阶段，而易忽略物化阶段的碳足迹影响。

1. 建材生产阶段

建材生产阶段产生的碳足迹在生命周期中的占比最大，在此阶段对材料进行合理的管理，提升其利用效率，降低材料自身的隐含碳足迹，是直接且有效的一种减排方式。

（1）选择低碳环保材料

在确保构件和建筑系统整体质量的前提下，选择建材时优先选用绿色高性能低碳材料，从建造源头进行减排控制。例如，掺入添加剂或者采用固废凝胶材料替代部分水泥等，改善混凝土的性能。除正向改善材料性能外，还可以提高材料的回收率，将建筑废弃物进行回收加工，例如，利用拆除后的混凝土废弃物回收加工成再生骨料。

（2）全过程追溯关键材料

确定装配式建筑生命周期关键材料时，应结合贡献度和不确定性双指标来明确需控制用量和提高过程实测数据质量的优先材料领域，制定材料管控优先级指标，做到有的放矢。类似钢筋类可回收而致使不确定性较大的材料，可在材料选择阶段时规定其回收比率以及回收后的去向和用途，按照统一的标准执行；而类似混凝土、水泥等大宗性材料，更需优化材料自身的性能。

2. 工厂化生产阶段

（1）提高规模化、模数化生产水平

目前，装配式应用仍未成体系，预制构件的规模化和模数化程度不够高，反而会造成额外的资源填补。因此，在工厂化生产阶段，应对构件进行二次深化设计，可利用模数化模具生产同类型预制构件，促进规模化生产。

（2）加强工厂生产管理

预制构件厂应该对不同的装配式需求制定科学合理的生产规划，优化生产管理方案，提高生产利用效率，降低碳足迹。同时，可以引进信息化技术、多目标算法进行优化，加强智能化生产管理。

3. 运输阶段

（1）优化运输方案

运输前综合考虑多方面因素，明确运输及备选计划，做好道路运输规则调查，避免二次运输。合理制定运载方案，优化载重负荷，使车辆效能最大化，避免出现超载、空载、少载等。另外，在运输过程中应采用减振技术措施，减少预制构件的破损率，降低次品率。

（2）使用清洁能源运输车辆

可将清洁能源应用于预制构件专用运输车辆中，采用电力、氢动力、生物燃料等清洁能源，降低运输阶段的温室气体甚至污染气体的排放，提高环境效益。

4. 现场施工阶段

（1）完善施工管理体系

在施工方案中设定减排专项方案，形成进度、成本、安全、碳足迹四位一体的现场管控目标体系；其次，优化施工布置，提高使用效率，减少二次运输路程；另外，可以设置专门的碳足迹监控人员，可定期开展低碳环保的宣传活动，建立现场监管制度，最大限度地节约材料，减少现场二次运输。

（2）优化施工设备，提高施工技术

在施工阶段，优先选用低能耗、功率小，且可重复使用的机械设备，合理部署机械设备的使用时间，避免闲置。另一方面，提升构件之间的节点连接技术水平，可以在一定程度上保障装配式建筑的系统质量安全。在设计和施工过程中，可应用 BIM 技术对节点进行可视化，并进行"试连接"模拟现场施工，保障节点连接质量。另外，可将 BIM 技术与物联网、区块链、GPS 等信息化技术相结合，进行动态管控，以智能化管理推动低碳化施工。

9.4.3　拆卸阶段

拆除多采用爆破方式，会对周围的环境造成严重的负面影响，产生的建筑固废无法有效地回收利用，造成不必要的资源浪费。而拆卸阶段是体现装配式建筑与循环经济策略契合性集成应用的关键阶段，对此提出以下建议：

1. 以"钢 – 混"复合可拆卸结构过渡

对于装配式钢结构建筑而言，可在钢构件传统连接方式上，加强节点的稳定性和拆卸次序设计，达到方便拆卸的目的。初期可以从"钢 – 混"结构开始过渡，形成干式可逆连接，以达到部分混凝土构件可拆卸再利用的目的。

2. 建立预制构件质量追溯机制

预制构件质量问题是其能够长效稳定发展的关键，需要建立对应的质量追溯机制。首先遵守相应的预制构件验收标准，其次可结合物联网等技术，嵌入追溯凭证，以快速定位问题构件，保障预制构件在整个生命周期流转过程中的质量安全。

3. 加强工人拆卸技术培训

目前，建筑拆卸过程，多采用爆破和机械直接拆除。推行可拆卸设计，则需要加强对从事拆卸工作的施工人员的培训，使配套施工专业化、规范化，避免人为技术错误，从而降低回收利用率。

9.4.4　循环再利用阶段

1. 制定循环再利用配套方案

循环经济策略的情景分析表明，减排潜力随着利用次数的增加，愈发显著。因此，应制定配套循环再利用方案，包括回收材料质量、使用年限、循环次数、下一循环建筑系统的匹配特性等，以达到促进物料循环流通，减少碳足迹的目的。

2. 促进建筑再生产品的发展

建筑产部品循环再利用的终点是消费者的使用，房屋使用者对建筑再生产品的态度和接受程度对建筑再生产品的发展起到拉动作用，进而也会影响循环经济策略在建筑领域中的应用。因此，在提高建筑再生产品质量的同时，也需要对广大消费者进行宣传推广，提高消费者对此类循环低碳产品的认识，促进其落地和长期发展。

9.4.5 装配式建筑供应链管理

1. 科学规划供应商布局

选择适宜的预制构件供应商对装配式建筑的减排工作具有重要意义。优先就近确定供应商，减少运输碳足迹，其次考虑其供货水平。同时，不同地区应对预制构件供应商进行统一规划，合理选择厂址，以促进装配式建筑发展的同时控制碳排放。

2. 构建装配式建筑低碳供应链

装配式建筑供应链兼具传统建筑业和制造业的双重属性，涉及的利益相关方更为多元，提供的建筑产品更为标准规模化。在装配式建筑的供应链中应考虑"碳流"，强调碳元素在供应链中的流通和走向，体现各环节碳足迹分布情况；同时，延长装配式建筑供应链，在整个链条式的运作中引入低碳理念，并加强节点主体之间的协调，促进各利益相关方主动作为，控制自身上下游的碳足迹，从而降低整个供应链上的碳足迹。

9.4.6 政府与市场共推装配式建筑低碳发展

1. 政府方

（1）建立装配式建筑低碳评价指标体系

"双碳"目标将重构现有建筑业的设计原则、研究重点以及运用体系。在设计规划前期，需对装配式建筑各阶段的碳足迹值进行限值的规定，应建立装配式建筑生命周期系统性的碳足迹评价指标体系，引导和鼓励相关企业采用低碳新工艺、新材料、新方法等。

（2）制定装配式建筑减排激励政策

建筑业在倡导节能减排，大力发展装配式建筑的背景下，相关激励措施还较为缺乏。一方面，政府方可以通过正向财政补贴，对满足减排标准和质量要求的项目给予奖励；另一方面，对没有控制碳足迹的项目收取环境保护费用，倒逼企业提高节能减排的环保意识；同时，也应向建筑使用者进行宣传推广，提高消费者的环保意识和购买意愿。

2. 建筑市场主体

在碳固化能力未有大幅提升的情况下，社会整体的碳排放总量是有限的，因此碳排放权作为重要且有限的资源，成为可流转的"商品"，协调建筑供应链各节点间的关系，建立建筑领域内部的交易，以便形成碳排放交易市场，促进碳排放普及。

其次，各建筑市场主体应建立起碳足迹控制规划，并提高低碳材料、低碳设备、低碳工艺的使用，加大低碳技术的创新力度，逐步从根源上减少碳足迹。

第10章　装配式建筑精益建造动因与绩效体系管理

10.1　装配式建筑项目精益建造管理驱动因素识别

10.1.1　驱动因素识别方法的选取

本章选取了文献研究法与专家访谈法对装配式建筑项目实施精益建造管理的驱动因素进行识别与确定。

首先采用文献研究法对搜集到的国内外相关文献进行广泛地阅读、甄别、归纳和整理，汇总形成相对初始的精益建造管理驱动因素；然后通过专家访谈法对来自建筑业相关的领导、技术人员及专家学者进行实地和电子化问卷形式的访谈；最后将采用这两种方法识别并补充的驱动因素进行了重组与合并，汇总形成最终完整的装配式建筑项目实施精益建造管理的驱动因素清单。

10.1.2　基于文献研究法确定初始驱动因素

装配式建筑项目实施主要包含了决策设计、生产采购、运输管理、施工装配这四个环节，基于装配式建筑项目管理实施与全周期视角，结合精益建造管理实施理念，分别从精益决策设计、精益生产采购、精益运输管理、精益施工装配以及精益项目组织管理这五个维度对装配式建筑项目精益建造管理实施驱动因素进行识别并归纳；虽然现有的相关文献还比较缺乏，但国内外学者对装配式建筑项目精益建造管理实施的制约障碍、影响因素等进行了一些研究，本教材作者在 CNKI、Web of Science、Science Direct 等数据库对装配式建筑项目精益建造管理实施障碍、影响因素、阻碍与制约因素等相关文献进行了检索与整理，并对这些文献进行了概括性的归纳与整理，最终识别出与装配式建筑项目精益建造管理实施驱动因素相关的初始因素，见表 10-1。

基于文献研究法识别装配式建筑项目精益建造管理实施驱动因素的相关内容　表 10-1

编号	驱动因素分类维度	驱动因素分类维度对应的因素内容
1	精益决策设计	项目精准定位；项目精益评估；项目前期定位分析；项目产品市场需求精益识别；构件与模具精益标准化设计；构件标准化设计
2	精益生产采购	构件工厂标准化生产；拉动式生产；准时生产；准时采购；按需采购；精益采购；精益供应链管理；可靠的供应商选择；完善的市场供应链
3	精益运输管理	降低构件运输距离；构件运输成本降低需求；构件运输车辆专业化；构件运输实时高效性

编号	驱动因素分类维度	驱动因素分类维度对应的因素内容
4	精益施工装配	降低构件装配成本；消除浪费；施工装配机械化与标准化；拉动式施工；准时施工；模块化并行施工；精益工具与技术的应用
5	精益项目组织管理	项目组织高层管理者的推进与支持；项目组织内部的目标绩效激励机制；项目组织参与团队有效的信息沟通；项目组织精益文化；项目管理者对精益建造实施的接受度与采纳度；信息沟通与共享；精益培训；绩效评估系统与奖励制度；项目人员能力素质与参与认可度；组织文化变革与改进

通过对上述初始驱动因素内容进行分类与整理，将表述不同但含义相似的驱动因素进行归纳与概括，合并提取重复的驱动因素进行，最终识别出 18 个装配式建筑项目精益建造管理实施的驱动因素，并将这 18 个驱动因素按上述五个维度进行分类与编号，见表 10-2。

基于文献研究法识别装配式建筑项目精益建造管理实施驱动因素清单　　表 10-2

编号	归纳分类	驱动因素
1	精益决策设计	项目精准定位与精益评估
2		项目产品市场需求精益识别
3		构件与模具精益标准化设计
4	精益生产采购	构件生产工厂标准化与准时拉动式
5		准时按需精益采购
6		精益完善的供应链管理
7	精益运输管理	降低构件运输距离及成本
8		构件运输车辆专业化
9		构件运输实时高效性
10	精益施工装配	降低施工装配成本与消除浪费
11		准时拉动式与模块化并行施工
12		施工装配机械化与标准化
13		装配式一体化精装施工
14	精益项目组织管理	项目组织内部绩效激励机制
15		项目组织精益文化与精益培训
16		项目组织高层管理者支持
17		项目组织信息沟通与共享
18		项目组织人员素质与参与度

10.1.3　基于专家访谈法进行驱动因素补充

文献研究法偏向于理论研究，其信度和效度无法得到有效保证。因此，鉴于科学和严谨的态度，在文献研究法识别初始驱动因素的基础之上，进一步采用专家访谈法对驱动因素进行补充与完善。

本章选取的访谈对象主要为建筑业相关领域的领导、技术人员及专家学者，共计 5 名，主要以线上电子化问卷方式进行，他们都参与过装配式建筑项目实施或在装配式建筑和精益建造领域进行了深入的研究。访谈补充了 5 个驱动因素，分别为：项目实施方案模块化协同设计、降低生产采购成本、精益化运输方案计划、精益化施工装配工艺与管理技术、项目组织目标效益驱动。

10.1.4 装配式建筑项目精益建造管理驱动因素的汇总确定

合并两种方法提取的驱动因素，共识别出五个层面共 23 个驱动因素，对所有识别的驱动因素编号，汇总形成驱动因素清单，见表 10-3。

装配式建筑项目精益建造管理实施驱动因素清单　　　　　　　　　　　表 10-3

指标分类		具体指标	
编号	一级驱动因素	编号	二级驱动因素
D1	精益决策设计	D1R1	项目精准定位与精益评估
		D1R2	项目产品市场需求精益识别
		D1R3	构件与模具精益标准化设计
		D1R4	项目实施方案模块化协同设计
D2	精益生产采购	D2R1	构件生产工厂标准化与准时拉动式
		D2R2	准时按需精益采购
		D2R3	精益完善的供应链管理
		D2R4	降低生产采购成本
D3	精益运输管理	D3R1	降低构件运输距离及成本
		D3R2	构件运输车辆专业化
		D3R3	构件运输实时高效性
		D3R4	精益化运输方案计划
D4	精益施工装配	D4R1	降低施工装配成本与消除浪费
		D4R2	准时拉动式与模块化并行施工
		D4R3	施工装配机械化与标准化
		D4R4	装配式一体化精装施工
		D4R5	精益化施工装配工艺与管理技术
D5	精益项目组织管理	D5R1	项目组织内部绩效激励机制
		D5R2	项目组织精益文化与精益培训
		D5R3	项目组织高层管理者支持
		D5R4	项目组织信息沟通与共享
		D5R5	项目组织人员素质与参与度
		D5R6	项目组织目标效益驱动

10.2 装配式建筑项目绩效指标识别与评价模型构建

10.2.1 装配式建筑项目绩效维度构成

同传统的建筑项目一样，装配式建筑项目绩效是通过采取特定措施对装配式建筑项目实施中的进度、质量和成本进行不断改进和优化，进而实现整体综合预期任务目标的过程。

装配式建筑作为新型建筑工业化发展的重要方式以及当前建筑行业研究领域的研究热点，当前仍旧面临着诸多问题，对装配式建筑项目绩效进行衡量与评价进而提出改善绩效的实用性措施已经成为现阶段装配式建筑项目深入推进与实施的重要议题。很多研究的本质目的也是为了对进度、质量、成本、安全这四大目标进行优化。

因此，基于前人在装配式建筑项目绩效管理领域中的研究现状，结合建筑工程项目实际，本研究将装配式建筑项目绩效划分为四个维度，即进度绩效、质量绩效、成本绩效和安全绩效。

10.2.2 装配式建筑项目的绩效指标识别

基于上述对装配式建筑项目绩效构成维度的划分，本研究在借鉴了前人相关研究的基础之上，采用文献研究法识别装配式建筑项目的绩效指标。

首先，确定精益建造管理的实施对象为装配式建筑项目，研究的是精益建造管理实施的驱动因素对装配式建筑项目绩效的影响作用，根据研究实施对象，在数据库中检索与装配式建筑项目进度、质量、成本及安全绩效有关的研究文献，然后对这些文献进行全面分析，依据进度绩效、质量绩效、成本绩效和安全绩效这四个一级绩效指标维度，分别对各自所包含的二级绩效指标进行了详细的分类汇总，得到具体指标相关内容，见表10-4。

基于文献研究法识别的装配式建筑项目绩效指标相关内容　　　　表 10-4

序号	绩效指标	具体指标内容
1	进度绩效	项目进度风险管控水平；项目进度计划完成效率；构件设计阶段进度效率；构件生产与运输的及时性；构件装配施工效率；构件供应及装配效率；构件生产、运输及装配作业的资源调配进度效率；项目信息数据共享程度；信息数据沟通及时性
2	质量绩效	项目设计实施方案标准化程度；构件设计、生产、运输与装配等全周期过程质量管控水平；构件运输质量保障措施；构件装配质量合格程度；构件生产保护；构件生产质量性能保障；构件装配精度；构件吊装质量；设备应用熟练程度；施工工艺技术操作熟练度；项目施工质量规范化程度；项目施工质量检测合格率
3	成本绩效	项目所需材料利用率；项目资金利用率；设备利用率；构件设计阶段成本控制效果；构件生产采购阶段成本控制；构件运输及施工装配成本管控；构件设计、生产运输、施工安装阶段增量成本控制；项目组织经营管理投入成本管控能力；构件项目成本预算与结算管控能力
4	安全绩效	项目现场安全管控水平；项目现场安全管理与控制；项目机械设备定期安全检查；吊装机械设备安全维护；设备定期安全检查；项目安全教育培训；项目人员安全风险防范意识；项目标准化安全规范；项目安全管理体系标准化程度

对上述具体指标内容进行归纳汇总，将表达方式不同但含义类似的进行合并及统一命名，在进度绩效、质量绩效、成本绩效和安全绩效这四个维度的基础上，各归纳总结出四个绩效指标，并对其进行对应编号，得到清单见表 10-5。

装配式建筑项目绩效指标清单　　　　　　　　　　　　表 10-5

指标分类		具体指标	
编号	一级绩效指标	编号	二级绩效指标
P1	进度绩效	P1R1	项目进度风险管控水平与计划完成效率
		P1R2	预制构件全周期过程实施进度效率
		P1R3	信息数据沟通及时性与共享程度
		P1R4	资源调配进度效率与及时性
P2	质量绩效	P2R1	项目设计实施方案标准化程度
		P2R2	预制构件全周期过程质量管理水平
		P2R3	施工工艺技术与专业设备的应用熟练程度
		P2R4	项目施工质量验收合格率及规范化程度
P3	成本绩效	P3R1	项目所需材料、设备及资金的利用率
		P3R2	项目预制构件全周期实施过程成本控制效果
		P3R3	项目组织经营管理投入成本控制水平
		P3R4	项目成本预算与结算的管控能力
P4	安全绩效	P4R1	项目现场安全管理与控制水平
		P4R2	项目机械设备安全检查与维护
		P4R3	项目现场人员安全培训与安全意识
		P4R4	项目现场安全规范与管理体系标准化程度

10.2.3　装配式建筑项目精益建造管理驱动机制 SEM 理论模型构建

1. 研究假设与模型变量

（1）模型研究假设

基于前文的研究可以发现，装配式建筑项目精益建造管理实施驱动力来自于精益决策设计、精益生产采购、精益运输管理、精益施工装配、精益项目组织管理这五大因素层面；装配式建筑项目绩效主要包含进度绩效、质量绩效、成本绩效和安全绩效这四个维度。因此，本节从精益建造管理角度出发，以装配式建筑项目为实施对象和主体，结合现阶段装配式建筑项目发展现状，假设装配式建筑项目精益建造管理实施驱动因素对绩效具有良好的正向影响作用，这种影响作用即本教材所要研究的装配式建筑项目精益建造管理驱动机制。

此外，在装配式建筑和精益建造研究领域，很多研究人员如江珊、陈伟等将结构方程模型应用于研究，然后根据收集的数据对理论模型进行检验与修正，同时，廖艳在采用结构方程模型来探讨实施因素对绩效影响的研究方面也采用了模型研究假设法来进行自身领域研究。

鉴于前人研究经验以及本教材研究需要，本教材对装配式建筑项目精益建造管理驱动机制模型作出如下假设：

H1：精益决策设计对装配式建筑项目进度绩效有显著正向影响；

H2：精益决策设计对装配式建筑项目质量绩效有显著正向影响；

H3：精益决策设计对装配式建筑项目成本绩效有显著正向影响；

H4：精益决策设计对装配式建筑项目安全绩效有显著正向影响；

H5：精益生产采购对装配式建筑项目进度绩效有显著正向影响；

H6：精益生产采购对装配式建筑项目质量绩效有显著正向影响；

H7：精益生产采购对装配式建筑项目成本绩效有显著正向影响；

H8：精益生产采购对装配式建筑项目安全绩效有显著正向影响；

H9：精益运输管理对装配式建筑项目进度绩效有显著正向影响；

H10：精益运输管理对装配式建筑项目质量绩效有显著正向影响；

H11：精益运输管理对装配式建筑项目成本绩效有显著正向影响；

H12：精益运输管理对装配式建筑项目安全绩效有显著正向影响；

H13：精益施工装配对装配式建筑项目进度绩效有显著正向影响；

H14：精益施工装配对装配式建筑项目质量绩效有显著正向影响；

H15：精益施工装配对装配式建筑项目成本绩效有显著正向影响；

H16：精益施工装配对装配式建筑项目安全绩效有显著正向影响；

H17：精益项目组织管理对装配式建筑项目进度绩效有显著正向影响；

H18：精益项目组织管理对装配式建筑项目质量绩效有显著正向影响；

H19：精益项目组织管理对装配式建筑项目成本绩效有显著正向影响；

H20：精益项目组织管理对装配式建筑项目安全绩效有显著正向影响。

（2）模型变量选取

基于前文分析，结合结构方程模型的基本内容和原理，本教材装配式建筑项目精益建造管理实施的一级驱动因素与其分别对应的二级驱动因素之间，以及装配式建筑项目一级绩效指标和二级绩效指标之间的关系，与结构方程模型中的潜在变量与观测变量之间的关系类似。将一级驱动因素和一级绩效指标视为潜在变量，各自分别对应的二级驱动因素和二级绩效指标视为观测变量，它们之间的相应内在关系详见表10-3和表10-5。

2. 理论模型的提出

（1）构建测量模型

基于上文得到的对应关系，构建了装配式建筑项目精益建造管理驱动机制测量模型，如图10-1所示。

（2）构建结构模型

结构模型主要用于揭示各个潜在变量之间的内在因果关系。本研究在借鉴上述研究假设、相关理论以及实践经验与文献研究基础上，聚焦于探究装配式建筑项目精益建造管理实施驱

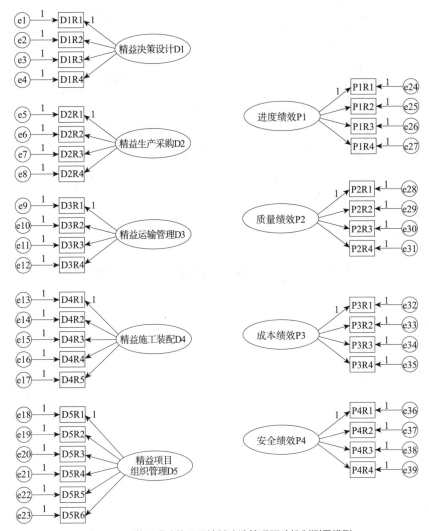

图 10-1　装配式建筑项目精益建造管理驱动机制测量模型

动因素对装配式建筑项目绩效的作用机理，同时假设各驱动因素对各绩效指标均具有正向影响作用，构建结构模型如图 10-2 所示。

（3）构建结构方程理论模型

结构方程模型是由测量模型和结构模型两者构建后进行结合而来，其中潜在变量和观测变量分别以椭圆和矩形表示，箭头则表示变量间的相互作用关系。利用 AMOS 22.0 软件相应构建了具体模型路径，如图 10-3 所示。

基于上述研究，结合前文 SEM 的理论分析，从图 10-3 中可以看出，模型包括 9 个潜在变量，即 5 个外生潜在变量：D1、D2、D3、D4、D5；4 个内生潜在变量：P1、P2、P3、P4。此外，在该模型中，e1 至 e39 这 39 项均为测量误差项，潜在变量之间对应共有 20 条传导路径，即装配式建筑项目精益建造管理驱动因素与装配式建筑项目绩效指标之间产生的 20 种作用效应。同时结合本教材第 2 章对 SEM 的测量模型方程表达式的表述，本研究也相应地对潜在变

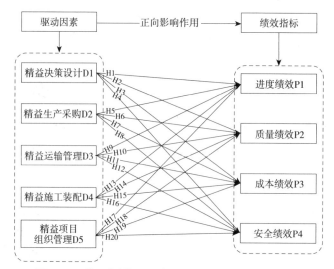

图 10-2 装配式建筑项目精益建造管理驱动机制结构模型

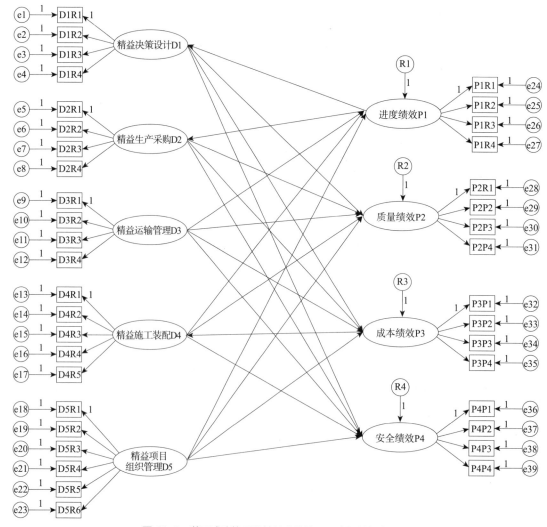

图 10-3 装配式建筑项目精益建造管理驱动机制初始模型

量测量模型方程进行了构建，主要包括外生潜在变量测量方程和内生潜在变量测量方程。

1）外生潜在变量测量方程

根据上文的阐述，结合测量方程，将参数进行相应替换，计算得到下面的外生潜在变量测量方程。

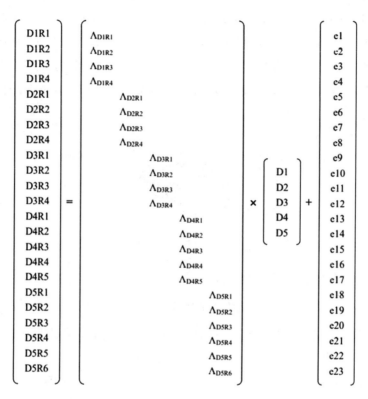

2）内生潜在变量测量方程

同理，将各参数根据公式进行相应替换，计算得到内生潜在变量测量方程。

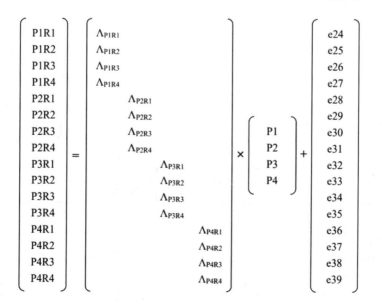

10.3 装配式建筑项目精益建造管理驱动机制模型的评估与检验

10.3.1 数据收集

本教材收回调查问卷 468 份，删除信息严重失真的问卷后得到的有效问卷为 430 份。其中，问卷被调查对象所在单位分布情况如图 10-4 所示。可以看出：高校、施工单位、设计单位、预制构件生产供应商、工程咨询单位、建设单位、政府部门、其他单位分别占比 21.86%、18.84%、16.74%、15.35%、10.23%、10.00%、5.35%、1.63%，问卷的主要被调查对象分布总体较为合理，且基本覆盖了建筑行业实践与研究的主要人群，有效地保证了此次问卷调查结果的可靠性。

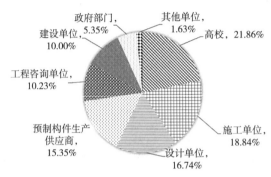

图 10-4 问卷被调查对象所在单位分布情况

表 10-6 反映了问卷被调查对象参与装配式建筑项目或实施精益建造项目的工作年限、受教育程度、所在单位职位以及对装配式建筑或精益建造思想的了解程度等相关基本信息，可以看出：①有相关项目工作年限 1 年以上的被调查人员占比达到 83.95%，有效地保证了问卷的填写质量和客观有效性；②本科及以上的被调查人员占比达到了 83.49%，其中本科学历人员占比排第一，达到 33.26%，而该人员群体是参与装配式建筑项目和精益建造项目工程一线实施主体，保证了问卷的实践融入性。其次，硕博学历人员占比达到 50.23%，这些高学历人员对装配式建筑和精益建造理论层面的研究都有较为科学与清晰的认识，保障了问卷的专业可靠性；③在被调查人员所在单位职位分布上，基层及以上的管理者占比达到 72.56%，有效地保证了问卷的科学性与专业性；④在对装配式建筑或精益建造思想了解程度上，一般了解及以上的人员占比达到 76.51%，从专业知识层面很好地保证了此次问卷结果的科学性与专业度。基于上述分析，可以看出，本教材问卷的有效样本数据客观、真实且可靠。

问卷被调查对象相关基本信息表　　　　　　　　表 10-6

项目	类别	样本人数	占比
参与装配式建筑项目或实施精益建造项目的工作年限	1 年以内	69	16.05%
	1~3 年	88	20.46%
	3~5 年	126	29.30%
	5~10 年	93	21.63%
	10 年以上	54	12.56%

续表

项目	类别	样本人数	占比
受教育程度	博士	94	21.86%
	硕士	122	28.37%
	本科	143	33.26%
	高职	59	13.72%
	高中及以下	12	2.79%
所在单位职位	高层管理者	93	21.63%
	中层管理者	123	28.60%
	基层管理者	96	22.33%
	普通员工	118	27.44%
对装配式建筑或精益建造思想了解程度	十分了解	98	22.79%
	比较了解	126	29.30%
	一般了解	105	24.42%
	不太了解	75	17.44%
	完全不了解	26	6.05%
有效样本总计	问卷被调查对象	430	100%

借助 SPSS 25 统计分析软件对所下载导入的问卷数据进行初步处理与分析，将描述性统计分析主设置面板变量列表中的 23 个驱动因素变量和 16 个绩效指标变量各自对应的变量编号依次选入分析变量列表，然后依次选取均值、标准差、方差、峰度、偏度等选项，最后输出得到的分析结果见表 10-7。

而通过仔细观察可以发现，表中 39 个变量的偏度和峰度的数值均位于（-2，2）区间范围内，达到结构方程模型使用所需的基本条件以及数据所需正态分布的基本要求。

问卷数据描述性统计分析结果　　　　　　　　　　　　　　表 10-7

变量编号	均值	标准差	方差	峰度	偏度
D1R1	3.53	1.041	1.084	−0.392	−0.399
D1R2	3.58	1.122	1.260	−0.498	−0.562
D1R3	3.31	0.971	0.942	−0.166	−0.339
D1R4	3.73	1.101	1.211	−0.505	−0.567
D2R1	3.65	1.103	1.216	−0.618	−0.366
D2R2	3.54	1.112	1.237	−0.396	−0.553
D2R3	3.60	1.128	1.272	−0.371	−0.863
D2R4	3.58	1.085	1.177	−0.418	−0.566
D3R1	3.63	1.057	1.118	−0.453	−0.586

变量编号	均值	标准差	方差	峰度	偏度
D3R2	3.50	1.121	1.258	−0.279	−0.685
D3R3	3.38	1.062	1.127	−0.268	−0.542
D3R4	3.42	1.069	1.143	−0.258	−0.695
D4R1	3.70	0.919	0.845	−0.431	0.042
D4R2	3.67	1.000	0.999	−0.431	−0.352
D4R3	3.61	1.050	1.102	−0.473	−0.194
D4R4	3.66	0.986	0.971	−0.417	−0.296
D4R5	3.57	1.094	1.197	−0.677	−0.080
D5R1	3.69	1.090	1.188	−0.447	−0.617
D5R2	3.49	0.933	0.870	−0.459	0.086
D5R3	3.55	1.141	1.302	−0.351	−0.657
D5R4	3.38	0.984	0.968	−0.352	−0.327
D5R5	3.55	1.086	1.180	−0.346	−0.532
D5R6	3.30	1.015	1.030	−0.139	−0.500
P1R1	3.67	0.979	0.958	−0.587	−0.012
P1R2	3.69	1.068	1.141	−0.540	−0.362
P1R3	3.47	1.057	1.117	−0.492	−0.405
P1R4	3.75	0.974	0.948	−0.727	0.170
P2R1	3.55	1.011	1.022	−0.576	0.053
P2R2	3.57	0.950	0.903	−0.308	−0.215
P2R3	3.53	0.957	0.916	−0.380	−0.140
P2R4	3.46	0.976	0.953	−0.461	−0.067
P3R1	3.62	0.996	0.992	−0.259	−0.452
P3R2	3.45	1.054	1.110	−0.429	−0.286
P3R3	3.40	1.065	1.135	−0.161	−0.537
P3R4	3.49	0.979	0.959	−0.363	−0.150
P4R1	3.56	0.973	0.946	−0.308	−0.219
P4R2	3.50	0.963	0.927	−0.289	−0.285
P4R3	3.21	1.066	1.136	0.016	−0.671
P4R4	3.25	0.951	0.905	−0.173	−0.436

10.3.2　问卷数据检验分析

　　由于本教材采用结构方程模型构建装配式建筑项目精益建造管理驱动机制模型，且通过调查问卷方式获取数据，需要进一步对获取的问卷数据质量进行检验分析。本教材将围绕信度检验和效度检验检验问卷数据。

1. 信度检验

信度分析主要用于检验问卷的稳定性或可靠性。信度，是指通过采用调查问卷测量方式检验某种对象进行多次反复测量后所得到结果的一致性程度，信度分析结果的信度系数数值越高，调查问卷的一致性越高，精确性和可靠性也更好。

按照评价对象不同，信度分为内在信度及外在信度两大类。内在信度主要在于采用同一问卷对各不同指标进行一致性程度评价与测量，而外在信度则强调的是采用同一问卷测量不同时间点上同一对象或指标的一致性程度，表现为采用相同方式进行反复测量。本研究只采用了一次调查问卷进行数据收集，故采用评价内在信度常用的 Cronbach's Alpha 系数对调查问卷数据进行信度检验，具体计算公式如下：

$$\alpha = \frac{k}{k-1}\left(1 - \frac{\sum\limits_{i=1}^{k} S_i^2}{S_x^2}\right) \tag{10-1}$$

式中，k 为调查问卷中的量表题数；S_i 为第 i 题得分的方差；S_x 为测验总得分方差。

一般来说，α 系数数值在（0，1）范围内，且 α 系数数值与调查问卷中量表各变量的内部一致性成正比，一般 α 系数数值大于等于 0.7 时，表示问卷量表信度可信，符合信度检验要求。其中，α 系数数值进行信度检验评价标准详见表 10-8。

α 系数数值进行信度检验评价标准　　　　　　　　　　　表 10-8

α 系数数值区间	信度效果
$0.9 \leqslant \alpha$	量表信度非常高，可信
$0.7 \leqslant \alpha < 0.9$	量表高信度，可信
$0.5 \leqslant \alpha < 0.7$	量表中等信度，需要修订量表
$\alpha < 0.5$	信度较差，需要重新设计量表

分析收集到的 430 份调查问卷样本数据，得到各潜在变量的信度系数及所有潜在变量的总体信度系数，即 α 系数信度计算结果，见表 10-9。

α 系数信度计算结果　　　　　　　　　　　表 10-9

潜在变量	Cronbach's Alpha	项数
精益决策设计 D1	0.837	4
精益生产采购 D2	0.862	4
精益运输管理 D3	0.809	4
精益施工装配 D4	0.865	5
精益项目组织管理 D5	0.888	6
进度绩效 P1	0.848	4

潜在变量	Cronbach's Alpha	项数
质量绩效 P2	0.829	4
成本绩效 P3	0.827	4
安全绩效 P4	0.873	4
总体	0.947	39

根据上表 10-9 计算结果,可以发现潜在变量间的总体克隆巴哈 α 系数为 0.947 > 0.7,且各潜在变量对应的克隆巴哈 α 系数均大于 0.7,内在信度高,样本数据可信,装配式建筑项目精益建造管理驱动机制 SEM 初始模型满足信度检验的基本要求。

2. 效度检验

效度检验也称为有效性检验,是指采用特定的测量工具或方法分析和检验问卷设计的有效性和合理性的程度,由内容效度和结构效度两方面的分析内容构成。

内容效度反映测量工具是否已经完全反映所研究事物全部内容的程度,通常采用定性判别分析与定量统计分析相结合的方法进行相应评价。其中在定性判别分析上,邀请了专家和学者对调查问卷量表内容作出合理性评判,内容效度较好。在定量统计分析上,本教材采用 SPSS 25.0 软件对调查问卷数据的主成分贡献值以及总方差贡献率进行计算与统计来检验内容效度。

结构效度指调查问卷量表的设计是否能够合理地解释和反映问卷结构,主要用于评价各指标的独立性。鉴于本教材只进行了一次调查问卷数据收集,因此问卷结构效度检验将通过常用的探索性因子分析进行,并借助 SPSS 25.0 软件完成因子分析。

一般而言,在开始因子分析之前,需要采用 SPSS 25.0 软件对问卷所收集到的量表变量数据进行 Bartlett(巴特利特)球形检验和 KMO 检验。KMO 数值在(0,1)内,数值越大,变量之间相关性越强;Bartlett 球形检验主要通过检验显著性概率 Sig 数值进行判定。普遍认为,当 KMO 度量数值在 0.7 以上,且当 Bartlett 球形检验显著性概率 Sig 值小于 0.05 时,具有能够进行因子分析的结构效度。具体标准见表 10-10。

KMO 数值范围和 Bartlett 球形检验的度量标准　　　　表 10-10

检验类别	数值范围	检验标准
KMO 数值	$0.9 \leqslant KMO < 1.0$	非常好
	$0.8 \leqslant KMO < 0.9$	比较好
	$0.7 \leqslant KMO < 0.8$	基本适合
	$0.6 \leqslant KMO < 0.7$	勉强适合
	$KMO < 0.6$	很差
Bartlett 球形检验 Sig 值	$Sig < 0.05$	适合

对样本数据进行 *KMO* 和 Bartlett 球形检验，得到的数据结果见表 10-11。

KMO 和 Bartlett 球形检验结果　　　　　　　　　　表 10-11

KMO 取样适切性量数		0.941
Bartlett 球形检验	近似卡方	8917.057
	自由度	741
	显著性（*Sig*）	0.000

从表 10-11 可以看出，样本数据的 *KMO* 数值为 0.941，大于 0.7，同时 Bartlett 球形检验的显著性概率 *Sig* 值为 0.000，小于 0.05，样本数据适合进行后续的因子分析。本教材将利用 SPSS 25.0 软件中的【因子分析】功能，对 SEM 初始模型中潜在变量的内容效度和结构效度进行检验。

（1）内容效度检验

分别对所有变量的成分特征值以及总方差贡献率进行统计与计算，以此检验内容效度，计算结果见表 10-12。

主成分特征值及方差　　　　　　　　　　表 10-12

	总方差解释								
成分	初始特征值			提取载荷平方和			旋转载荷平方和		
	总计	方差 %	累积 %	总计	方差 %	累积 %	总计	方差 %	累积 %
1	13.001	33.336	33.336	13.001	33.336	33.336	4.716	12.092	12.092
2	2.524	6.471	39.807	2.524	6.471	39.807	3.842	9.852	21.944
3	2.246	5.759	45.565	2.246	5.759	45.565	3.442	8.827	30.770
4	1.833	4.700	50.266	1.833	4.700	50.266	3.199	8.204	38.974
5	1.774	4.549	54.814	1.774	4.549	54.814	3.033	7.777	46.751
6	1.660	4.257	59.071	1.660	4.257	59.071	2.861	7.335	54.086
7	1.518	3.892	62.963	1.518	3.892	62.963	2.565	6.577	60.663
8	1.196	3.067	66.030	1.196	3.067	66.030	2.093	5.367	66.030
9	0.785	2.012	68.043						
10	0.669	1.715	69.758						
11	0.644	1.652	71.409						
12	0.624	1.600	73.010						
13	0.591	1.514	74.524						
14	0.569	1.460	75.984						
15	0.560	1.435	77.418			—			
16	0.548	1.406	78.825						
17	0.515	1.322	80.146						
18	0.498	1.276	81.422						
19	0.485	1.243	82.665						
20	0.479	1.229	83.894						

成分	初始特征值			提取载荷平方和			旋转载荷平方和		
	总计	方差%	累积%	总计	方差%	累积%	总计	方差%	累积%
21	0.437	1.122	85.016						
22	0.434	1.112	86.128						
23	0.407	1.045	87.173						
24	0.402	1.031	88.204						
25	0.388	0.996	89.199						
26	0.367	0.940	90.139						
27	0.362	0.929	91.068						
28	0.354	0.908	91.976						
29	0.341	0.874	92.850						
30	0.327	0.839	93.689			—			
31	0.323	0.827	94.516						
32	0.314	0.804	95.321						
33	0.304	0.780	96.101						
34	0.289	0.742	96.842						
35	0.268	0.687	97.529						
36	0.264	0.677	98.206						
37	0.255	0.655	98.860						
38	0.232	0.594	99.454						
39	0.213	0.546	100.000						

（表头：总方差解释）

主成分累积贡献率通常不低于60%，由表10-12计算结果可以看出，总共提取出了8个公共因子，且这8个公共因子对样本数据所有变量的方差解释能力达到66.03%，大于60%的合格标准，内容效度检验合格通过。

（2）结构效度检验

计算旋转后的成分矩阵，对应系数按照大小进行相应排序，计算结果见表10-13。

旋转成分矩阵   表 10-13

变量	成分							
	1	2	3	4	5	6	7	8
D5R5	0.767	0.081	0.090	0.032	0.078	0.170	0.017	0.070
D5R3	0.745	0.126	0.157	0.159	0.095	0.170	0.133	0.106
D5R1	0.732	0.012	0.028	0.200	0.135	0.187	0.089	0.122
D5R2	0.714	0.103	0.132	0.042	0.104	0.161	0.177	0.236
D5R4	0.708	0.072	0.030	0.141	0.125	0.142	0.155	0.117
D5R6	0.706	0.006	0.075	0.130	0.058	0.188	0.165	0.175
P3R2	0.417	0.331	0.363	0.251	0.305	−0.092	−0.055	−0.269
D4R5	0.104	0.785	0.096	0.065	0.052	0.110	0.141	0.097

续表

变量	成分							
	1	2	3	4	5	6	7	8
D4R1	0.062	0.755	0.027	0.126	0.063	0.176	0.109	0.112
D4R3	0.057	0.752	0.130	0.048	0.118	0.146	0.097	0.091
D4R4	0.082	0.716	−0.043	0.173	0.163	0.133	0.163	0.141
D4R2	0.076	0.715	0.103	0.113	0.123	0.110	0.216	0.111
D3R1	0.145	0.097	0.752	0.028	0.096	0.125	0.112	0.161
D3R4	0.008	0.048	0.744	0.124	0.127	0.104	0.127	0.180
D3R2	0.111	0.045	0.698	0.187	0.071	0.066	0.145	0.171
D3R3	0.065	−0.002	0.668	0.008	0.097	0.130	0.207	0.194
P3R4	0.386	0.339	0.440	0.221	0.201	−0.074	0.125	−0.200
P3R3	0.398	0.260	0.426	0.278	0.269	0.017	0.011	−0.159
P3R1	0.386	0.332	0.402	0.362	0.220	0.004	0.037	−0.133
D2R1	0.137	0.113	0.138	0.816	0.049	0.122	0.147	0.145
D2R4	0.129	0.081	0.098	0.782	0.200	0.120	0.179	0.109
D2R3	0.200	0.177	0.108	0.721	0.140	0.133	0.110	0.067
D2R2	0.190	0.153	0.121	0.705	−0.024	0.142	0.173	0.194
D1R4	0.091	0.107	0.171	0.095	0.784	0.157	0.102	0.132
D1R1	0.200	0.112	0.159	0.066	0.771	0.101	0.102	0.061
D1R2	0.062	0.122	0.088	0.111	0.769	0.115	0.158	0.166
D1R3	0.182	0.142	0.075	0.073	0.686	0.075	0.158	0.077
P4R1	0.200	0.188	0.110	0.145	0.111	0.788	0.110	0.059
P4R4	0.187	0.167	0.086	0.086	0.103	0.771	0.121	0.118
P4R3	0.311	0.161	0.121	0.149	0.095	0.734	0.078	0.095
P4R2	0.226	0.177	0.112	0.137	0.173	0.728	0.174	0.023
P2R1	0.180	0.216	0.146	0.112	0.168	0.041	0.746	0.086
P2R4	0.131	0.117	0.181	0.239	0.121	0.129	0.723	0.053
P2R3	0.134	0.227	0.182	0.118	0.167	0.173	0.708	0.049
P2R2	0.189	0.225	0.145	0.158	0.122	0.154	0.639	−0.075
P1R1	0.314	0.242	0.272	0.185	0.194	0.067	0.063	0.621
P1R4	0.251	0.204	0.256	0.161	0.193	0.079	0.042	0.615
P1R3	0.223	0.249	0.262	0.220	0.190	0.180	−0.009	0.587
P1R2	0.248	0.181	0.378	0.218	0.148	0.105	0.063	0.580

提取方法：主成分分析法；
旋转方法：凯撒正态化最大方差法；
旋转在 8 次迭代后已收敛

若因子载荷数值大于 0.4 时，则调查问卷的结构效度满足检验通过的要求。从表 10-13 可以看出，旋转成分矩阵中因子载荷数值介于 0.402 至 0.816 之间，均大于标准检验值 0.4，初始模型具有较好的结构效度，结构效度检验通过。

综上可以看出，问卷数据的信度检验与效度检验均满足继续研究的要求。

10.3.3　测量模型验证性因子分析

验证性因子分析，即 CFA，属于 SEM 的一种次模型，主要用通过量表数据来验证理论模型关系所导出的计量模型是否适当与合理，并进一步检验先前探索性问卷量表建构效度的适切性和真实性。

验证性因子分析包含结构效度、组合信度与聚敛效度、区分效度这三个方面，根据研究需要，分别对量表数据中的所有二级驱动因素和二级绩效指标进行了相关性分析，以对问卷量表数据进行更深层次的检验分析。根据前文构建的测量模型，利用 AMOS 22.0 软件分别对外生潜在变量测量模型和内生潜在变量测量模型进行验证性因子分析，得到的标准化路径图，如图 10-5、图 10-6 所示。从图 10-5、图 10-6 可以看出两模型对应的标准化因子载荷量数值均大于 0.6，满足检验标准。

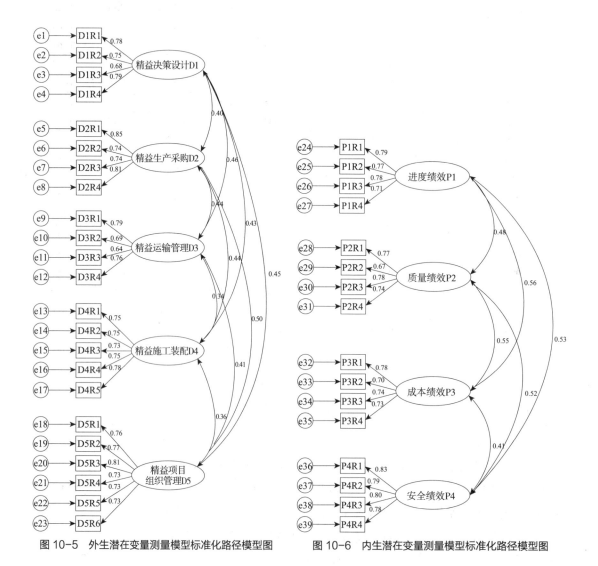

图 10-5　外生潜在变量测量模型标准化路径模型图　　图 10-6　内生潜在变量测量模型标准化路径模型图

接下来本教材将对结构效度、组合信度与聚敛效度、区分效度以及因素指标相关性进行检验分析。

1. 结构效度

将模型整体适配度相关检验指标及其数值导出并整理，得到检验结果见表 10-14。

测量模型整体适配度检验结果表　　表 10-14

测量模型	Model	拟合指标					
		RMSEA	GFI	NFI	CFI	PNFI	CMIN/DF
外生潜在变量测量模型	Default Model	0.030	0.943	0.937	0.981	0.815	1.391
	Saturated Model	—	1.000	1.000	1.000	0.000	—
	Independence Model	0.206	0.301	0.000	0.000	0.000	19.253
内生潜在变量测量模型	Default Model	0.027	0.963	0.961	0.990	0.785	1.307
	Saturated Model	—	1.000	1.000	1.000	0.000	—
	Independence Model	0.247	0.327	0.000	0.000	0.000	27.249

由表 10-14 可以看出，外生潜在变量测量模型和内生潜在变量测量模型的拟合指标 RMSEA、GFI、NFI、CFI、PNFI、CMIN/DF 均检验通过，即 RMSEA < 0.05，GFI、NFI、CFI 均 > 0.9，PNFI > 0.5，CMIN/DF < 3。综合来看，外生潜在变量测量模型和内生潜在变量测量模型的模型适配度良好，结构效度检验通过。

2. 组合信度与聚敛效度

在对测量模型进行了验证性因子分析后，汇总计算得到表 10-15、表 10-16 所示的测量模型聚敛效度参数检验表。

外生潜在变量测量模型组合信度与聚敛效度参数检验表　　表 10-15

路径	标准化参数估计值	AVE	组合信度
D1R1 ← 精益决策设计 D1	0.784		
D1R2 ← 精益决策设计 D1	0.752	0.566	0.839
D1R3 ← 精益决策设计 D1	0.678		
D1R4 ← 精益决策设计 D1	0.791		
D2R1 ← 精益生产采购 D2	0.845		
D2R2 ← 精益生产采购 D2	0.737	0.616	0.865
D2R3 ← 精益生产采购 D2	0.740		
D2R4 ← 精益生产采购 D2	0.812		
D3R1 ← 精益运输管理 D3	0.785		
D3R2 ← 精益运输管理 D3	0.692	0.520	0.812
D3R3 ← 精益运输管理 D3	0.636		
D3R4 ← 精益运输管理 D3	0.763		

续表

路径	标准化参数估计值	AVE	组合信度
D4R1 ← 精益施工装配 D4	0.754		
D4R2 ← 精益施工装配 D4	0.750		
D4R3 ← 精益施工装配 D4	0.726	0.565	0.866
D4R4 ← 精益施工装配 D4	0.749		
D4R5 ← 精益施工装配 D4	0.777		
D5R1 ← 精益项目组织管理 D5	0.764		
D5R2 ← 精益项目组织管理 D5	0.773		
D5R3 ← 精益项目组织管理 D5	0.806		
D5R4 ← 精益项目组织管理 D5	0.727	0.571	0.888
D5R5 ← 精益项目组织管理 D5	0.732		
D5R6 ← 精益项目组织管理 D5	0.727		

内生潜在变量测量模型组合信度与聚敛效度参数检验表　　　　表 10-16

路径	标准化参数估计值	AVE	组合信度
P1R1 ← 进度绩效 P1	0.793		
P1R2 ← 进度绩效 P1	0.774	0.585	0.849
P1R3 ← 进度绩效 P1	0.779		
P1R4 ← 进度绩效 P1	0.710		
P2R1 ← 质量绩效 P2	0.774		
P2R2 ← 质量绩效 P2	0.672	0.552	0.831
P2R3 ← 质量绩效 P2	0.783		
P2R4 ← 质量绩效 P2	0.737		
P3R1 ← 成本绩效 P3	0.782		
P3R2 ← 成本绩效 P3	0.695	0.546	0.828
P3R3 ← 成本绩效 P3	0.742		
P3R4 ← 成本绩效 P3	0.734		
P4R1 ← 安全绩效 P4	0.825		
P4R2 ← 安全绩效 P4	0.787	0.634	0.874
P4R3 ← 安全绩效 P4	0.798		
P4R4 ← 安全绩效 P4	0.775		

　　由表 10-15、表 10-16 可以看出，外生潜在变量 D1、D2、D3、D4、D5 对应的标准化参数估计值（即因子荷载）均大于 0.6，且内生潜在变量 P1、P2、P3、P4 的标准化参数估计值均大于 0.6，这说明外生潜在变量对应所属的观测变量以及内生潜在变量对应所属的观测变量皆具有较高的一致性和代表性。同时，这五个外生潜在变量与四个内生潜在变量各自对应的

平均方差变异系数 AVE 和组合信度也均大于 0.5 和 0.8，因此也说明两表数据的组合信度与聚敛效度较为理想。

3. 区分效度

基于以上聚敛效度的分析，对两变量测量模型各自的潜在变量分别进行了变量相关性分析，详见表 10-17、表 10-18。

外生潜在变量测量模型中潜在变量相关性分析　　　　表 10-17

变量	精益决策设计 D1	精益生产采购 D2	精益运输管理 D3	精益施工装配 D4	精益项目组织管理 D5
精益决策设计 D1	0.566	—	—	—	—
精益生产采购 D2	0.403	0.616	—	—	—
精益运输管理 D3	0.459	0.436	0.520	—	—
精益施工装配 D4	0.431	0.443	0.336	0.565	—
精益项目组织管理 D5	0.45	0.501	0.413	0.359	0.571
AVE 的平方根	0.753	0.785	0.721	0.752	0.756

内生潜在变量测量模型中潜在变量相关性分析　　　　表 10-18

变量	进度绩效 P1	质量绩效 P2	成本绩效 P3	安全绩效 P4
进度绩效 P1	0.585	—	—	—
质量绩效 P2	0.476	0.552	—	—
成本绩效 P3	0.565	0.547	0.546	—
安全绩效 P4	0.525	0.522	0.409	0.634
AVE 的平方根	0.765	0.743	0.739	0.796

由表 10-17、表 10-18 可知，D1、D2、D3、D4、D5 之间以及 P1、P2、P3、P4 之间均具有比较显著的相关性，同时两个测量模型中各自对应的潜在变量两两之间的相关性系数均介于 0~0.6 之间，且其相关性系数均小于各自所对应的 AVE 的平方根，这说明五个外生潜在变量之间以及四个内生潜在变量之间均具有一定程度的相关性，这进一步表明两量表数据的区分效度较为理想，能够很好地适配两个测量模型。

4. 二级驱动因素及二级绩效指标之间的两两相关性分析

对依次选取的 23 个驱动因素和 16 个绩效指标进行了对应的相关性分析，绘制得到了如图 10-7、图 10-8 所示的相关性矩阵热力图。

由图 10-7 及图 10-8 可知，量表数据中的这 23 个驱动因素之间、16 个绩效指标之间均呈现出了一定程度且规范整齐的两两相关性。同时在这 23 个驱动因素两两相关和 16 个绩效指标两两相关的矩阵热力图中，分别聚类划分了相关性较强的 5 个相关性矩阵和 4 个相关性矩阵。这 5 个相关性矩阵对应 5 个一级驱动因素中所分别对应的二级驱动因素之间的两两相关

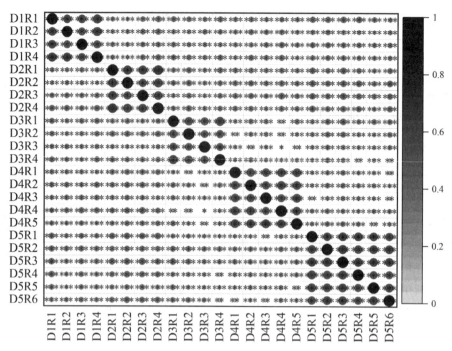

*$p \leqslant 0.05$ **$p \leqslant 0.01$ ***$p \leqslant 0.001$

图 10-7　二级驱动因素相关性矩阵热力图

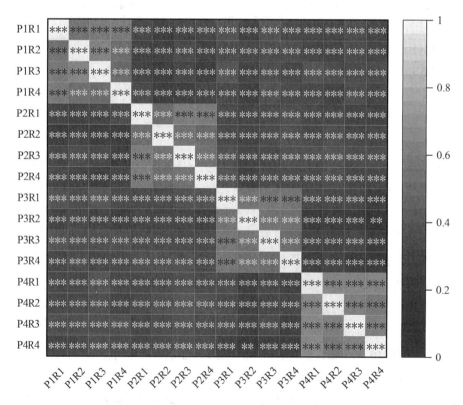

*$p \leqslant 0.05$ **$p \leqslant 0.01$ ***$p \leqslant 0.001$

图 10-8　二级绩效指标相关性矩阵热力图

性；同理，这 4 个相关性矩阵分别对应一级绩效指标中的 4 个二级绩效指标之间的两两相关性。这说明量表数据一致性较好，能够很好地体现本研究的科学合理性。

10.3.4　模型拟合

本教材模型拟合借助 AMOS 软件，采用最大似然法对模型参数进行估计，得到各项相关指标数据数值，详见表 10-19~ 表 10-21。

协方差与相关性系数的输出结果摘要　　　　　　　　　　　表 10-19

路径	S.E.	C.R.	P	相关性系数
D1<>D2	0.047	6.445	***	0.402
D1<>D3	0.044	6.884	***	0.460
D1<>D4	0.036	6.652	***	0.431
D1<>D5	0.044	6.946	***	0.449
D2<>D3	0.049	6.828	***	0.439
D2<>D4	0.041	6.978	***	0.443
D2<>D5	0.05	7.753	***	0.501
D3<>D4	0.035	5.400	***	0.337
D3<>D5	0.044	6.470	***	0.415
D4<>D5	0.035	5.874	***	0.360

注：1. S.E.：近似的标准误差；
　　2. C.R.：临界比值，其是参数估计值与标准误差估计值的比值，且当 C.R. 绝对值大于 1.96 时，则参数估计值达到 0.05 的显著水平；
　　3. P：显著性概率值，若 P 值小于 0.001，则 P 值栏的输出结果会以 "***" 呈现，反之，若 P 值大于 0.001，则 P 值栏的数值结果会直接输出。

方差摘要　　　　　　　　　　　表 10-20

指标	Estimate	S.E.	C.R.	P
D1	0.657	0.073	9.001	***
D2	0.869	0.084	10.344	***
D3	0.670	0.076	8.808	***
D4	0.477	0.055	8.704	***
D5	0.690	0.077	9.013	***
R1	0.218	0.029	7.633	***
R2	0.306	0.039	7.941	***
R3	0.222	0.030	7.322	***
R4	0.341	0.038	9.029	***
e1	0.425	0.039	10.786	***
e2	0.537	0.047	11.309	***

指标	Estimate	S.E.	C.R.	*P*
e3	0.515	0.041	12.621	***
e4	0.441	0.043	10.293	***
e5	0.345	0.036	9.573	***
e6	0.561	0.046	12.257	***
e7	0.570	0.047	12.203	***
e8	0.405	0.038	10.807	***
e9	0.446	0.043	10.399	***
e10	0.629	0.053	11.855	***
e11	0.654	0.052	12.649	***
e12	0.484	0.045	10.817	***
e13	0.367	0.031	11.966	***
e14	0.433	0.036	11.962	***
e15	0.513	0.042	12.301	***
e16	0.427	0.035	12.027	***
e17	0.475	0.041	11.524	***
e18	0.496	0.040	12.411	***
e19	0.349	0.028	12.251	***
e20	0.449	0.039	11.601	***
e21	0.456	0.035	12.852	***
e22	0.549	0.043	12.814	***
e23	0.478	0.037	12.800	***
e24	0.351	0.032	11.049	***
e25	0.449	0.039	11.457	***
e26	0.459	0.039	11.680	***
e27	0.462	0.037	12.489	***
e28	0.404	0.037	10.791	***
e29	0.492	0.039	12.569	***
e30	0.362	0.034	10.797	***
e31	0.431	0.037	11.605	***
e32	0.390	0.035	11.008	***
e33	0.566	0.046	12.395	***
e34	0.504	0.043	11.700	***
e35	0.445	0.037	11.937	***
e36	0.306	0.029	10.578	***
e37	0.351	0.031	11.478	***
e38	0.400	0.036	11.082	***
e39	0.368	0.031	11.829	***

路径系数摘要表　　　　　　　　　　　　　　　　　　　表 10-21

路径	非标准化路径系数	S.E.	C.R.	*P*	标准化路径系数
P1 ← D1	0.121	0.051	2.381	0.017	0.126
P1 ← D2	0.125	0.044	2.812	0.005	0.149
P1 ← D3	0.330	0.052	6.327	***	0.347
P1 ← D4	0.212	0.056	3.806	***	0.189
P1 ← D5	0.250	0.049	5.099	***	0.267
P2 ← D1	0.158	0.057	2.743	0.006	0.163
P2 ← D2	0.163	0.050	3.263	0.001	0.194
P2 ← D3	0.163	0.056	2.931	0.003	0.170
P2 ← D4	0.327	0.064	5.088	***	0.288
P2 ← D5	0.139	0.054	2.581	0.01	0.147
P3 ← D1	0.151	0.052	2.895	0.004	0.158
P3 ← D2	0.143	0.045	3.145	0.002	0.172
P3 ← D3	0.227	0.051	4.410	***	0.240
P3 ← D4	0.222	0.057	3.883	***	0.198
P3 ← D5	0.286	0.051	5.622	***	0.306
P4 ← D1	0.100	0.057	1.741	0.082	0.101
P4 ← D2	0.091	0.050	1.816	0.069	0.106
P4 ← D3	0.043	0.055	0.785	0.432	0.045
P4 ← D4	0.291	0.064	4.562	***	0.252
P4 ← D5	0.372	0.057	6.524	***	0.386
D1R1 ← D1	1.000	—	—	—	0.779
D1R2 ← D1	1.047	0.068	15.330	***	0.757
D1R3 ← D1	0.804	0.059	13.531	***	0.672
D1R4 ← D1	1.081	0.067	16.104	***	0.797
D2R1 ← D2	1.000	—	—	—	0.846
D2R2 ← D2	0.881	0.053	16.732	***	0.739
D2R3 ← D2	0.897	0.053	16.840	***	0.742
D2R4 ← D2	0.941	0.050	18.811	***	0.809
D3R1 ← D3	1.000	—	—	—	0.775
D3R2 ← D3	0.966	0.070	13.835	***	0.706
D3R3 ← D3	0.837	0.066	12.649	***	0.646
D3R4 ← D3	0.990	0.067	14.799	***	0.759
D4R1 ← D4	1.000	—	—	—	0.752
D4R2 ← D4	1.088	0.072	15.162	***	0.752
D4R3 ← D4	1.108	0.075	14.696	***	0.730

路径	非标准化路径系数	S.E.	C.R.	*P*	标准化路径系数
D4R4 ← D4	1.067	0.071	15.079	***	0.748
D4R5 ← D4	1.228	0.078	15.654	***	0.776
D5R1 ← D5	1.000	—	—	—	0.763
D5R2 ← D5	0.868	0.053	16.331	***	0.774
D5R3 ← D5	1.110	0.065	17.167	***	0.809
D5R4 ← D5	0.860	0.056	15.223	***	0.727
D5R5 ← D5	0.954	0.062	15.307	***	0.730
D5R6 ← D5	0.893	0.058	15.336	***	0.732
P1R1 ← P1	1.000	—	—	—	0.796
P1R2 ← P1	1.067	0.064	16.696	***	0.778
P1R3 ← P1	1.040	0.063	16.425	***	0.767
P1R4 ← P1	0.894	0.059	15.143	***	0.715
P2R1 ← P2	1.000	—	—	—	0.777
P2R2 ← P2	0.815	0.060	13.505	***	0.674
P2R3 ← P2	0.947	0.061	15.625	***	0.777
P2R4 ← P2	0.919	0.062	14.888	***	0.740
P3R1 ← P3	1.000	—	—	—	0.778
P3R2 ← P3	0.951	0.067	14.211	***	0.700
P3R3 ← P3	1.024	0.067	15.199	***	0.745
P3R4 ← P3	0.924	0.062	14.901	***	0.731
P4R1 ← P4	1.000	—	—	—	0.822
P4R2 ← P4	0.948	0.053	17.779	***	0.788
P4R3 ← P4	1.071	0.059	18.248	***	0.804
P4R4 ← P4	0.916	0.053	17.284	***	0.770

从表 10-19 可以看出，10 条路径对应的 C.R. 绝对值均远大于 1.96，P 值也都小于 0.001，且相关性系数均大于 0.3，具有一定程度相关性，在初始模型中添加的共变关系验证通过。

从表 10-20 的方差摘要表可以看出，方差均未出现负值，且 P 值显示"***"，即显著性概率值小于 0.001，因此参数估计的显著性检验验证通过，模型界定无问题。

此外，在进行模型评价前，需要进行"违反估计"判断。国外学者 Byrne 等人提出了模型出现"违反估计"的以下几个判别要点，即只要出现这几种情况，则认定为"违反估计"：

（1）误差方差值 < 0；

（2）标准化路径系数值 > 0.95；

（3）协方差间对应的标准化系数值 > 1；

（4）协方差矩阵或与之相关的矩阵不是正定矩阵。

根据表 10-19~ 表 10-21 中的相关系数数值信息可知模型满足标准要求。

10.3.5　模型评价

模型评价就是对模型适配度的检验，在模型适配度检验的研究上，国外学者 Hair 从指标类型上将模型适配度检验划分为绝对适配度指数测量、增值适配度指数测量以及简约适配度指数测量，基于此划分，整理了进行 SEM 模型适配度检验所需的评价指标及其适配的标准，见表 10-22。

SEM 模型适配度检验评价指标及其适配标准　　　　　表 10-22

指标类型	统计检验量	适配的标准或临界值
绝对适配度指数	χ^2 值	显著性概率值 $P > 0.05$（未达显著水平）
	RMR 值	< 0.05
	RMSEA 值	< 0.05，优良；< 0.08，良好
	GFI 值	> 0.90 以上
	AGFI 值	
增值适配度指数	NFI 值	> 0.90 以上
	RFI 值	
	IFI 值	
	TLI 值（NNFI 值）	
	CFI 值	
简约适配度指数	PGFI 值	> 0.50 以上
	PNFI 值	
	PCFI 值	
	CN 值	> 200
	χ^2 自由度比（CMIN/DF）	< 3.00
	AIC 值	理论模型值<独立模型值，且理论模型值<饱和模型值
	CAIC 值	理论模型值<独立模型值，且理论模型值<饱和模型值

结合研究实际情况和相关理论基础，组合选用评价指标。McDonald 和 Ho 提出了四项注意要点：一是评价指标的内在含义及选取原则尚无法得到现有严密的实际论证；二是评价指标的优劣无法定论；三是模型适配度检验评价指标的选取需要有相关理论支撑；四是模型适配度好坏程度很大概率受模型边界错误影响。因此，在对模型进行适配度检验时，应该结合理论实际及前人研究经验，科学合理地选取部分评价指标进行检验。本教材从表 10-14 选择 6 个评价指标，分别是：RMSEA、GFI、NFI、CFI、PNFI 和 CMIN/DF，检验结果见表 10-23。

SEM 模型适配度检验结果　　　　　　　　表 10-23

Model	RMSEA	GFI	NFI	CFI	PNFI	CMIN/DF
Default Model	0.025	0.909	0.908	0.979	0.823	1.267
Saturated Model	—	1.000	1.000	1.000	0.000	—
Independence Model	0.163	0.195	0.000	0.000	0.000	12.435

从表 10-23 可以看出，RMSEA 小于 0.05，GFI、NFI、CFI 均大于 0.9，PNFI 大于 0.5，CMIN/DF 小于 3，即这六项检验评价指标的数值均达到适配的标准要求，但是从表 10-21 可知，"P4 ← D1、P4 ← D2、P4 ← D3"这三条路径的 P 值大于 0.05，说明这三条路径的显著性检验未能通过，即 SEM 模型不是相对良好适配度的模型，因此需要对模型进行修正。

10.3.6　模型修正

在进行模型修正过程中，不仅要考虑模型参数显著性与模型检验结果，还要考虑模型修正的相关理论基础和实践经验。SEM 模型修正主要采用了通过删除驱动因素对绩效指标的不合理影响路径来提升适配度的修正方法。

从表 10-21 可以看出，"P4 ← D1、P4 ← D2、P4 ← D3"这三条路径的显著性检验未达标。装配式建筑项目安全绩效很大程度上受项目现场施工装配与组织管理影响，在逐条删除三条路径并一一检验之后，SEM 模型适配度检验以及所有路径显著性检验均顺利通过，具体结果指标见表 10-24。

SEM 模型修正后的适配度检验结果　　　　　表 10-24

Model	RMSEA	GFI	NFI	CFI	PNFI	CMIN/DF
Default Model	0.025	0.908	0.906	0.978	0.826	1.276
Saturated Model	—	1.000	1.000	1.000	0.000	—
Independence Model	0.163	0.195	0.000	0.000	0.000	12.435

从表 10-24 可以看出，经过对这三条不合理路径进行删除并相应检验后，SEM 模型各项检验指标也均合格，因此被确定为最终的 SEM 模型。经标准化估计得出的 SEM 模型标准化路径图如图 10-9 所示，其中路径线路上标准的路径系数表示路径之间影响关系的强弱程度。

10.3.7　模型假设检验结果

基于上述对模型修正的研究，对这前文提出的 20 个研究假设进行一一验证，见表 10-25。

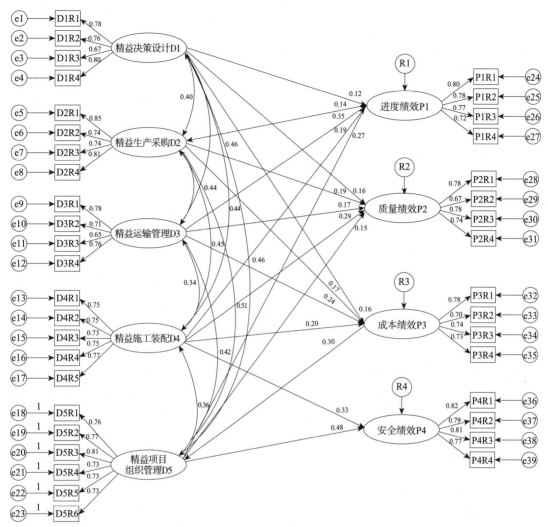

图 10-9 装配式建筑项目精益建造管理驱动机制 SEM 模型标准化路径图

装配式建筑项目精益建造管理驱动机制 SEM 模型的路径假设检验 表 10-25

研究假设路径	装配式建筑项目绩效指标	相关性	驱动因素	标准化参数估计值	S.E.	C.R.	P
H1	P1	←	D1	0.122	0.051	2.292	0.022
H2	P2	←	D1	0.157	0.058	2.634	0.008
H3	P3	←	D1	0.160	0.052	2.915	0.004
H4	P4	←	D1	—	—	—	—
H5	P1	←	D2	0.145	0.044	2.723	0.006
H6	P2	←	D2	0.188	0.05	3.15	0.002
H7	P3	←	D2	0.173	0.046	3.153	0.002
H8	P4	←	D2	—	—	—	—
H9	P1	←	D3	0.346	0.052	6.303	***

研究假设路径	装配式建筑项目绩效指标	相关性	驱动因素	标准化参数估计值	S.E.	C.R.	P
H10	P2	←	D3	0.169	0.056	2.897	0.004
H11	P3	←	D3	0.239	0.051	4.401	***
H12	P4	←	D3	—	—	—	—
H13	P1	←	D4	0.192	0.056	3.848	***
H14	P2	←	D4	0.293	0.065	5.141	***
H15	P3	←	D4	0.196	0.057	3.827	***
H16	P4	←	D4	0.332	0.059	6.476	***
H17	P1	←	D5	0.271	0.049	5.13	***
H18	P2	←	D5	0.153	0.054	2.66	0.008
H19	P3	←	D5	0.304	0.051	5.552	***
H20	P4	←	D5	0.484	0.052	9.029	***

由表 10-25 可以看出，除 H4、H8、H12 这 3 条被删除的假设路径检验不合格外，其余 17 条假设路径对应的标准化参数估计值、C.R.、显著性概率值 P 均达标，假设成立。

因此，H1、H2、H3、H5、H6、H7、H9、H10、H11、H13、H14、H15、H16、H17、H18、H19、H20 这 17 个研究假设均成立，至此假设检验结束。

10.3.8 模型结果分析

1. 潜在变量结果分析

在研究中，标准化路径系数常被用来定量化表示各个潜在变量之间、潜在变量与观测变量之间的关系，得到的具体结果见表 10-26。

SEM 模型中驱动因素对绩效指标的影响程度　　　　　表 10-26

受影响绩效指标	影响路径	标准化路径系数
进度绩效 P1	进度绩效 P1 ← 精益决策设计 D1	0.122
	进度绩效 P1 ← 精益采购生产 D2	0.145
	进度绩效 P1 ← 精益运输管理 D3	0.346
	进度绩效 P1 ← 精益施工装配 D4	0.192
	进度绩效 P1 ← 精益项目组织管理 D5	0.271
质量绩效 P2	质量绩效 P2 ← 精益决策设计 D1	0.157
	质量绩效 P2 ← 精益采购生产 D2	0.188
	质量绩效 P2 ← 精益运输管理 D3	0.169
	质量绩效 P2 ← 精益施工装配 D4	0.293
	质量绩效 P2 ← 精益项目组织管理 D5	0.153

续表

受影响绩效指标	影响路径	标准化路径系数
成本绩效 P3	成本绩效 P3 ← 精益决策设计 D1	0.160
	成本绩效 P3 ← 精益采购生产 D2	0.173
	成本绩效 P3 ← 精益运输管理 D3	0.239
	成本绩效 P3 ← 精益施工装配 D4	0.196
	成本绩效 P3 ← 精益项目组织管理 D5	0.304
安全绩效 P4	安全绩效 P4 ← 精益决策设计 D4	0.332
	安全绩效 P4 ← 精益采购生产 D5	0.484

基于表 10-26 的分类与整理，绘图以直观表现影响程度，如图 10-10 所示。

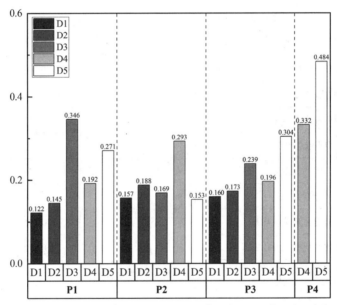

图 10-10 绩效指标（P1、P2、P3、P4）受各驱动因素影响程度多
因子分组柱状图

从图 10-10 可以看出，进度绩效 P1 具有正向影响的驱动因素中，D3 > D5 > D4 > D2 > D1；质量绩效 P2 具有正向影响的驱动因素中，D4 > D2 > D3 > D1 > D5；成本绩效 P3 具有正向影响的驱动因素中，D5 > D3 > D4 > D2 > D1；安全绩效 P4 具有正向影响的驱动因素中，D5 > D4。

2. 观测变量结果分析

根据前文分析，对装配式建筑项目精益建造管理实施的关键驱动因素进行了提取，然后对这些提取的关键驱动因素进行了内容分析。

（1）关键驱动因素提取

关键驱动因素提取基于标准化路径系数大小来进行。标准化路径系数对不同研究领域的结果影响相差较大,暂无标准界定。国外学者 Cohen 结合研究经验将标准化路径系数划分为大(0.3～1.0)、中(0.2～0.3)、小(0～0.2)三档,并要求视具体实际研究状况进行特定调整。结合研究实际,本教材将测量模型中各路径所对应的驱动因素进行因素层级分类,分别是:一级驱动因素(0.75～1.0)、二级驱动因素(0.7～0.75)、三级驱动因素(0～0.7),见表 10-27。

驱动因素测量模型路径及其路径标准化系数　　　　　　　　　表 10-27

驱动因素测量模型			路径标准化系数	因素分级
项目精准定位与精益评估 D1R1	←		0.780	一级驱动因素
项目产品市场需求精益识别 D1R2	←	精益决策设计 D1	0.756	一级驱动因素
构件与模具精益标准化设计 D1R3	←		0.674	三级驱动因素
项目实施方案模块化协同设计 D1R4	←		0.795	一级驱动因素
构件生产工厂标准化与准时拉动式 D2R1	←		0.846	一级驱动因素
准时按需精益采购 D2R2	←	精益生产采购 D2	0.738	二级驱动因素
精益完善的供应链管理 D2R3	←		0.742	二级驱动因素
降低生产采购成本 D2R4	←		0.809	一级驱动因素
降低构件运输距离及成本 D3R1	←		0.775	一级驱动因素
构件运输车辆专业化 D3R2	←	精益运输管理 D3	0.706	二级驱动因素
构件运输实时高效性 D3R3	←		0.646	三级驱动因素
精益化运输方案计划 D3R4	←		0.759	一级驱动因素
降低施工装配成本与消除浪费 D4R1	←		0.751	一级驱动因素
准时拉动式与模块化并行施工 D4R2	←		0.752	一级驱动因素
施工装配机械化与标准化 D4R3	←	精益施工装配 D4	0.730	二级驱动因素
装配式一体化精装施工 D4R4	←		0.748	二级驱动因素
精益化施工装配工艺与管理技术 D4R5	←		0.774	一级驱动因素
项目组织内部绩效激励机制 D5R1	←		0.763	一级驱动因素
项目组织精益文化与精益培训 D5R2	←		0.773	一级驱动因素
项目组织高层管理者支持 D5R3	←	精益项目组织管理 D5	0.808	一级驱动因素
项目组织信息沟通与共享 D5R4	←		0.726	二级驱动因素
项目组织人员素质与参与度 D5R5	←		0.728	二级驱动因素
项目组织目标效益驱动 D5R6	←		0.732	二级驱动因素

将划分为一级驱动因素的对应因素确定为所要分析的关键驱动因素,得到 13 个关键驱动因素,见表 10-28。

装配式建筑项目精益建造管理驱动机制关键驱动因素　　　　表 10-28

装配式建筑项目精益建造管理实施的关键驱动因素		标准化路径系数	因素分级
精益决策设计 D1	项目精准定位与精益评估 D1R1	0.780	一级驱动因素
	项目产品市场需求精益识别 D1R2	0.756	一级驱动因素
	项目实施方案模块化协同设计 D1R4	0.795	一级驱动因素
精益生产采购 D2	构件生产工厂标准化与准时拉动式 D2R1	0.846	一级驱动因素
	降低生产采购成本 D2R4	0.809	一级驱动因素
精益运输管理 D3	降低构件运输距离及成本 D3R1	0.775	一级驱动因素
	精益化运输方案计划 D3R4	0.759	一级驱动因素
精益施工装配 D4	降低施工装配成本与消除浪费 D4R1	0.751	一级驱动因素
	准时拉动式与模块化并行施工 D4R2	0.752	一级驱动因素
	精益化施工装配工艺与管理技术 D4R5	0.774	一级驱动因素
精益项目组织管理 D5	项目组织内部绩效激励机制 D5R1	0.763	一级驱动因素
	项目组织精益文化与精益培训 D5R2	0.773	一级驱动因素
	项目组织高层管理者支持 D5R3	0.808	一级驱动因素

（2）关键驱动因素分析

1）精益决策设计 D1

要在实际过程中促进装配式建筑项目精益建造管理的实施，首先就要在项目起始时对装配式建筑项目进行专业化、科学化的精益决策设计。根据相关政策、行业发展现状、规范标准等因素，结合专家的建议、所在地区的经济社会发展情况、装配式建筑潜在市场规模等因素，通过实践调研，深入了解用户实际需求信息，以提高用户对项目产品满意度为目标，实行模块化的并行协同设计模式，提高项目实施方案设计效率与质量。

2）精益生产采购 D2

在精益决策设计的基础之上，对装配式建筑项目实施精益化的生产采购管理。通过采用工厂标准化与准时拉动式的精益模式，以客户所需的构件生产需求订单来拉动预制构件生产供应商采取大规模工厂化与规范标准化生产方式进行按需准时生产，最终推进装配式建筑项目精益建造管理的实施。此外，降低生产采购成本也是又一关键因素。

3）精益运输管理 D3

装配式建筑项目实施中最重要的环节之一就是预制构件运输管理，通过降低构件运输距离及成本、制定精益化运输方案计划可以极大地推动精益建造管理思想在装配式建筑项目中的实施与应用。

4）精益施工装配 D4

从生命全周期过程来看，为了保证装配式建筑项目实施精益建造管理的顺利推进，就需要在施工装配这个重要关键环节进行精益化管理。降低施工装配成本并消除浪费、采取准时拉动式与模块化并行施工的创新方式、采用先进专业与精益化的施工装配工艺与管理技术，都是推进装配式建筑项目实施精益建造管理的有效措施。

5）精益项目组织管理 D5

在项目组织内部实行相应的激励制度，可以提升项目组织内部人员在推进装配式建筑项目过程中实施精益建造管理的热情与动力。项目组织精益文化和精益培训以及项目组织高层管理者对装配式建筑项目实施精益建造管理方式的支持非常重要，深入项目管理实践与项目组织人员共同推进精益建造管理思想在装配式建筑项目中的落地与应用，那么其展现出来的重视支持力度将是推进装配式建筑项目实施精益建造管理的重要顶层驱动力量。

10.4 装配式建筑精益建造绩效管理的绩效强化路径

10.4.1 装配式建筑项目绩效指标强化整体路径

由前文可知，首先需要强化和提升的就是装配式建筑项目的成本绩效 P3，大致路径顺序为：精益项目组织管理 D5 →精益运输管理 D3 →精益施工装配 D4 →精益生产采购 D2 →精益决策设计 D1；接着就是质量绩效 P2，对应的强化质量绩效 P2 的大致路径顺序为：精益施工装配 D4 →精益生产采购 D2 →精益运输管理 D3 →精益决策设计 D1 →精益项目组织管理 D5；然后就是进度绩效 P1，对应的强化进度绩效 P1 的大致路径顺序为：精益运输管理 D3 →精益项目组织管理 D5 →精益施工装配 D4 →精益生产采购 D2 →精益决策设计 D1；最后就是安全绩效 P4，对应的强化安全绩效 P4 的大致路径顺序为：精益项目组织管理 D5 →精益施工装配 D4。接下来，将从精益决策设计、精益生产采购、精益运输管理、精益施工装配、精益项目组织管理这五大驱动因素层面促进装配式建筑项目实施精益建造管理的具体路径措施。

10.4.2 强化精益决策设计促进装配式建筑项目实施精益建造管理

1. 强化项目精准定位与精益评估

在前期决策设计阶段，根据相关政策、装配式发展现状、技术发展水平等因素科学精准定位与精益化评估，提高所实施的装配式建筑项目绩效。

2. 加强项目产品市场需求精益化识别

从客户的需求出发，通过精益决策设计对装配式建筑项目产品市场需求进行有效精益化识别是项目具体展开的前提和基础。在前期对项目进行精准定位和精益评估的基础之上，找准项目产品需要发展与改进的市场需求方向，在做到成本最小化的基础上，实现项目产品质量提升与市场需求满意度最大化的目标。

3. 加强项目实施方案模块化协同设计

装配式建筑项目包含了从设计、生产采购、运输、施工装配等阶段的各方参与利益主体，参与主体较多且复杂，需要相应提高各方协同能力与整体性，而这与装配式建筑项目实施方案模块化协同设计密不可分。结合精益建造管理思想中的并行工程理论，在项目设计阶段，各专业和各单位相互配合，协同参与整个项目实施方案设计，在满足设计需求、提高设计效率的同时，也保证了装配式建筑项目实施质量及成本节约。

10.4.3 强化精益生产采购促进装配式建筑项目实施精益建造管理

1. 实施工厂标准化与准时拉动式的构件生产管理

预制构件及模具部件的统一标准化，并采用工厂化方式进行准时拉动式生产是促进装配式建筑项目有效实施精益建造管理的重要驱动力与鲜明体现。将所需要生产的预制构件及相应模具统一成固定的模数标准，按照市场需求原则，将实际需求和生产标准发送至规模化生产工厂，生产工厂以收到的订单信息为驱动，自动化高效批量加工生产所需的预制构件，从而提高整个装配式建筑项目进度效率，降低进度延误风险，同时也保证了装配式建筑项目产品质量。

2. 加强精益生产与采购，降低生产采购成本

传统的生产与采购管理模式忽视了构件部品的生产实时进度和各种原材料物资及产品的需求变化，同时也缺乏与上下游供应商之间的战略交流与合作以及柔性和对生产采购需求的快速响应能力，这也使得我国装配式建筑项目在实施过程中生产采购成本较高。而结合精益建造管理思想，加强精益生产与采购，可以有效地降低当前装配式建筑项目实施过程中的生产采购成本，提高装配式建筑项目整体成本绩效水平。具体主要包含以下两个方面：

（1）建立需求驱动的订单拉动式生产采购管理机制。按照需求导向，及时与各供应商进行需求信息共享与交流提高生产采购的成本绩效水平。

（2）加强生产采购管理环节的外部战略资源管理。要建立市场化生产采购管理机制，提高生产采购的柔性和市场变化的及时响应能力，加强与各供应商的信息交流与相互协作，建立稳定可靠的供应链管理体系和产品供需合作模式。

10.4.4 强化精益运输管理促进装配式建筑项目实施精益建造管理

1. 完善生产产业链布局，降低构件运输距离及成本

降低成本是装配式建筑项目实施精益建造管理的重要目标，而预制构件的运输成本则是影响整个装配式建筑项目成本的重要方面，预制构件生产基地距离施工现场的距离很大程度上影响着运输成本。因此，需要根据各地区装配式建筑项目计划实施与开工情况，充分考虑运输交通线路与运输距离等因素，结合精益建造管理思想，按照市场需求就近原则，合理布局装配式建筑预制构件生产产业链，充分考虑相对合理的运输半径，缩短运距，从而降低预制构件运输距离及运输成本。

2. 制定和完善精益化运输方案计划

精益科学的运输方案计划是实现预制构件高效运输，节省运输时间的重要保障，也是装配式建筑项目实施精益建造管理的重要驱动策略。预制构件在运输前，需要与装配式建筑项目施工装配现场的施工方进行充分沟通，根据施工装配现场的吊装计划，结合精益思想，科学制定精益化的预制构件运输方案计划。同时结合实践需要，对运输方案计划进行完善，以

实现预制构件实时动态运输，提高运输效率，保证构件运输过程中的质量，提高装配式建筑项目整体绩效。

10.4.5 强化精益施工装配促进装配式建筑项目实施精益建造管理

1. 不断持续改进，降低施工装配成本与消除浪费

目前装配式建筑项目的施工装配成本仍然较高，且由于在建造过程中仍实施传统粗放型管理模式，致使装配式建筑项目在实施过程中存在着很多难以消除的浪费现象。而精益建造管理就是在保证建设项目质量和安全前提下，以尽可能短的工期，最少的资源，实现成本最小化和零浪费，达到预期工程价值最大化目标。

2. 开展实行准时拉动式与模块化并行施工

准时拉动式施工要求供应商按照施工装配现场的市场需求导向准时供应装配式建筑项目施工现场所需的预制构件及各种原材料等物资，通过前后工序的拉动式来促进装配式建筑项目的施工装配过程，尽可能减少库存，减少施工过程中的浪费。模块化并行施工则是根据装配式建筑项目的特点，结合精益建造管理思想，采用模块化施工和并行工程作业施工的方式，提高装配式建筑项目施工装配进度效率和产品质量，缩短工期和减少成本，从而提升装配式建筑项目绩效。因此，通过采用准时拉动式与模块化并行施工方式来促进装配式建筑项目实施精益建造管理，以此来强化装配式建筑项目绩效。具体表现在以下两方面：

（1）建立准时施工体系，采用拉动式管理模式，实施准时拉动式施工。首先，保证供应链的稳定可靠；然后，构建信息化的管理系统平台，实现精益采购，降低施工延误风险；其次，以订单需求为导向，制定科学合理的生产计划和具体施工装配顺序计划，实现项目实际需求来拉动装配式建筑项目整体施工装配，从而降低了施工装配中的浪费，提高了施工装配效率，也满足了项目的实际需求。

（2）采用模块化与并行工程方式进行施工。根据装配式建筑项目的特点，采用模块化方式，将装配式建筑项目划分为各个独立的模块单元，并交由预制工厂完成各模块单元制作后，运输至施工装配现场进行组装，提高了整个建造效率，也可以保证建造质量；同时，在施工装配中，结合精益建造管理理论，采用并行工程的施工方式，实施扁平化组织管理，各工作面交叉融合线性作业，各专业人员相互协作，及时对各工序的实时进度、成本费用等信息进行沟通和共享，共同解决问题，从而提高了装配式建筑项目整体绩效。

3. 实施应用精益化施工装配工艺与管理技术

精益化施工装配工艺与管理技术是装配式建筑项目实施精益建造管理的必要手段。在装配式建筑项目施工装配过程中，要应用精益先进的工艺对预制剪力墙、预制叠合楼板、预制楼梯等各预制构件进行施工安装，相应借助 BIM 技术、吊装定位技术等提高安装精度，保障预制构件施工装配的质量。同时，根据实际，运用远程视频监控系统和大型设备工况监测等通过网络视频监控技术以及物联网技术实时动态地对施工装配现场状况以及机械设备运行状态进行监控与监测，便于实时掌握进度动态。此外，要结合精益建造管理思想，运用末位计

划系统、全面质量管理、6S 现场管理、看板管理、标准化作业等管理方法和技术，促进施工装配的精益化管理，降低施工装配成本以及安全风险，实现装配式建筑项目最大化价值，提高装配式建筑项目整体实施的绩效水平。

10.4.6　强化精益项目组织管理促进装配式建筑项目实施精益建造管理

1. 完善内部绩效激励机制，激发参与实施热情与动力

项目组织内部绩效激励机制是推动装配式建筑项目实施精益建造管理的关键驱动因素。因此，项目组织在装配式建筑项目实施精益建造管理的过程中，可以在项目组织内部制定绩效激励制度以激励项目人员积极适应装配式建筑项目精益化管理变革，激发项目人员参与精益建造管理实施热情与动力，促进精益建造管理在装配式建筑项目中的实施。主要包含以下两个方面：

（1）通过对项目人员或团队组织采取经济激励的方式，促进项目人员参与装配式建筑项目精益建造管理实施热情。比如，可以通过提高项目人员的各种福利补贴、岗位薪资、绩效薪资等直接经济激励方式来提升项目人员对精益建造管理在装配式建筑项目实施中的接受度和认可度。

（2）通过对项目人员采取职位晋升与荣誉授予的激励方式，促进项目人员推进精益建造管理在装配式建筑项目中的实施。具体而言，可以对积极在装配式建筑项目中实施精益建造管理以及进行精益建造管理技术创新的项目人员进行相应的荣誉授予激励，激发项目组织人员参与精益建造管理实施的热情与动力。

2. 培育精益建造管理文化，开展项目人员精益建造管理培训

精益建造管理为装配式建筑项目带来的不仅仅是项目组织管理方式的变革，同时也是项目组织管理文化的变革，因此，在推进装配式建筑项目实施精益建造管理的过程中，必须对项目组织文化进行精益化管理变革，即在项目组织内部培育精益建造管理文化。具体表现在，可以通过推广宣传、教育倡导以及利用模范人物等方式，循序渐进和潜移默化地提升精益建造管理在项目人员心目中的接受度，并逐渐形成先进精益、持续改进的价值观念，同时塑造积极的精益建造管理奋斗精神，调动项目人员积极性，提高项目组织人员团队协作的凝聚力和向心力，使装配式建筑项目精益建造管理理念的采用深入人心，提升项目组织全员在装配式建筑项目中实施精益建造管理的执行力与效率力。

此外，项目人员是实施精益建造管理的重要核心与执行者，因此，需要对项目人员进行精益建造管理培训，提高标准化管理、精细化施工等关键能力与素养。可以根据装配式建筑项目各阶段环节的工作内容和实际特点，根据各岗位与专业不同，制定各岗位环节负责人员的工作内容与流程组织的培训计划，结合组织标准化管理思想与原则，对项目组织人员的工作基本与核心技能、管理方法、关键工作进度节点以及精益建造管理实施的内容、要点以及方法经验进行详细讲解与展示，推进装配式建筑项目过程中精益建造管理的实施。

3. 发挥高层引领示范作用，加强高层管理者推动与支持

作为一种先进的管理方式，精益建造管理要想在装配式建筑项目中深入推进与实施都必须从组织层面上得到高层领导的大力支持与推动，项目组织高层管理者对精益建造管理在装配式建筑项目中的实施和采纳态度，也直接影响项目基层人员对装配式建筑项目实施精益建造管理的重视程度。因此，项目组织高层管理者的大力推动与支持，对整个装配式建筑项目的实施项目组织层面对待精益建造管理的态度有非常重要的影响。具体的实施做法有以下两个方面：

（1）项目组织高层管理者要在实际工作过程中不断学习和掌握精益建造管理思想，并在装配式建筑项目实践中全力推进精益建造管理的实施与应用，同时发挥模范带头作用，与时俱进，不断加强对精益建造管理思想理论及专业技术的学习，注重专业技术与知识技能的培养，并深入实地调研和了解装配式建筑项目精益建造管理的实施与应用状况，将理论知识付诸实践工作中，形成高层管理者带头作用放大效应。

（2）项目组织高层管理者要在组织内部设置相应机构，开展精益建造管理的思想理念、方法技术以及装配式建筑项目实施精益建造管理优势等方面的培训与宣传，同时也需要从人力、资金、物资、管理规章制度等方面为项目人员在推进装配式建筑项目实施精益建造管理过程中提供必要支持，确保精益建造管理的顺利实施。

第 11 章　装配式建筑精益建造管理体系及推进策略

11.1　装配式建筑精益建造管理体系的主要内容

总体来说，精益生产建造体系的应用，可以有效地减少施工时间、提高产品合格率、缩短研发周期，实现科学建造生产，并且随着精益建造建筑施工方式的研究和改进，精益建造体系也会不断完善，在应用中可以发挥更大的作用。一些建筑单位在认识到这一理念的优势后，对原本的建筑理念和建筑模式进行了变革，提高了建筑单位的建筑产品生产效率，为自身的发展带来了更多的优势。其主要内容包括以下四个方面：首要任务、有效载体、支撑平台以及资源保障。

11.1.1　首要任务：消除浪费

消除浪费是装配式建筑精益建造管理体系的重中之重，消除浪费从多方面入手，其中对任务的管理是最主要的。任务管理，指的是根据合同内容确定具体建筑方案的管理形式。在进行任务管理时，首先，要改变传统的建筑管理理念，并根据制定的相应规则，严格制定管理中的每一环节；其次，根据客户的需求变化，对施工建筑方案进行合理的设计，并在设计中借鉴多方面经验和案例，不断优化设计方案，切实满足客户需求；再次，将合同作为施工建造的依据，严格按照合同的内容执行每一环节，确保施工单位可以在规定的施工期限内，保质保量地完成施工任务；最后，利用合同对施工单位进行约束，施工合同涉及的内容较为全面，既包含了具体的施工项目内容，又包含了惩罚和薪酬等内容，因此，在进行施工建设时，合理利用合同，可以起到一定的监督作用。

对于装配式建筑工程成本的控制，则是从以下三个方面入手：

（1）制定完善的施工制造标准。在装配式建筑行业飞速发展的今天，装配式住宅的应用前景更加广阔，有关部门应该加大对于装配式建筑的重视程度，这并不是一项无用的技术，装配式建筑技术在发达国家已经运用得十分成熟了，可以吸取发达国家有关装配式建筑的成功经验，促进我国的装配式建筑行业快速发展。当然，在借鉴国外先进的管理经验和管理模式的同时，也要因地制宜，根据我国装配式建筑实际的发展情况，取其精华去其糟粕，将适合我国未来发展情况的管理经验和管理模式应用到我国装配式建筑的发展中。大力推进装配式住宅的接受度，就要使人们从心底里去关注装配式建筑住宅。有关部门应该不断根据市场需求进行相关政策和行业规范的健全，为了进一步普及装配式建筑技术，有关部门要结合实际情况健全法律法规以及行业建筑质量规范，例如在制定相关的行业规范时，要明确装配式建筑施工中的混凝土标准与传统建筑施工中的混凝土标准规范有何区别。

（2）积极采用新型设计技术。想要更快更好地解决装配式住宅的设计和施工问题，并且不留下安全隐患，相关人员就需要不断地强化新型装配式建筑技术的应用。在目前的建筑行业中，BIM 技术的广泛应用已经初见成效，这一新型技术对于建筑项目工程队进行施工和设计提供了极大的技术水平保障，使得一线的施工管理人员可以在第一时间内将材料和施工过程综合管理，将各个施工环节紧密地结合在一起，现阶段可以将 BIM 技术同装配式建筑技术紧密地结合在一起，达到相互促进的目的，进一步将我国建筑工程施工技术水平提升到一个新高度，按照这样的思维模式去积累与装配式建筑有关的技术知识，从而进一步提高自身的技术水平。

（3）严格控制施工材料成本。装配式建筑成本和工程造价过高的根本原因在于建筑原材料的价格过高，只有将原材料使用成本降下来才能从根本上解决问题。举例来说，生产厂商控制成本的过程可以在材料进场时，就将材料的装车卸车进行规范化，以确保在工厂内部不会产生额外的占地，进而可以有效地避免因为材料堆放所产生的额外费用，使得材料从进场卸货到离场紧密配合，极大地提升工厂的工作效率，从一点一滴的细节中提升效率。在运用 BIM 技术的基础之上，施工单位的采购部门和监督管理部门的管理人员必须做到对施工材料的动态成本管理，这样即使是在实际工程进度展开之后，可以第一时间对总体材料的成本加以控制，如若装配式建筑行业想要尽可能地跟上新时代的发展步伐，不仅仅要注重设备引进以及人才培养，还应该注重建立完善的装配式建筑构件生产管理机制，进而建立起一套行之有效的生产质量管理规范。

11.1.2 有效载体：流水生产方式

对于装配式建筑来说，流水生产方式的完善可以极大地提升其效率。流水施工是工程项目施工管理中较为有效的科学组织方法之一，其本质特征与目标是最大限度地实现专业工作队的连续作业、工作面的连续利用及资源供应的均衡化和节奏化。为体现上述特征及实现上述目标，在确定流水组织方案时，具体主要应注重以下七个部分。

（1）生产线（设备）布置：按工序进度进行设备种类配置；依据生产的需求合理配置设备数量，设备布局形式以 U 字形为首选方案，作业方向应统一，设备间距尽量缩小。

（2）工序间在制品的物流存储：存储场地原则上应集中生产现场；明确在制品的最大存储量与最低订货量；明确存储方式与配置相应的物流设备。

（3）工序内在制品的物流存储：实行单件（小批）、一个流传递的原则；明确存储位置与存储量；配置相应的物流设备。

（4）生产线物料（零部件）供应：采用多频次、少批量、准时制的原则，确定供货存储区域、存储量、供货物流规则，设置供货物流设备。

（5）生产作业方式：依据生产节拍实行一人多序的方式生产。

（6）人员配置：实行人机作业时间分离原则，作业循环时间应为恒定，作业内容应是重复作业。

（7）生产计划：依据各工序生产能力与生产节拍指示生产量与进度；在销售计划与生产计划进行整合的前提下，实施"平准化"原则。

装配式施工的网络穿插提效作业计划体系，在单层循环装配工序基础之上，将结构、粗装、精装三个施工阶段无缝衔接，形成总控计划。在进度管理中更重要的意义在于物资采购及分包进场的前导。

11.1.3　支撑平台：BIM 技术

BIM 技术的应用也是十分广泛，在施工准备阶段、安全管理、质量管理、进度管理以及前面所说的成本管理中皆有所应用。想要实现装配式建筑精益建造与 BIM 技术的有效结合，首先要构建依托 BIM 技术的信息管理平台。结合工期要求选择对应的 BIM 模型分析汇总相关项目建造信息，并及时将工程量计算结果转换成电子表格，便于精益项目管控更高效地开展，管控效果更直观地展现。BIM 信息平台的构建有助于强化装配式建筑项目各参与主体之间的作业协同，而各参与方的密切配合正是实现并行工程和构件准时生产的关键前提。BIM 信息平台的搭建能够使项目信息的高度集成管理成为现实，借助与时间进度和成本费用深度关联链接后形成的 5D-BIM 模型，能够集成整合装配式建筑项目的进度、成本、质量和物料消耗等方面的信息数据，实现施工集成管理，为装配式建筑精益建造的顺利实施奠定基础。

1. 施工准备阶段

在装配式建筑前期准备阶段，BIM 技术可以对节点进行优化，同时可以进行碰撞检测。BIM 技术可以提供一种网络协同平台，在同一个施工模型中对施工方案进行模拟，从而呈现出三维图像，为节点的具体优化提供支持。在传统的图纸审核过程中，对二维图纸进行审核存在较多问题，包括漏洞较多以及效率较低等。

同时，也可对技术重点难点进行预分析。通过 BIM 技术的模拟功能与可视化功能，建筑施工的整个过程都可以被直观地呈现出来；且在应用 BIM 技术还原施工现场的关键进度及相关工序时，智能化的操作系统会重点展现技术重点和难点。在可视化呈现的基础上，工程人员可以对不同的施工计划以及施工方案进行比对，从而选择效益最高的施工方案。在对重点和难点技术进行展示的过程中，BIM 技术可以构建深化模型，从而实现对技术的深入分析，为科学决策提供支撑。

2. 质量管理

首先，协助制定预防性质量控制方案。在施工前期利用 BIM 技术进行工程建模的基础上，可以实现对施工图纸的优化与深化设计，并对施工模型进行调整。基于此，可以形成有效的质量预控方案。针对施工过程中可能会出现的问题进行方案制定，需要严格地遵循模型调节要点，并在质量控制平台上建立质量问题预控对策库，为实际质量管理提供信息化和精准化支持。

其次，可以协调多项工程专业技术。在装配式建筑施工过程中，会涉及较多的专业施工技术。在对装配式建筑进行施工质量管理时，要关注对专业施工技术的管理，要提高专业施工技术之间的协调性，避免出现各个工序之间的冲突。BIM 技术本身就可以进行自身的自动化检测，其中最重要的在于管线碰撞检测。在每一个施工工序执行之前，都要进行必要的管线碰撞检测，要及时发现管线碰撞问题，并且在实际的施工中，针对可能出现的管线碰撞后的调整，预留返工施工空间。

最后，可以通过自动化分析工程应力系数以及 BIM 技术与 RFID 技术的结合对预制构件进行全面管控。

3. 安全管理

对装配式建筑进行施工，需要重视施工安全。在施工时，要借助 BIM 技术对工程安全进行全面的管理。安全管理一直以来都是建筑行业的重中之重，安全管理不仅关系到现场施工的安全性，会直接或间接威胁到人或财产的损失，对工程质量管理、进度管理、成本管理都有重要影响。在进行具体的施工安全管理时，装配式建筑由于自身施工方式的特殊性，在装配式构件生产、运输、吊装施工过程中，无论是作业人员还是构件本身，都需要强化安全管理。通过 BIM 可以构建以安全管理要求为导向的信息模型，这就包含主体结构模型、高空作业防坠落保护模型、塔式起重机安全管理模型等。结合 Navisworks 软件，实现对各类子模型的碰撞检测，精准发现不合理之处，据此可采取针对性的施工安全管理措施。全面开展 BIM 技术的有效应用，如可以进行现场模拟，对于可能发生的安全事故进行深入分析，并且制定出有效的应急预案，做好人员的演练，按照要求进行技术和安全的交底，对施工人员进行安全培训，使得施工人员对于安全知识有着充分的理解，能够有序地开展各项施工工作，防止存在质量、安全等问题，提高施工速度，促进综合效益的提升。精细化的安全管理，不仅提升了项目整体的安全文明施工水平，防护布设科学合理，整齐美观，还进一步提升了装配式建筑项目标准化管理的程度。

11.1.4 资源保障：全生命周期管理

BIM 技术的诞生，给装配式建筑的全生命周期管理带来了最稳定的技术支持，有利于装配式建筑的全生命周期管理的实践。BIM 技术将项目中的单构件作为基本的元素，将对这个基本元素质量性能、设备性能、施工要求、成本数据等的描述和信息进行结合，构建出一个具备数据化特征的建筑信息模型。各个数据之间共同维持着整个建筑物的空间和组织关系，由此形成一个既有层次又完整的信息管理系统。BIM 技术从根本上改变了建设信息以前的创建方式和过程，它使建设项目从一开始就利用数字信息化，进行所有信息的管理和实时共享，真正地实现了项目的全生命周期管理。

BIM 的创建是融合了多种与建筑相关的信息，它使前期设计人员的设计资料、建筑施工人员建筑的信息和管理信息存储在同一个数据库中，有效地避免了以前经常发生的设计、施工和管理信息存储在不同的数据库，造成严重的交流沟通障碍，影响施工正常进行的情况，实现了所有人群的信息实时共享。不同专业的施工人员在全生命周期中，可以根据自身的实际需求和不同的情况，选择 BIM 中的有关数据信息，以此在最大限度内满足施工、管理等的需求，除了可以在 BIM 中获取到需要的信息之外，不同专业的施工人员还可以在 BIM 中创建与本专业相关的最新信息，实现与其他专业之间的信息共享。通过 BIM 可以使建设工程项目中的各个环节紧密地联系在一起，确保整个建设项目各个专业之间可以进行协同配合，提高工作效率和建设质量。

11.2　装配式建筑精益建造管理体系架构

在建筑行业中，即便建筑企业中不同的生产成果相互独立，但在生产模式方面存在很大的一致性。并且在生产中，即便是一些已经重复过很多次的生产步骤，施工时也会存在很多的不确定因素，这就导致施工项目在施工中存在更多的不确定性。而在应用了精益建造体系后，建筑单位的施工方式得以改进，提高了对施工中各种因素的协调能力，减少了施工中存在的问题。精益建造体系应用在建筑成本控制、节能环保等方面，还可以进一步提高建筑工程的施工效果。可见精益建造体系的这种管理模式的应用，可以优化工程施工，而这种管理模式在应用中，具体可以分为以下几种形式。

11.2.1　装配式建筑精益建造流水线生产管理

装配式建筑精益建造流水线生产管理，即是对其在施工过程中的管理。在现代项目管理思想中，精益建造作为一种先进的建造体系，从 1992 年提出之后就引发许多学者的关注和探讨，其强调通过提高计划和控制的效率来确保施工项目的成功实施。最后计划者体系，简称LPS，是实现精益建造计划与控制的强有力方法，由最后一线工作者来编制计划，运用长短计划相结合来控制工作的完成。邓斌等证实了在项目计划和管理控制中 LPS 的运用可以提升项目的生产效率和稳定性。赵培等证明了 LPS 在提高计划的可靠性和控制工作流的稳定性等方面有着明显的优势。

但是在实际的项目计划和控制进程中，LPS 侧重于控制过程的持续改进和提高承诺的可靠性，缺少相应的方法对计划进行优化和预测。Kenley R 提出基于位置的管理系统，简称LBMS，可以利用大量的位置和生产率信息对施工进行控制，并且可以基于历史数据趋势对计划的执行进行预测及优化，对可能发生的问题提前发出预警。

LPS 整合计划和控制技术，不仅包含制定计划，而且也会根据项目的实际进展情况以"研讨会"的形式不断调整计划，从而更好地把握对项目的控制，使得施工管理过程中的计划与控制很好地融合在一起。LPS 计划体系包括主控计划、阶段计划、前瞻计划和周工作计划，不同层级和职能的人员按照施工过程的不同阶段依次编制计划并监督计划的实施。通过 PPC 分析及时掌握工作实施情况并对未完成工作进行根本原因分析，从而采取合理的纠偏措施。LPS通过对计划进行多级联式分解，重点强调底层计划的制定和实施的操作性。在主控计划阶段，通过创建里程碑事件明确需要做什么；阶段计划采用"拉"式计划明确应该做什么；前瞻计划定义可以做什么；最后对计划作出承诺来执行任务。同时，LPS 提供一个信息共享的环境，便于不同参与者进行合作讨论和相互学习，并且赋予一线工作者权利，使实际作业人员根据现场资源、环境条件，对工程项目作出最合理的工作计划。

而 LBMS 借助位置分解结构进行定义，模拟施工班组在不同位置上的流动，并且强调施工的连续性。LBMS 依托于精益建造，经过不断发展形成一种建设工程进度计划编制和计划控制的思想和技术方法，具有数据分析处理全面、注重资源优化、及时预测偏差等优点。LBMS 包含计划和控制两大系统。计划系统包括位置分解结构、任务定义、基于位置的工程量计算和逻辑关系搭接四个步骤。其计划的编制过程是：首先，根据位置分解结构对项目进行初步分解，将分解结果汇总在一起；接着进行任务定义，将不同位置上的同类型工作内容汇总在一起，其中一个任务中的不同工作内容所需的资源类型是一样的，但是工程量、施工班组、生产率等因位置的不同而存在差异；然后计算每个位置上的工程量，并且将该工程量与历史生产率数据相结合编制进度计划；最后，在基于位置的工程量的基础上，将工程量划归到某项任务之后就可以进行搭建不同任务之间的逻辑关系。

LBMS 的进度控制是对比分析实际进度和计划进度之间的偏差，并分析这种偏差可能产生的影响。在预测计划中，假设未来的施工会以与当前相同的生产率、计划的资源以及逻辑关系连续地进行，如果前一项工作的预测会影响后续工作的开展，就会产生一个警报。LBMS 尝试通过集中生产控制资源来阻止大量的延迟，通过纠正前一项任务的生产速率或者减慢后一项任务的生产速率来阻止这些警报的发生。在许多情况下，警报可以在问题出现的前两周给出，有足够的时间用于计划和实施纠偏行为。

精益建造强调对项目的计划与控制两个过程的有效整合，而 LPS 和 LBMS 两种方法在计划与控制方面所表现的侧重点不同，两者相辅相成，有着高度的互补性。

11.2.2　装配式建筑精益建造精益进度管理

建筑工程中涉及的管理模式类型有很多，不同类型的管理模式有着不同的侧重点，这就需要在进行建筑施工管理时，加强对不同管理模式的了解，然后将合适的管理模式应用在项目管理中。其中，进度管理作为一种重要的管理模式，在精益建造管理中，可以实现对进度的优化，提高建筑施工项目执行的有序性。

所谓进度管理是指站在进度的角度上对生产进行管理，与任务管理不同，其本质为软性管理，进度管理的目标不仅要形成一条可预测性、高效率的进度，同时还要将建设项目相关单位及其现场工作人员之间的协调工作做好。通常情况下进度管理需要在施工现场进行，而管理人员的工作地点在室内，这种情况下管理人员对现场实际情况就不是很了解，就会出现工作瓶颈。进度管理和任务管理不同，它的目标并不是要达到最好，其目的在于使各环节得到均衡。

进度计划的编制不是一蹴而就的，需要通过施工模拟反复检查模型，发现进度计划中的问题，更改完善进度计划。利用可视化功能，进度管理人员在工程项目施工过程中，观看虚拟建造过程，进而检查施工过程是否合理、工序逻辑关系是否正确、每项工作是否按计划执行以及最终的进度目标是否在计划工期范围内等。每一次模拟都是对进度计划的检查，如果发现施工问题或发现进度目标不合理，就不断调整计划，最终生成最优的进度计划。在具体应用时，首先，应从建筑进度着手，对建筑施工各项进度中的各个环节进行优化，提高执行能力和生产进度的科学合理性；其次，在进度管理中，精益生产可以在生产速度和生产质量方面，对建筑施工进度进行改进，这也是进行进度管理格外需要注意的环节；再次，在施工中为实现进度方面的精益管理，还应重视人的作用，实施人性化管理，也就是说，在施工中要使用一定的方式提高员工的积极性，做好对不同工作人员的协调管理工作，适当对施工人员和技术人员等进行素质技能培训，提高施工人员的工作能力，同时还要使用相应的监督手段对员工进行监督，降低施工中人为主观因素对施工质量等造成影响，确保工程中的每一环节可以顺利实现；最后，在进行进度管理时，为保证施工的有序性，还要做好各个施工环节和施工部门的联系工作，确保每个施工环节和施工进度都可以顺利做好衔接工作，提高施工的顺序性和进度管理的高效性。

精益进度管理体系主要包括总体计划体系、末位计划体系和进度计划保证体系三部分，具体的框架图如图 11-1 所示。在整个进度管理体系中，保证进度计划能够顺利完成，起决定性和关键性作用的是末位计划体系。

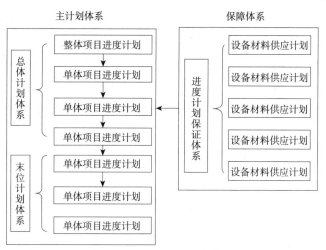

图 11-1　精益进度管理体系框架图

11.2.3　装配式建筑精益建造精益成本管理

精益建造下的成本管理就是基于精益建造思想，结合项目特点，在建筑施工过程中，消除浪费、创造价值、最大地满足客户需要的管理过程。精益成本管理体系的管理是依据精益思想，运用精益建造工具结合现有成本管理方法产生的管理体系，它注重过程和价值管理，发展并完善了成本管理研究。

精益建造下成本管理的特征：①系统性。目标不仅是降低成本，还要注重客户，满足其需求，因此，成本管理模式应从高层管理视角分析，这样使得管理更加全面系统化。②前瞻性。管理前期必须通过成本预测，规避后期可能出现的成本风险。③过程性。精益建造下成本管理是对产品从设计到成品的全过程的管理。④全面性。不仅包含各个管理人员，也包含参与建设的每个人员。并且从以下几个方面进行控制：

1. 装配式建筑精益设计成本管理

（1）设计阶段推行并行工程。并行设计作为一种系统化工作模式，可以对产品及其相关过程进行并行和集成设计。在装配式建筑设计阶段推行并行设计，强调各参与主体协同工作，各参与方分别派出技术人员组成临时项目组，并行解决设计阶段各专业因信息不对称而产生的设计冲突问题，尽可能在早期设计阶段发现并解决后续构件生产与装配过程中可能出现的问题，从而使设计成果最大程度符合后续各阶段的使用需求，减少设计变更，降低对后续生产带来的不良影响。

（2）运用 BIM 技术进行精细化设计。包括：运用 BIM 技术进行各专业协同作业，装配式建筑需要对预留孔洞和预埋构件进行精细化设计，因此设计内部不同专业之间信息的交流就显得尤为重要；运用 BIM 技术，构建 BIM 信息平台，方便不同专业之间的协同作业，不同专业的设计人员可以依据 BIM 平台信息实现本专业的技术标准和参数要求；运用 BIM 技术进行碰撞检查，装配式构件在工厂生产，然后运至现场装配，不可避免会出现构件之间的设计误差。运用 BIM 技术对预制构件进行精细化设计，通过建立的 BIM 模型进行碰撞检查及时发现相邻构件之间的设计冲突，找出设计过程中的疏漏，降低施工装配过程中因设计变更带来的费用；运用 BIM 技术进行标准化设计，在装配式建筑的设计过程中将不同样式和尺寸的建筑构件信息上传至 BIM 平台进行整合，建立预制构件的标准化族库，同时，运用 BIM 技术将各个族库中的标准化构件进行组装，增加装配式建筑样式的多样性，减少装配式建筑设计的时间和成本。

2. 装配式构件精益生产成本管理

（1）准时制生产。准时制生产是实现有序标准化生产的有效手段。通过对预制构件的产量进行适时控制，使构件的生产与供给具有合理的弹性，在保证满足订单进度要求的同时，尽量使库存最小，从而降低成品存储费用。通过保证原材料的准时供应，确保预制构件生产线连续生产，降低生产线间断生产造成的损失。

（2）精益供应链管理。包括：供应商的选择，确定供应商合作模式，供应商关系模式既有西方传统的以成本驱动的对抗模式，也有以日本为代表的长期合作型模式，在精益成本管理中长期合作型的伙伴式合作模式更受推崇；建立 BIM 信息共享平台，在预制构件的生产过程中，混凝土供应是否及时对预制构件的生产至关重要，通过建立混凝土供应商、构配件厂、施工单位三方信息的 BIM 平台，各方都将生产信息汇总于 BIM 信息平台中，实现信息的有效及时交换。供应商可以根据装配现场的进度和构配件厂的库存情况，确定生产进度，以补充供应防止缺货；构配件厂根据施工单位的信息调整生产进度，防止供应不及时的情况发生。

3. 装配式构件精益物流成本管理

（1）缩短构件运输距离。装配式项目在选择构配件厂时要把构件运输距离作为重要考察指标，合理选择距离项目较近的构配件厂，控制预制构件到装配现场的物流运输距离在100km 以内，以降低物流成本。

（2）加强构件运输保护。在运输过程中要加强运输环节的管理，挑选有预制构件运输经验的单位长期合作并及时向运输司机做技术交底，确保预制构件在运输过程中不产生破损。对于出厂装车时质量检查合格，但是进入装配现场后质量检查有缺陷的预制构件由运输单位承担责任。在运输环节明确细化权责，做好构件运输过程中的保护工作，确保成品构件产品质量。

4. 装配式构件精益装配成本管理

（1）最后计划者体系。改变传统的管理层编制计划推动项目实施的方式，采用"拉动式"生产模式，强调下级的主观能动性。在装配式建筑现场施工过程中，项目的进度、构件吊装、机械设备使用等主要计划由管理层制定。项目的周计划和日计划由基层作业班组根据具体施工进度制定。在现场装配计划执行过程中，基层作业班组将预制构件吊装过程的实际进度反馈至日计划及周计划，同时分析计划实施偏差的原因，如果发现进度计划不合理则及时调整日计划和周计划，调整后的日计划和周计划再反馈至主要计划，"拉动"项目进度、构件吊装、机械设备使用等主要计划的调整。

（2）5S 现场施工管理。在装配式建筑施工现场对于预制构件吊装和梁柱节点现浇的管理是一项复杂的工作。众多方面需要经过有效管理使其在一定的掌控范围内变化，精益建造中的 5S 现场施工管理正是对装配式建筑施工现场各个方面都行之有效的管理方法。

（3）制定合理预制吊装计划。预制构件运输至施工现场后如果不能及时吊装将会增加仓储费用。如果将现场施工进度与构件预制进度合理计划，制定的构件预制方案能够高效配合现场装配计划，在吊装前一天将本批预制构件运至装配施工现场，可以减少施工现场的仓储用地和仓储时间，降低仓储费用，也降低预制构件厂的仓储费用。

精益建造下成本管理的优势：①强调全体人员参与成本形成。它将成本分配到每个成员身上，并要求每个成员树立成本意识。②分配成本管理责任，并制定考核激励机制。精益建造下成本管理要求项目组织划分责任，进行成本的核算，制定合理的考核机制，并进行监督及反馈，消除浪费。③加强成本信息共享。精益建造重视全供应链的管理及信息共享，进而降低成本。精益建造下成本管理较传统成本管理而言，建立了以计算机技术为基础的信息共享平台，既重视项目内部的沟通，也重视企业间的沟通，降低浪费，还可以促进技术的提高。

对成本管理的方法有以下几种：

（1）目标成本法，"目标成本法"来源于日本。目标成本法是以市场为导向对产品进行利润计划和成本管理的方法。目标成本法先确定客户为之支付的报酬，回头设计能够达到利润要求的产品，因此可看出其管理的重点是产品前期研发及设计阶段，设计出能够产生期望利润水平的产品，而不是降低制造成本。该方法主要用于激烈的竞争环境，既适用于制造企业进行精益成本管理目标成本方法，也同样适用于建筑企业。

（2）作业成本法，即 ABC 成本法，即基于产品的经济、技术等特征，运用数理统计方法，进行分析，有区别的管理重点与次重点的管理方法。思想基础是"成本对象消耗作业，作业消耗资源"。该方法开始主要用于制造业，作业成本法与精益建造中的不浪费、不增值的原则是一致的，作业成本法在施工项目进行成本管理中同样适用。

此外，挣值法、全生命周期成本管理等方法也可以辅助精益建造进行成本管理。

精益成本管理是精益思想在成本管理中的具体应用，其精髓是追求生产全过程成本最小。与传统成本管理思想相比，精益成本管理思想更先进、方法更全面、更重视全过程成本管理。在生产全过程的设计、生产、物流、服务等各个环节不断消除不增值作业，杜绝浪费，对生产全过程进行标准化操作和持续改进，从而达到降低生产全过程成本、提高生产过程效率的目的。

11.2.4　装配式建筑精益建造精益质量管理

精益质量管理就是在对关键质量数据的定量化分析基础上，综合运用多种知识和方法，对关键质量指标持续系统改进，追求达到卓越标准，如 6 西格玛标准，实现显著提高企业质量绩效及经营绩效的目的。精益质量管理是企业提高经营绩效的重要战略。

（1）装配式建筑构件进行预制以及现场施工和组装对一线操作员要求的施工技术水平提出了很高的要求，他们必须具备合格的组装技能。同时，施工部门提供装配工作的专业知识和培训，只有施工操作员可以自由控制预制房屋组装过程中的一些困难并及时解决，因此，装配式房屋的整体质量可以得到更有效的改善。

（2）建筑装配零件从工厂交付时，建筑单位需要确认构配件的技术规格，并在通过质量检查后，才能发送相应的构配件。运输构配件时，必须考虑运输距离和运输量来进行计划运输。需要保护相关构配件免受磨损，将要组装的构配件运输到施工现场的组装地点时，在运输、存储、维护和保养所使用的构配件时必须小心，以防止碰撞和损坏组装的构配件。

（3）在现场组装建筑物时，必须根据建筑物的特性和实际结构来优化和改进结构单元和建筑物单元。组装和连接过程尽可能简单，但是简化的框架要确保建筑结构的完整性、安全性、稳定性和可靠性。有必要建立和不断完善装配式房屋的质量控制和质量控制体系，同时要更加注意建筑物的验收过程。

（4）为了促进装配式建筑物的发展和预制建筑物的普及，建筑和建筑部门从设计、施工和验收到预制建筑物采用更先进的技术管理方法和严格的质量控制标准，这是必要的。对生产过程进行严格、完整的控制，以确保预制建筑质量的稳定性，并有助于改善相关的建筑技术。

总的来说，以精益建造理论为指导方针，构建装配式建筑设计质量控制体系。在装配式建筑设计阶段，建筑设计与施工企业必须要与具体的建筑项目客户进行密切联系与沟通，对客户的实际意愿以及所提出来的各项要求有一个全面而又清楚的了解。另外，不同于传统一般建筑所表现出来的设计与施工两个阶段相互分离的模式特点，基于精益建造的装配式建筑设计需要将以往的设计模式由分离转变为合并，强调设计与施工两者之间的一体化，需要相关人员一起参与进来，执行装配式建筑的协同设计任务，相关工作的开展应对并行化工程加以采用，各部门一起合作与协商，最终达到设计环节最优化以及项目价值最大化的目的。

11.2.5 装配式建筑精益建造精益安全管理

工程项目的施工阶段是建筑物实体的形成阶段，也是人力、物力和财力消耗的主要阶段。要提高建设质量，最大程度发挥投资效益，就要在工程施工阶段加强工程建设的管理和监督，从而加强对工程项目建设的全方位、全过程的精益建造控制。在装配式建筑的施工安装阶段，应充分借助 BIM 技术，采用全面质量管理方法来实现构件安装的精益质量管理。在进行具体的施工安全管理时，要重视对施工现场的合理规划与布置。装配式建筑施工相对传统建筑较为复杂和专业，在进行施工之前和具体的施工过程中，必须强化对施工现场的模拟，了解工程主体结构的位置和安全施工要点，同时也要对施工的交通路线图有清晰地掌握，确保材料运输安全。而在具体的施工过程中，在进行安全管理时，则要关注施工现场可能存在的安全隐患，要加强防坠落管理以及防坍塌管理等。基于安全管理的要求，工程人员要善于将 BIM 模型与实际的工程施工结合起来，及时发现工程不同环节和不同部位存在的安全隐患，并有针对性地制定对策，实现装配式建筑施工安全的精益管理。

其中，构件安装是装配式建筑工程质量管理的关键环节，该阶段各类内外墙板的装配及灌浆连接、剪力墙钢筋和板缝的绑扎处理等项细节工作，都与工程质量的最终结果息息相关，需要提前制定涵盖构件进场管理、构件吊装操作手册和构件节点施工工艺规范化标准的质量控制体系，并及时将上述质量标准文件及附带的技术交底、操作指南、质量监督流程、质检表格等方面的信息内容上传输入 BIM 信息管理共享平台，运用 4D-BIM 施工进度模型和 5D-BIM 成本控制模型，对装配式建筑工程项目质量、进度和费用实施综合一体化管理。

11.3 装配式建筑精益建造推进策略

与传统的建筑方式不同的是，装配式建筑有着很多的优点，并且为了适应社会发展的要求，应不断完善装配式建筑所存在的缺陷，从而促进装配式建筑进一步发展，并完善相关的法律规定，制定合理的发展计划，进一步完善建筑业的结构体系。而对于一些科研机构来说，应提高在建筑设计上的研究，同时，对装配式建筑进行深入研究，并利用装配式建筑所具有的特征，促进装配式建筑的发展，进一步推动建筑业进步，使装配式建筑在市场上占据一定的地位。

11.3.1　全生命周期精益化管理

装配式建筑精益建造实现从设计、施工到运维的全生命周期信息化管理。具体从以下几个步骤进行体现：

（1）三维建模。在该项目中，设计人员需要先结合工程实际设计出二维平面图纸，而后经由 BIM 中心，建立设备、管线等模型，这里主要使用的是 Revit Architecture 和 Revit MEP。在实际构建模型的过程，需要明确建模顺序。首先，需要建构出建筑结构模型，包括整体轮廓、出入口、通风口等重点区域。其次，构建管道、设备模型，按照要求，将管道和设备布置在对应的位置上。最后，呈现出三维整体模型效果。在 BIM 技术作用下，可以通过虚拟模型实现工程整体可视化，有助于实现建筑整体的任意角度分析，对相关人员挖掘隐蔽工程具有重要作用。与此同时，在三维可视化模型的基础上，也促进了业主、设计、施工等各方的参与、沟通，对工程项目设计效果起到了积极影响。

（2）优化施工设计方案。在完成项目三维模型构建的基础上，项目设计人员可以应用 Revit 软件，将对应的项目信息加入其中，例如，结构构件的材质、详细尺寸、具体位置等，而后需要针对其他的安装口、人防密闭门、通风口、通风设备、应急逃生出口等方案内容，构建相应的模型，实施仿真分析，并演示出实施后的效果，进一步分析、优化设计方案。

（3）设计冲突检测。在该工程项目施工图设计中，其中涉及了很多设备管线，如果设计不合理，管线之间或管线与结构构件之间，则会非常容易发生碰撞，导致施工受到影响，造成返工等情况。对此，相关管理人员可以将 BIM 三维模型导入 Navisworks 中，通过当中的 Clash Detective 模块实施碰撞检查，通过检查后生成报告，直接反馈至设计单位，相关人员对图纸进行进一步优化，防止出现管线碰撞而返工、增加施工成本的情况。经过全面的检查，施工设计变得合理，从而使得工程项目可以有效降低成本、提高成效，在规定工期内尽早完工。

（4）可视化施工技术交底在以往的工程施工中，无法深入分析、设计一些复杂、危险的施工节点，而引入 BIM 技术后，可以构建出三维可视化模型，利用 Navisworks 软件的 Animator 模块，能够针对危险、复杂的施工方案进行深化设计、实施预演，这样可以更好地明确具体的施工顺序，实现施工交底可视化，同时，结合当中一些潜在的危险问题，制定出安全预防控制措施，从根源上防止出现施工危险。此外，在工程管线安装时，在施工现场对应点位可以粘贴基于 BIM 系统自动生成的二维码，当工程管理、施工人员到达现场时，可以通过扫描二维码来获取施工信息，并结合实际信息实施现场施工指导，有效评估具体安装情况，及时发现问题及时纠正纠偏，有效提高工程施工质量与安全性。

（5）VR 虚拟漫游。借助虚拟现实平台 Fuzor 软件，导入 BIM 模型，而后借助 VR、AR 技术进行模型渲染，将具体的人物对象放置其中，并进行人物高度、活动属性的具体定义，运用第三人行走模式，最终呈现出模拟后的真实工作情景，管理人员只要手持终端设备，在室内就可以进行实景漫游，全面地检查工程实况，检查其与工程后期运营、维修等方面的需求是否相符。除此之外，设计单位可以提前与建筑应用方进行预先沟通，对一些大型的设备安装过程进行模拟，从规定的间距要求、设备安装空间等方面查看是否符合实际需求，确保管线布置合理，做好管线位置预留工作。

（6）施工信息化管理。工程相关人员可以利用 BIM 模型分解工作结构，利用 Project 软件编制具体的工程施工进度计划，而后将二者导入工程施工可视化分析平台 Navisworks 中，经过空间信息与时间信息的整合，最终可以得到 4D 模型，在此模型中，可以更加直观、精确地反映出具体施工过程虚拟进度。4D 施工模拟技术的应用，能够从施工计划、施工进度方面进行合理调控，通过设置"实际开始"和"实际结束"日期，随着工程施工状态的变化，对应的施工进度条就会表现出不同的颜色。如果实际施工早于计划开始日期，以蓝色状态显示，而实际结束晚于计划日期，则以红色状态显示，在正常日期区间，以绿色状态显示。当实际进度与计划进度出现较大差距时，会发出预警提示，此时，管理人员需要及时采取相应的措施。

（7）施工项目协调。项目组织协调不仅涉及了施工单位内部，还有与业主、设计单位、监理等外部单位的项目协调。以 BIM 模型为中心，可以促使业主方、设计方、监理方、施工方等，经由统一的平台实施协同管理，分析 BIM 模型情况，并作为工程进度、结算、工程变更等情况的主要参考依据，增加有效沟通，在短时间内解决问题，减少信息不对称造成的损失，确保工程项目得以顺利推进。

11.3.2　政府大力推进

多年来国家一直有意通过推广装配式建筑的发展来引导建筑业的改革升级。在国家的鼓励下，各地政府积极响应国家号召，出台了一系列的经济政策，大力促进装配式建筑的发展。其中有强制性的，如上海、深圳、沈阳等城市出台的土地出让前置条件规定；也有鼓励性的，主要包括财政政策、税费政策、金融政策以及建设行业的支持政策等。这些政策将成为我国建筑业的强劲东风，为行业的成功转型开疆拓土。

除此之外，还有其他方面政策，包括：配构件管理相关支持政策、鼓励科技创新与评奖评优、为构配件运输提供交通支持等其他政策措施，都体现了各地想方设法为装配式建筑发展提供良好政策环境、市场环境的努力，也切实对装配式建筑的进一步发展提供了较好的环境。

具体政策如下：①在保障性住房中，优先采用装配式建筑；②在城镇化的推进中，福利乡镇和村庄的住房建设优先选用装配式建筑；③优先安排装配式建筑项目的基础设施建设和公用设施配套建设；④可适当提高装配式建筑工程设计收费标准；⑤将装配式建筑部品部件纳入建设工程材料目录管理；⑥装配式建筑优先参与评奖评优等。

近年来，在政策驱动和市场引领下，装配式建筑的设计、生产、施工、装修等相关产业能力快速提升，同时还带动了构件运输、装配安装、构配件生产等新型专业化公司发展。据统计，2019 年我国拥有预制混凝土构配件生产线 2483 条，设计产能 1.62 亿 m^3；钢结构构件生产线 2548 条，设计产能 5423 万 t。政策的不断完善和产业链的日趋成熟，为装配式建筑的发展奠定了基础。与此同时，一些职业学校和龙头企业积极培养新时期建筑产业工人，为装配式建筑发展培养了一大批技能人才。不久前，人力资源和社会保障部中国就业培训技术指导中心也正式发文公示 16 个新职业，首次将装配式建筑施工员列入国家新职业，并对装配式建筑施工员进行了职业定义，同时明确装配式建筑施工员的主要工作任务。这一系列举措，不仅可以进一步提高装配式建筑行业的就业率，还可以促进创业规模，也有利于行业的健康发展。后疫情时代，发展装配式建筑不但是我国建筑业追赶世界先进建造水平的重要举措，也是行业自身绿色发展的迫切需要，更是满足消费者获得高品质建筑的重要途径。未来，装配式建筑的应用场景也会更加广泛，将涵盖包括医院、学校、商品房、工业厂房、场馆等在内的多个领域，装配式建筑的巨大潜力正在日益显现。

11.3.3　企业足够重视

在国家层面与地方持续大力推动装配式建筑发展背景下，诸多建筑业企业对装配式建筑的发展前景给予了期待。

A 企业在年报中表示，一系列重磅文件的出台表明装配式建筑的相关顶层政策框架已逐步走向成熟，未来装配式建筑在环保要求不断提升以及人口老龄化的背景下，发展趋势十分明确。"近年来公司紧跟国家推广装配式建筑、推进建筑产业现代化的政策导向，大力发展装配式建筑业务，未来将打造形成面向长三角地区的装配式建筑产业基地集群。"

B 企业在年报中表示，"十四五"期间，以装配式建筑为代表的新型建筑工业化是建筑业转型升级的方向，数字化设计、工厂化制造、装配化施工是提升全产业链效率的重要途径，装配式建筑市场将继续扩大。对于今后建筑工业化方面的发展，该公司表示将聚焦现代建筑产业和装配式建筑发展，同时依托"大数据＋工业互联网"，加大智能建造在工程建设各环节的研发和应用。

此外，C 企业表示，将依托装配式建筑和 BIM 等核心技术，完成从建筑设计向全产业链布局的转型升级。D 企业则称，将抓住装配式建筑、光伏建筑一体化的发展契机，引领门窗行业进入绿色、低碳的新格局。E 企业表示，今年要引进和吸纳专业技术研发团队，深入研究专业技术和工艺标准，特别是聚焦 BIM 和装配式两大研究方向。

现代建筑产业在我国发展迅速，沈阳市作为全国首个现代建筑产业化示范城市，出台了《沈阳市加快推进现代建筑产业发展若干政策措施》，该文件明确要求：沈阳新建政府投资项目全部采用"装配式"；到 2017 年，沈阳力争装配式建筑占建筑开工总量的 30%，预制装配率达到 30% 以上，产业化建设成为建筑企业建设的重要方式；到 2020 年，装配式建筑成为主要建筑方式。2015 年 9 月，F 企业投资建设的湖北省首个"国家住宅产业化基地"——武汉绿色建筑产业园 PC（预制混凝土）构件厂投产，这无不昭示着建筑产业化已经离我们越来越近了，目前公司正在积极拓展新业务领域，应抓住这一契机，与 F 企业总部南北呼应，秉承"敢为天下先，永远争第一"的企业品格，抢占装配式建筑施工市场这一新领域，打开企业发展的新局面。

11.3.4　行业重视和推进

为什么要推进精益建造？因为建筑业尤其是地产类建筑行业发展到现在，技术水平不够先进，质量水平不够高，施工组织能力不足，所以工期经常滞后；成本控制能力较弱，所以利润较少。在竞争日益激烈的商业建筑市场中，建筑商正在通过各种方式提高生产率从而提高利润率，以期获得竞争优势。工程建设项目中，每一级的利益相关方都需要前所未有的协调、控制、一致性和合规性。精益建造方法越来越多地成为这些努力的一部分——因为精益建造可以带来显著的效率提升和成本节约。总而言之，行业成熟，客户减少，利润渐小。所以行业要推进精益建造，提升管理水平，提升客户满意度，增加效益。

精益建造通过关注价值流动，消除各种浪费，从而实现效益的最大化。精益建造从理念上看，是追求建筑工业化过程精益化，用精益管理模式实现设计精益化、制造标准化、物流准时化、装配快速化、管理信息化、过程绿色化等全产业链的精益生产；从表现形式上看，是将房屋建造所需的各种钢构件和混凝土构件等按照类似生产汽车部件的方式，在生产线上连续加工制造，最后在总装线上按照订单要求准时装配完成。这是精益管理模式与建筑工业化深度融合的产物，使"房子部件"在流水线上流动起来，形成"搭积木式"建造房子的过程。实践证明，实施精益建造的企业在效率与效益上都有较大的提升空间。

11.3.5　提升技术管理水平

要想提升技术管理水平，就要严格遵守施工技术管理制度，充分做好施工前的准备，认真做好施工组织设计，科学、规范地做好现场施工技术管理以及其他方面的工作，具体如下：

（1）严格遵守各项施工技术管理制度。这是搞好施工技术管理工作的核心，是科学地组织企业各项技术工作的保证。建筑工程施工技术管理制度的主要内容有：①施工图的熟悉、阅读和会审制度；②编制施工组织设计与施工场地总平面图；③施工图技术交底制度；④工程技术变更联系管理制度；⑤工程质量检验与评定制度、材料及半成品试验、检验制度；⑥工程竣工，技术档案及竣工图编制，建筑工程竣工技术档案应达到所列项目齐全，试验数量符合要求，数据准确，内容填写齐全，书写清楚，装订程序合理、整齐；⑦材料质量控制管理，材料控制主要包括原材料成品及半成品的控制。

（2）充分做好工程开工前的准备工作。首先是熟悉、审查施工图纸和有关的设计资料；核对图纸在内容上是否一致；施工图纸各组成部分之间有无矛盾；总体图及与其相关的结构图在尺寸、坐标、高程方面是否一致；主要单元工程量及主要材料数量、规格是否正确；注意专用图纸与通用图纸在衔接方面有无矛盾及缺陷；发现问题及时向设计、监理部门汇报研究，求得合理解决。还应将图纸、设计文件等及时向现场施工的工程技术人员进行技术交底，同时制定出本工程项目施工技术要求实施细则。

（3）认真做好施工组织设计工作。施工组织设计包括工程概述、各工程项目的施工方法和施工程序、工程施工进度计划、关键性主体工程部位的施工措施、施工场地（如机械、供电、供水、供风、通信及场内交通等）布置、施工总平面布置、工程合理化建议等。同时，现场施工组织设计报告还要经过建设方的讨论和审议认可后方能实施。施工组织设计要结合企业的实际，充分利用现存周转性材料、设备，降低工程成本。

（4）科学、规范地做好现场施工技术管理工作。现场施工技术管理工作主要是包括以下四个方面：①做好工程质量目标的控制与管理。工程质量目标的控制与管理的准则是工程合同文件的质量条款。施工时首先要考虑控制人的因素，提高人的质量意识。其次是人的素质，管理层和技术人员素质高，决策能力就强，就有较强的质量规划、目标管理、施工组织和技术指导、质量检查的能力；管理制度完善，技术措施得力，工程质量就高。②严格工程进度的管理。施工进度计划的检查结果反映了计划执行的情况，是调整和分析施工进度的依据，是进度控制最重要的步骤。进度计划的检查主要是通过把实际进度与进度计划进行比较，从中找出项目实际执行情况与进度计划的偏差，并对产生偏差的各种因素及影响工程目标的程度进行分析与评估以及组织、指导、协调、监督监理单位、承包商及相关单位，及时采取有效措施调整工程进度计划。③加强工程成本的管理。成本管理要贯彻始终，从投标承揽任务到工程竣工验交，每一个环节每一道工序都要事先预测，认真核算和监控。④做好竣工资料整理及技术资料的归档。竣工资料记录了施工情况，反映了工程施工的全过程，反映了工程的内在质量，特别是对于隐蔽工程和建成后不易检测的项目更具有不可替代的重要价值。其验收内容比阶段验收更广泛，它包括合同文件的所有条件，所提供的竣工资料也更全面具体。工程技术保证资料必须基本齐全，不仅要做到及时性、真实性、准确性、完整性，而且要符合竣工图纸、资料的整理、编制要求。

（5）树立责任、规范意识，强化落实。建立和健全各级技术管理机构和技术责任制，明确各级人员的权、职、责。依据国家和上级主管部门颁发的规范、规程、标准和规定，并针对企业特点，适时地制定、修订和贯彻各项技术管理制度，在生产实践中不断补充和完善。组织全体员工特别是技术干部学习现行规范，尤其是对施工及验收规范的学习，明确施工中各个分项、分部施工技术要求、施工方法和质量标准等要求，并以此来组织施工、检查、评定和验收。

（6）创新技术，定期检查。要鼓励技术革新、创造发明，开展全员 TQC（全面质量管理）活动，通过 PDCA 循环，解决技术瓶颈，坚持定期检查。

11.3.6　重视相关技术管理人员培训

以精益建造提升建筑业管理水平和人才素质。精益建造使建筑业信息化程度更高、产业链条更长，没有一套精益管理体系就很难保证建造过程的精益化、建造管理的精细化。因此，构建建筑企业精益管理体系应成为推进建筑工业化的题中应有之义，否则就会导致精益建造的片段化、短期化。同时，精益建造对建筑行业人才尤其是复合型人才的培养提出了更高要求，应从体制机制层面整合高等院校、建筑企业等多方资源，合力培养出不仅具备建筑工程等专业知识而且掌握精益生产知识的复合型人才。

　　学习并运用先进管理经验，加强人才培养。企业要不断学习先进的建筑施工技术管理方法和管理经验，组织技术学习、技术培训、技术交流，不断发现人才、引进人才，对现有人才培训，加强人才培养，不断提高企业管理水平和员工技术业务素质，保证工程施工质量。

参考文献

[1] 陈禹六. 精益生产的启示 [J]. 制造技术与机床，1994（1）：43-47.

[2] 陈子豪. 基于 BIM 的项目管理流程再造研究 [D]. 徐州：中国矿业大学，2019.

[3] 丁少华. 基于 BIM 的装配式建筑全产业链项目管理模式研究 [J]. 建筑经济，2021（8）：67-71.

[4] 管阔. 基于精益建造的装配式建筑项目管理研究 [D]. 长春：吉林建筑大学，2020.

[5] 郭昱. 建设项目全生命周期的安全管理 [J]. 中华建设，2021（10）：50-51.

[6] 何松松，周胜利. 基于 BIM5D 技术的施工项目精细化管理创新 [J]. 项目管理技术，2019，17（10）：83-86.

[7] 黄鳞. 装配式建筑 BIM 应用成熟度评价研究 [D]. 武汉：武汉科技大学，2021.

[8] 靳鸣，方长建，李春蝶. BIM 技术在装配式建筑深化设计中的应用研究 [J]. 施工技术，2017，46（16）：53-57.

[9] 李天新，李忠富，李丽红，等. 基于 LC-BIM 的装配式建筑建造流程管理研究 [J]. 建筑经济，2020，41（7）：38-42.

[10] 梁群，曲伟. 运用 BIM 技术进行建设项目全生命周期信息管理 [J]. 时代农机，2015，42（6）：163-164.

[11] 彭丹丹. 装配式建筑工程项目成本管理模式研究 [D]. 长春：吉林建筑大学，2020.

[12] 任涛. 基于 BIM 的 EPC 项目管理流程与组织设计研究 [D]. 西安：西安科技大学，2018.

[13] 佘健俊，杜存坡，陈贞柒. 基于 BIM 的工业化协同建造管理流程再造研究 [J]. 建筑经济，2017，38（7）：40-43.

[14] 孙斐. 装配式建筑项目全过程管理流程优化分析 [J]. 工程建设与设计，2020（4）：208-209.

[15] 孙国忠. EPC 总承包模式在装配式建筑项目管理中的应用研究 [D]. 青岛：青岛理工大学，2018.

[16] 田帅. EPC 装配式工程项目合同管理研究与实践 [D]. 徐州：中国矿业大学，2020.

[17] 王超. EPC 模式下装配式建筑项目管理研究 [D]. 太原：太原理工大学，2019.

[18] 王江华. 装配式建筑供应链风险动态反馈管理研究 [D]. 青岛：青岛理工大学，2019.

[19] 王洁凝，刘美霞，曾伟宁. 装配式建筑项目全过程管理流程的改进建议 [J]. 建筑经济，2019，40（4）：38-44.

[20] 吴卓华. 建设项目全生命周期成本管理研究 [J]. 工程经济，2016，26（5）：49-53.

[21] 鲜大平．装配式建筑项目施工质量管理制度优化研究 [D]．北京：北京建筑大学，2021．

[22] 谢李芳．基于关键链的装配式多项目进度计划与控制研究 [D]．西安：西安建筑科技大学，2020．

[23] 杨建基，赖伟山，孙宗瑞．基于"智慧工地"管理系统和 BIM 技术的建筑施工安全生产管理深度协同 [J]．广州建筑，2019，47（4）：38–44．

[24] 杨宇沫．基于 BIM 的装配式建筑智慧建造管理体系研究 [D]．西安：西安科技大学，2020．

[25] 易莎．基于 ISM 方法的装配式建设项目管理流程再造研究 [D]．武汉：武汉理工大学，2018．

[26] 于国，张宗才，孙韬文，等．结合 BIM 与 GIS 的工程项目场景可视化与信息管理 [J]．施工技术，2016，45（S2）：561–565．

[27] 周依滨．BIM 技术在装配式建筑施工质量管理中的应用研究 [J]．工程建设与设计，2019，（4）：240–241．

[28] 朱思臣．基于 IPD 模式的装配式建筑协同管理研究 [D]．合肥：安徽建筑大学，2021．

[29] ALI G, JOHN T, AMIRHOSEIN G, et al. Building Information Modeling（BIM）uptake: Clear benefits, understanding its implementation, risks and challenges[J]. Renewable and Sustainable Energy Reviews, 2017, 75: 1046–1053.

[30] BEATRIZ C G, FERNANDA L, KASEY M. F. 4D–BIM to enhance construction waste reuse and recycle planning: Case studies on concrete and drywall waste streams[J]. Waste Management, 2020, 116: 79–90.

[31] CHEN M Y, LIEN L C, HUANG C P. Matrix Organization Process Reengineering for Construction Firms[J]. Journal of Management in Engineering, 2015, 31（6）: 21.

[32] CHENG M Y, TSAI M H, XIAO Z W. Construction management process reengineering: Organizational human resource planning for multiple projects[J]. Automation in Construction, 2006, 15: 785–799.

[33] CHO J Y, LEE D Y. Effective Change Management Process for Mega Program Projects[J]. Journal of Asian Architecture and Building Engineering, 2015, 14: 81–88.

[34] DEMIRKESEN S, OZORHON B. Impact of integration management on construction project management performance[J]. International Journal of Project Management, 2017, 35（8）: 1639–1654.

[35] GOZDE BASAK O. Interoperability in building information modeling for AECO/FM industry[J]. Automation in Construction, 2020, 113: 103–122.

[36] GUOFENG M, QINGJUAN D. Optimization on the intellectual monitoring system for structures based on acoustic emission and data mining[J]. Measurement, 2020, 163: 107937.

[37] LI C Z, CHEN Z, XUE F, et al. A blockchain– and IoT–based smart product–service system for the sustainability of prefabricated housing construction[J]. Journal of cleaner production,

2021, 286: 125391.

[38] LI D Z, XUE F, LI X, et al. An Internet of Things−enabled BIM platform for on−site assembly services in prefabricated construction[J]. Automation in Construction, 2018, 89: 146−161.

[39] LIU H, HE Y, HU Q, et al.Risk management system and intelligent decision−making for prefabricated building project under deep learning modified teaching−learning−based optimization[J]. PLoS ONE, 2020, 15 (7): e0235980.

[40] MILOSEVIC D, PATANAKUL P.Standardized project management may increase development projects success[J]. International Journal of Project Management, 2005, 23 (3): 181−192.

[41] PURI N, TURKAN Y. Bridge construction progress monitoring using lidar and 4D design models[J]. Automation in Construction, 2020, 109: 102−121.

[42] SAIEG P, et al. Interactions of Building Information Modeling, Lean and Sustainability on the Architectural, Engineering and Construction industry: A systematic review[J]. Journal of Cleaner Production, 2018, 174: 788−806.

[43] VERBEECK G, HENS H. Life cycle inventory of buildings: a contribution analysis[J]. Building and environment, 2010, 45 (4): 964−967.

[44] WU P, XU Y, JIN R, et al. Perceptions towards risks involved in off−site construction in the integrated design & construction project delivery[J]. Journal of cleaner production, 2019, 213 (10): 899−914.

[45] WUNI I Y, SHEN G Q P, MAHMUD A T. Critical risk factors in the application of modular integrated construction: a systematic review[J]. International journal of construction management, 2019, 22 (2): 133−147.

[46] YUAN Z M, ZHANG Z Y, NI G D, et al. "Cause Analysis of Hindering On−Site Lean Construction for Prefabricated Buildings and Corresponding Organizational Capability Evaluation" [J]. Advances in Civil Engineering, 2020, 2020: 16.